TRAITE DU CALCUL INTÉGRAL,

POUR SERVIR DE SUITE

A L'ANALYSE DES INFINIMENT-PETITS

DE M. LE MARQUIS DE L'HÔPITAL;

Par M. DE BOUGAINVILLE, le jeune,

A PARIS,

Chez H. L. GUÉRIN & L. F. DELATOUR, rue Saint Jacques, à Saint Thomas d'Aquin.

M. DCC. LIV.

Avec Approbation & Privilege du Roi.

A MONSEIGNEUR
LE COMTE
D'ARGENSON,
MINISTRE
ET SECRÉTAIRE D'ÉTAT
DE LA GUERRE,
HONORAIRE DE L'ACADÉMIE DES SCIENCES,

MONSEIGNEUR,

Il n'appartient qu'à ceux qui Vous ressemblent, d'aspirer au titre glorieux de Protecteurs des Sciences, parce que seuls capables de les chérir en Hommes de goût, & de les apprécier en

Hommes d'Etat, ils mettent une partie de leur gloire à les rendre florissantes. Le grand Ecrivain dont les découvertes nous instruisent, & le Ministre éclairé dont l'estime bienfaisante anime nos efforts, ont la même part à nos progrès & le même droit à notre reconnoissance. C'est sous Vos yeux, MONSEIGNEUR, que je suis entré dans la carriere des Sciences : je dois Vous offrir les premiers fruits de mes travaux. S'ils sont utiles, comme j'ose l'espérer, ils sont dignes de Vous ; & l'hommage que je Vous en fais ne l'est pas moins, puisqu'il est sincere & désintéressé. Un motif personnel se joint cependant aux sentimens qui me l'ont dicté : c'est le desir d'inspirer aux Lecteurs un préjugé favorable à mon Ouvrage, en le faisant paroître sous les auspices d'un Nom cher à la Littérature, & fait pour passer à la postérité.

Je suis avec un profond respect,

MONSEIGNEUR,

Votre très-humble & très-obéissant
Serviteur, DE BOUGAINVILLE.

PRÉFACE.

LE Calcul ou la Géométrie des Infiniment-Petits a deux branches, *le Calcul différentiel* & *le Calcul intégral.* Le premier eſt l'art de trouver les grandeurs infiniment petites qui ſont les élémens ou les différences des grandeurs finies : le ſecond eſt l'art de retrouver, par le moyen des grandeurs infiniment petites, les grandeurs finies auxquelles elles appartiennent. Le Calcul différentiel deſcend du fini à l'infiniment petit ; l'intégral remonte de l'infiniment petit au fini : le premier décompoſe, pour ainſi dire, une quantité ; le dernier la rétablit. Mais ce que l'un a décompoſé, l'autre ne le rétablit pas toujours ; ſoit que tout ne ſoit pas intégrable, ſoit que l'art n'ait pu parvenir encore à intégrer tout ce qui peut l'être.

En 1684. Leibnitz donna dans les Actes de Leipſic les regles du Calcul différentiel ; & trois ans après, Newton publia ſon Livre *des Principes Mathématiques de la Philoſophie naturelle*, preſque entiérement fondé ſur ce même Calcul. Il ſe trouve ſeulement entre Leibnitz & Newton une petite différence pour la dénomination du calcul & pour la caractéristique * des quantités qui en ſont l'objet. L'expreſſion de Leibnitz eſt admiſe par-tout, excepté en Angleterre; & elle paroît en effet plus commode.

Leibnitz, en donnant les regles du Calcul différentiel, en cacha les démonſtrations. Mrs Bernoulli les découvrirent auſſi-tôt, & les publierent. S'étant depuis attachés au nouveau calcul, ils y ont fait des progrès rapides; ils l'ont même enrichi conſidérablement par les différentes méthodes qu'ils ont inventées, & par les uſages auxquels ils ont appliqué ces méthodes.

Mais ces découvertes ſemées dans différens Livres ne formoient point un tout. M. le Marquis de l'Hôpital réſolut d'en faire un

* *Nota.* Ce que Leibnitz nomme *différence*, Newton le nomme *fluxion* : ainſi ce que le premier appelle *Calcul différentiel*, le second l'appelle *Calcul des fluxions*. Newton nomme auſſi *fluente* ce que Leibnitz nomme *intégrale*, & *Calcul des fluentes* ce que ce dernier nomme *Calcul intégral*. A l'égard de la caractériſtique, Newton pour marquer qu'une variable x flue ou eſt différentiée, met un point au-deſſus, de la maniere ſuivante $\dot{x}$. Pour marquer une ſeconde différence, il met deux points; pour une troiſieme, trois points; & ainſi de ſuite $\dot{x}$, $\ddot{x}$, $\dddot{x}$, &c. Leibnitz ſe ſert de la lettre d qu'il place au devant de la changeante différentiée, & il la répete autant de fois qu'il y a d'unités dans le degré de la différence. Ainſi dx, ddx ou d^2x; $dddx$ ou d^3x, &c. marquent les différences premiere, ſeconde, troiſieme, &c. de x.

corps, & de les dévoiler en même temps ſans réſerve. En 1696. il publia l'*Analyſe des Infiniment-petits* qui contient les regles du Calcul différentiel & les applications dont il eſt ſuſceptible. Le grand nom de l'Auteur dans les Mathématiques, l'accueil univerſel fait à ſon Ouvrage, les applaudiſſemens qu'il a reçus, & les progrès dont la Géométrie lui eſt redevable, me diſpenſent d'en faire l'éloge.

Quelques années après la mort de Newton, parut ſon Traité des *Fluxions* ou du Calcul différentiel, qu'il avoit compoſé en latin & achevé en 1671. En 1736. les Anglois en donnérent une traduction dans leur langue; & l'illuſtre M. de Buffon l'a depuis traduit en françois. On lit à la tête de ſa traduction une Préface, dans laquelle eſt détaillée l'hiſtoire de la diſpute qui s'éleva, au ſujet de l'invention du Calcul de l'infini, entre Leibnitz & Newton, c'eſt-à-dire, entre Leibnitz & l'Allemagne d'une part, & l'Angleterre de l'autre: car Newton laiſſant agir pour lui ſa nation, & ſur-tout ſa renommée, demeura ſimple ſpectateur. M. de Buffon n'entreprend point de décider une queſtion qui partage encore aujourd'hui l'Europe; mais il met ſon lecteur en état de prononcer.

Le Traité des Fluxions brille par-tout de ces traits de génie qui caractérisent l'invention. Les regles y sont démontrées avec clarté ; les applications nombreuses qu'on fait de ces regles prouvent la fécondité de la méthode, & enseignent l'art de s'en servir. Mais ce qui ne laisse rien à désirer, c'est que les regles y ont pour base une Méthaphysique solide & lumineuse. Le Calcul infinitésimal de Newton est indépendant de la réalité des quantités infiniment petites ; réalité que l'Auteur n'admet nulle part comme un principe nécessaire. La supposition qu'il en fait, n'est qu'une hypothese momentanée pour abréger le procédé & le rendre plus simple. Il ne fait autre chose qu'appliquer le calcul à la méthode d'exhaustion des Anciens, c'est-à-dire, à la méthode de trouver les limites des rapports. Aussi ce grand Philosophe ne différentie-t-il jamais des quantités, mais des équations ; parce que toute équation exprime un rapport entre deux indéterminées ; & qu'ainsi différentier une équation, c'est trouver les limites du rapport entre les différences finies des deux indéterminées renfermées dans l'équation.

Faute d'être parti de ce principe, Leibnitz effrayé des difficultés que faisoient contre les grandeurs

grandeurs infiniment petites, Rolle & les autres ennemis des nouveaux calculs, réduisit ses infiniment petits à n'être que des *incomparables*, dans le même sens que l'on diroit que notre globe est *incomparablement* plus petit qu'une sphere dont la distance du soleil à Sirius seroit le demi-diametre. C'étoit ruiner l'exactitude géométrique des calculs : c'étoit détruire d'une main ce qu'il avoit élevé de l'autre. Il souffrit même que quelques Savans, à la tête desquels étoit Niewentit, admissent simplement les infiniment-petits du premier ordre, & rejettassent tous ceux d'un ordre plus élevé ; ce qui néanmoins est un des principaux fondemens du Calcul différentiel.

Quoi qu'il en soit au reste, de l'Inventeur de ce calcul, les Géometres en trouveront les regles dans le Traité des Fluxions de Newton & dans l'Analyse des Infiniment-petits de M. le Marquis de l'Hôpital ; & à l'exception d'une branche de ce calcul dont nous parlerons plus bas, ils n'auront rien à désirer sur cette matiere, après la lecture de ces Ouvrages.

A l'égard du Calcul intégral, Newton en avoit laissé entrevoir quelques regles dans son livre des *Principes*. Il les étendit ensuite & les développa dans l'Ouvrage qui a pour titre :

de Quadraturâ curvarum, publié pour la premiere fois en 1704. à la ſuite de ſon Traité d'Optique. On y trouve des méthodes générales pour intégrer certaines différentielles, des formules calculées d'après ces méthodes, l'uſage de ces formules pour conſtruire des tables d'intégrales, & enfin des tables même toutes conſtruites.

Tous les grands Géometres ont travaillé depuis à l'envi ſur cette matiere, dont l'importance & la difficulté étoient pour eux de puiſſans motifs. Les Bernoulli qui ſont preſque en droit de prétendre à la gloire de l'invention, & par la promptitude avec laquelle ils ont ſaiſi quelques rayons de cette Science qui s'échappoient à peine, & par l'uſage qu'ils en ont fait, donnerent de nouvelles méthodes d'intégration, qui ſe trouvent dans le recueil de leurs Ouvrages & dans les Actes de Leipſic. Il y a même une partie eſſentielle de la nouvelle Analyſe, qui appartient toute entiere à l'illuſtre Jean Bernoulli : c'eſt le Calcul différentiel & intégral des quantités logarithmiques & exponentielles ; quantités auxquelles Newton & Leibnitz ne paroiſſoient pas avoir penſé. Cotes enrichit encore le Calcul intégral de pluſieurs belles méthodes dans un Ouvrage intitulé ;

Harmonia menſurarum ; ouvrage qui vient d'être traduit, éclairci & augmenté par le ſavant D. Charles Walmeſley, Bénédictin Anglois. *

Le premier Traité élémentaire de Calcul intégral ſe trouve dans l'Analyſe démontrée du P. Reyneau, publiée en 1708. Il y donne les principales méthodes connues de ſon temps ; il en démontre même quelques-unes qui ne l'avoient pas été par leurs Auteurs. Mais depuis ce temps les méthodes ſe ſont beaucoup multipliées : d'ailleurs le P. Reyneau eſt tombé dans quelques erreurs aſſez conſidérables.

En 1730. parut un Ouvrage de M. Stone, intitulé : *Analyſe des Infiniment-petits, comprenant le Calcul intégral dans toute ſon étendue.* Le titre de ce livre promet beaucoup : mais malheureuſement l'ouvrage ne répond point au titre ; il eſt bon même d'avertir les commençans, qu'ils pourroient être induits en erreur par des paralogiſmes qui s'y rencontrent en aſſez grand nombre. Je me contenterai d'en citer un exemple : *On ne peut trouver*, dit l'Auteur dès la premiere page de ſon livre, *les Intégrales exprimées par des*

* Son Livre a pour titre : *Analyſe des meſures des rapports & des angles, ou réduction des intégrales aux logarithmes & aux arcs de cercle.*

fractions & par des quantités sourdes, qu'en faisant disparoître dans les unes leur dénominateur complexe & dans les autres leur signe radical ; ce qui se fait par le moyen d'une serie infinie. Cette proposition est évidemment fausse. Il suffit pour en être convaincu, de savoir les premiers principes du Calcul différentiel. Ils nous apprennent que toute fraction finie a pour différentielle une fraction, & qu'une quantité composée de radicaux les conserve aussi dans sa différentielle. On trouvera donc dans ces deux cas des intégrales finies, sans avoir besoin de recourir aux series infinies.

Qu'il me soit permis de remarquer ici que souvent on abuse de ces series. La théorie des Suites est importante, utile, nécessaire même en certains cas. Elle a précédé la découverte des nouveaux calculs qui ne peuvent s'en passer quelquefois ; & c'est le supplément le plus heureux que l'on ait trouvé à l'imperfection des méthodes. Mais le calcul des Suites ne donnant que par approximation les valeurs cherchées, & d'ailleurs étant long, pénible, & quelquefois fautif dans la pratique, il me semble qu'on ne doit l'employer qu'avec beaucoup de réserve & de précaution.

Enfin de tous les Ouvrages où l'on s'eſt propoſé de traiter le Calcul intégral, le plus eſtimable, au jugement des connoiſſeurs, eſt celui de Mlle Agneſi, intitulé : *Inſtituzioni analitiche all'uſo d'ella gioventú Italiana*. Ainſi l'Italie qui a été le berceau de l'Algebre, a produit auſſi l'ouvrage le plus étendu que nous ayons ſur la nouvelle Analyſe. L'illuſtre Académicienne dans la partie de ſon livre deſtinée au Calcul intégral, ſuit un ordre qui répand un grand jour ſur cette matiere : elle explique & démontre très-clairement différentes méthodes, & fait voir par-tout une grande ſcience du calcul & beaucoup d'adreſſe pour le manier. Cependant ſon ouvrage n'eſt pas complet; & l'on peut encore regarder le Livre de M. le Marquis de l'Hôpital comme la premiere moitié d'un grand tout qui en attend une ſeconde.

En effet, depuis que l'Ouvrage de Mlle Agneſi a paru, les Mémoires des Académies des Sciences de Paris, de Berlin, de Petersbourg, de Londres, ſe ſont remplis d'excellens morceaux ſur le Calcul intégral. Mrs Daniel Bernoulli, Euler, Clairault, Fontaine, d'Alembert, & un petit nombre d'autres Géometres qui empêchent aujourd'hui l'Europe de regretter ceux du ſiecle paſſé, ſe ſont fort attachés à cette partie importante de la Géométrie. Non contens de ſe ſervir de cet Art ſublime dans toutes leurs découvertes, ils ont perfectionné l'Art même par des méthodes également fécondes & élégantes.

Ainſi ceux qui veulent apprendre le Calcul intégral, ſont obligés d'étudier un grand nombre de pieces détachées qui ſe trouvent éparſes dans différens livres que ſouvent ils ne connoiſſent pas, ou qu'ils ſont hors d'état de conſulter. Cet obſtacle joint à la difficulté même de la matiere peut rebuter pour toujours, ou au moins arrêter dans leur courſe, de bons eſprits dont les progrès ſeroient avantageux à la Géométrie. Ajoutons que les inventeurs des méthodes écrivant ordinairement pour les Savans, ne ſongent pas toujours à ſe mettre à la portée de ceux qui commencent.

Il étoit donc à ſouhaiter qu'on recueillît & qu'on raſſemblât dans un ſeul Traité les différens morceaux ſur le Calcul intégral, diſperſés dans les ouvrages particuliers & dans les Mémoires des Académies; qu'on fît un choix des méthodes eſſentielles & générales; qu'on les préſentât ſous un point de vue facile à ſaiſir; qu'on rétablît les propoſitions intermédiaires que ſuppriment aſſez ſouvent les inventeurs pour ne donner que des réſultats ; que l'on conduiſît enfin les commençans pas à pas & comme par la main dans les routes embarraſſées de ce labirinthe.

Je n'aurois pas oſé former un tel projet, ſi je n'y avois été encouragé par les conſeils de quelques amis, dont les lumieres m'ont été d'un grand ſecours. Sûr qu'ils ne m'abandonneroient pas dans une entrepriſe peut-être au-deſſus de mes forces, je ſuis entré dans la carriere : c'eſt au Public à juger des premiers pas que j'y fais.

J'ai mis à la tête de cet Ouvrage une Introduction, dans laquelle j'ai expoſé le Calcul différentiel des quantités logarithmiques & exponentielles, qui ne ſe trouve pas dans l'Analyſe des Infiniment-petits. J'ai été contraint à cette occaſion d'entrer dans quelque détail ſur les principales propriétés des logarithmes & de la logarithmique. Cette Introduction renferme encore une théorie abrégée des ſinus & des coſinus des angles, & des racines imaginaires des équations. Ces théorêmes m'ont été néceſſaires pour ne rien ſuppoſer dont le lecteur n'eût ſous ſes yeux la démonſtration.

Je diviſe enſuite l'Ouvrage en deux parties.

La premiere contient les regles du Calcul intégral des différentielles qui n'ont dans leur expreſſion qu'une ſeule variable avec des conſtantes quelconques. La ſeconde partie eſt deſtinée à expliquer les regles du Calcul intégral des quantités ou des équations différentielles qui renferment deux, trois, ou en général pluſieurs variables; & auſſi le Calcul intégral des ſecondes, troiſiemes, &c. différences. Cette diviſion m'a paru la plus ſimple & la plus naturelle. Je ne donne aujourd'hui que la premiere partie; la ſeconde la ſuivra de près. Je pourrois même, ſi le Public me paroît le déſirer, y joindre une troiſieme partie, qui contiendroit l'application du Calcul intégral aux plus beaux Problêmes de Géométrie, d'Aſtronomie, de Méchanique & de Phyſique.

Pour remplir le plan de ce Traité, j'ai fait enſorte de n'oublier aucune des méthodes connues juſqu'à préſent. Je les ai placées dans l'ordre où elles m'ont paru ſe prêter le plus grand jour, allant des plus ſimples aux plus compoſées. A la ſuite de l'expoſition de chaque méthode j'ai ajouté un, deux ou pluſieurs exemples généraux, afin de ne laiſſer aux commençans aucune difficulté ſur l'application des principes. Dans les endroits où l'on

ne

ne peut ſe paſſer de calculs longs & pénibles, (& ces endroits ſe rencontrent aſſez fréquemment,) j'ai fait les calculs tout au long, marchant de conſéquences en conſéquences, ſans en ſupprimer aucune; bien convaincu que le mérite principal d'un ouvrage élémentaire, eſt la clarté. En un mot, j'ai tâché qu'il ne reſtât plus à cette matiere que la difficulté qui en eſt abſolument inſéparable. Je prends mon lecteur au ſortir de l'Analyſe des Infiniment-petits de M. le Marquis de l'Hôpital, & je ſuppoſe qu'il a les connoiſſances néceſſaires pour entendre cet Ouvrage.

Les ſources dans leſquelles j'ai puiſé, ſont le *Traité de la quadrature des Courbes* de Newton; l'*Analyſe démontrée* du P. Reyneau d'où j'ai tiré pluſieurs méthodes, en avertiſſant des mépriſes qui lui ſont échappées; les Ouvrages de Jean Bernoulli; le Traité de *l'Analyſe des meſures des rapports & des angles, &c.* de D. Charles Walmeſley; l'Ouvrage de Mlle Agneſi; les Mémoires des Académies des Sciences de Paris, de Berlin & de Petersbourg; & enfin quelques Mémoires de M. d'Alembert qui ne ſont point imprimés, & qu'il a bien voulu me communiquer. Je lui dois trop pour ne pas ſaiſir cette occaſion de lui témoigner publiquement ma reconnoiſſance, mais je n'entreprendrai point de faire ſon éloge : mes louanges n'ajouteroient pas à ſa réputation : il peut s'en repoſer ſur ſes ouvrages, ſur l'Europe & la Poſtérité.

Je finirai par avertir que rien n'eſt à moi dans cet Ouvrage, ſi ce n'eſt l'ordre que j'ai tâché de mettre dans les différentes méthodes, & la forme que je leur donne, & qui ſervira peut-être à les faire entendre. Je ſerai trop récompenſé de mon travail, ſi je puis me flatter de contribuer aux progrès des jeunes Géometres. La gloire des inventeurs eſt plus brillante ſans doute ; mais ſeroit-on Citoyen, ſi l'on ne préféroit la ſatisfaction d'être utile à l'honneur d'être admiré ?

EXTRAIT DES REGISTRES de l'Académie Royale des Sciences,

Du 17. Janvier 1753.

NOUS Commiſſaires nommés par l'Académie, avons examiné un Ouvrage de Monſieur *de Bougainville* le jeune, qui a pour titre : *Traité du Calcul intégral pour ſervir de ſuite à l'Analyſe des Infiniment-petits de M. le Marquis de l'Hôpital.*

Cet Ouvrage eſt diviſé en deux parties : la premiere traite de l'intégration des différentielles à une ſeule variable ; & c'eſt la ſeule que l'Auteur publie quant à préſent : la ſeconde doit avoir pour objet l'intégration des équations & des quantités différentielles à pluſieurs variables, & de différens ordres ; elle doit, ſuivant le projet de M. de Bougainville, ſuivre de près la premiere.

L'Auteur donne dans ſa préface l'hiſtoire abrégée du Calcul différentiel & intégral, & les principes ſur leſquels eſt appuyée la métaphyſique de ce Calcul, métaphyſique que pluſieurs Auteurs ont mal entendue. Il parle enſuite des différens ouvrages & mémoires qui ont été publiés ſur le Calcul intégral, & dans leſquels il a puiſé ; & il finit par préſenter à ſes lecteurs le plan général du Traité qu'il met au jour, & dont nous rendons compte.

A la tête de l'Ouvrage eſt une introduction qui contient différentes recherches néceſſaires pour l'intelligence des problêmes de Calcul intégral. Dans cette introduction M. de Bougainville, après quelques notions préliminaires, explique d'abord le Calcul différentiel des quantités logarithmiques, qui manque dans l'*Analyſe des Infiniment-petits* ; & quoique cette matiere ſoit déja traitée dans pluſieurs ouvrages, M. de Bougainville l'a expliquée d'une maniere qui la lui rend propre, & qui en donne des idées très-nettes.

Il passe de-là au Calcul différentiel des quantités exponentielles, branche féconde du calcul des logarithmes. Il expose avec beaucoup de netteté tout ce qu'on peut desirer sur cet article, & y joint des remarques qui font concevoir clairement la nature de ces quantités.

Ensuite viennent plusieurs propositions sur les sinus, cosinus, tangentes & sécantes des arcs de cercle : elles servent à démontrer le fameux théorême de M. *Côtes*, si utile dans l'intégration des fractions rationelles, & conduisent à une théorie encore plus étendue des racines imaginaires des équations. Cette théorie difficile, mais d'autant plus nécessaire qu'elle manque dans les livres ordinaires d'Algebre, & que le Calcul intégral ne sauroit s'en passer, est expliquée avec beaucoup de détail & de précision.

La premiere partie de l'Ouvrage débute par l'intégration des différentielles de la forme la plus simple : l'Auteur après en avoir donné la regle, l'applique à différens cas qui paroissent plus composés, développe & résout les difficultés qui peuvent s'y rencontrer quelquefois, & paroît avoir prévu tout ce qui peut embarrasser les commençans.

Il remarque ensuite que l'art du Calcul intégral consiste à réduire par différentes transformations une différentielle donnée à cette premiere forme, la plus simple de toutes. En conséquence il détaille les différentes transformations dont on peut faire usage, en montre l'art & la méthode, indique celles de ces transformations qu'on emploie le plus fréquemment, & rend cet emploi sensible par des exemples choisis.

De-là, M. de Bougainville passe à la théorie de l'addition des constantes : il entre à cette occasion dans des détails qui nous ont paru instructifs, utiles & nouveaux à certains égards.

Ces recherches sont suivies de la méthode pour l'intégration des différentielles binomes & trinomes : l'Auteur en faisant usage, comme il en avertit, du travail du P. *Reyneau*, remarque les fautes où il est tombé en traitant cette matiere, & les expose dans tout le détail & avec toute la clarté qu'exigent le nom de l'Auteur & l'importance du sujet.

Il vient ensuite à l'intégration des fractions rationelles, & nous croyons pouvoir assurer qu'il ne laisse rien à désirer sur cette partie si essentielle & si étendue du Calcul intégral, que M. *Bernoulli* n'avoit donnée qu'imparfaitement dans les Mémoires de l'Académie 1702. L'Auteur expose d'une maniere sensible ce qui manquoit au travail de M. Bernoulli, & développe avec beaucoup de netteté & de méthode, les moyens que différens Géometres ont imaginés pour suppléer à ce défaut.

Il fait connoître l'usage de sa théorie, non-seulement en montrant comment on integre une fraction rationelle quelconque, mais en faisant voir de plus comment on réduit à la forme de fractions rationelles plusieurs différentielles qui n'ont point cette forme ; & c'est ici sur-tout qu'il fait usage des transformations expliquées plus haut.

M. de Bougainville vient ensuite à l'intégration des différentielles qui supposent la rectification de l'ellipse & de l'hyperbole, ainsi que des différentielles qui dépendent de la quadrature des courbes du troisieme ordre : matiere qu'il traite avec la même étendue que les précédentes, & avec la même exactitude.

Enfin il explique & augmente considérablement les recherches très-abrégées que M. *Newton* a données dans sa Quadrature des Courbes, sur la quadrature de celles dont les équations ont trois ou quatre termes ; & il termine la premiere partie dont nous rendons compte, par l'intégration des différentielles qui contiennent des quantités exponentielles & logarithmiques, & de celles qui sont affectées de plusieurs signes d'intégration.

L'Auteur a joint à toutes ces recherches un Chapitre ſur les Series, qui termine cette premiere partie de ſon Ouvrage. Dans ce Chapitre il donne tous les principes, & même tous les détails, néceſſaires pour ſe mettre au fait des ſeries & de leurs uſages; il enſeigne la maniere de les former, les moyens de reconnoître leur convergence ou leur divergence; & enfin leur uſage dans le Calcul intégral, & principalement dans la Quadrature du Cercle, & la conſtruction des Logarithmes.

Cet Ouvrage nous paroît remplir le déſir où les Géometres étoient depuis long-temps d'avoir un Traité ſur le Calcul intégral qui renfermât & expliquât clairement tout ce qui a été fait ſur cette matiere, & qu'on ne pouvoit juſqu'ici ſe rendre familier qu'en recherchant avec beaucoup de peine différens morceaux épars dans un grand nombre d'Ouvrages, & ſouvent même difficiles à entendre par le peu de détail dans lequel les Auteurs ſont entrés. M. de Bougainville ſupplée à ce que ces Auteurs n'ont point fait, & joint à cet avantage celui de préſenter dans un même corps, & ſous un même point de vue tous les principes & toutes les méthodes du Calcul intégral, de faire ſentir l'eſprit & l'art de ces méthodes, & de les détailler avec beaucoup d'ordre, d'intelligence & de clarté. Nous ne doutons point que la ſeconde partie, à laquelle nous ſavons que l'Auteur travaille aſſidûment, ne ſoit attendue avec beaucoup d'impatience par tous les lecteurs de celle-ci qui nous paroît très-digne de l'approbation de l'Académie & de l'impreſſion. *Signé*, NICOLE; D'ALEMBERT.

Je ſouſſigné certifie le préſent Extrait conforme à ſon original & au jugement de la Compagnie. A Paris, ce vingt-neuvieme jour de Mars de l'année mil ſept cent cinquante-quatre.

GRANDJEAN DE FOUCHY,
Secretaire perpétuel de l'Acad. Royale des Sciences.

AVERTISSEMENT.

Dans le courant de l'impreſſion nous nous ſommes apperçus d'une faute qui s'eſt gliſſée à l'Article VI. de l'Introduction ; nous allons la corriger ici & même éclaircir cet article qui pourroit arrêter les commençans.

Page 6. ligne 5. au lieu de $n+r$ le nombre de termes qu'il y a depuis 3 juſqu'à 8, *& du reſte de l'Article, liſez*, $n+r$ le nombre de termes qu'il y a depuis m juſqu'à 8, on aura, comme l'on ſait par la théorie des progreſſions géométriques, $m = 3^{\frac{1}{n}}$. Donc en prenant les logarithmes des deux membres de cette équation, on aura $\frac{1}{n}\, l3$, ou $\frac{s}{n}$ pour le logarithme de m. On aura de même $8 = m^{n+r}$; donc $(n+r) . lm$, ou $(n+r) . \frac{s}{n}$ ſera le logarithme de 8.

TRAITÉ

TRAITÉ DU CALCUL INTÉGRAL,

SERVANT DE SUITE A L'ANALYSE DES INFINIMENT-PETITS DE M. LE MARQUIS DE L'HOPITAL.

INTRODUCTION.

CHAPITRE PREMIER.

Définition du sujet, Division de l'Ouvrage, & Explication de quelques Signes dont on se servira dans la suite.

I.

DÉFINITION. L'ART de trouver les grandeurs infiniment petites qui sont les différences ou les élémens des grandeurs finies, se nomme *le Calcul différentiel.* M. le Marquis de l'Hopital, dans son Livre inti- Ce que c'est que le *Calcul intégral.*

tulé *Analyse des infiniment petits*, a donné les regles de ce Calcul, & a montré les usages auxquels on le peut appliquer. L'art de remonter des grandeurs infiniment petites aux grandeurs finies dont elles sont la différence, c'est-à-dire de trouver ces grandeurs finies, s'appelle *le Calcul Intégral*; & la quantité finie dont une quantité différentielle est l'élément ou la partie infiniment petite, s'appelle l'*Intégrale* de cette différentielle.

II.

Division de l'Ouvrage.

Nous diviserons ce Traité du Calcul intégral en deux parties.

Dans la premiere nous donnerons les méthodes d'intégrer les différentielles qui n'ont qu'une changeante.

La seconde aura pour objet l'intégration des différentielles qui contiennent deux, ou un plus grand nombre de variables.

Tel est le plan de ce Traité. Pour le remplir, nous établirons, avec le plus d'ordre qu'il nous sera possible, les différentes méthodes sur lesquelles est fondé le Calcul intégral, & nous leur donnerons la plus grande généralité dont elles seront susceptibles, aussi-bien qu'aux exemples qui en seront l'application.

III.

Explication de quelques Signes dont on se servira dans ce Traité.

Nous allons placer ici l'explication de quelques termes & de quelques signes qui reviendront fréquemment dans cet Ouvrage.

1°. Le ſigne $\int$ mis devant une quantité différentielle, indique l'intégrale de cette quantité. Ainſi $\int dx$ déſigne l'intégrale de dx; $\int dx \times \sqrt{4p+9x}$, l'intégrale de $dx\sqrt{4p+9x}$, & ainſi des autres. Ce ſigne $\int$ s'énonce par le mot de *ſomme*; par exemple $\int dx\sqrt{4p+9x}$ s'énonce ainſi, *ſomme* de $dx\sqrt{4p+9x}$, parce que l'intégrale de $dx\sqrt{4p+9x}$ eſt en effet la ſomme des élémens, ou quantités infiniment petites $dx\sqrt{4p+9x}$.

2°. Un point entre deux quantités indique une multiplication, auſſi-bien que le ſigne $\times$. Ainſi $ay \cdot b$, exprime ay multiplié par b, auſſi-bien que $ay \times b$. Il en eſt de même de $(xx+fx+g) \cdot (xx+hx+i)$ &c. Nous nous ſervirons indifféremment de ces deux ſignes de multiplication.

3°. Lorſqu'une grandeur complexe eſt élevée à une puiſſance dont l'expoſant eſt entier ou fractionnaire, poſitif, ou négatif, on dit que cette grandeur eſt *ſous le ſigne*. Si elle n'eſt élevée à aucune puiſſance, elle eſt dite *hors du ſigne*. Ainſi dans $(abdx+2bxdx) \cdot (aax+cxx)^{\pm\frac{1}{2}}$ $aax+cxx$ eſt ſous le ſigne $\pm\frac{1}{2}$, & $abdx+2bxdx$ eſt hors du ſigne.

4°. lx ſignifie le logarithme de x; $l(aa+xx)$, celui de $aa+xx$: llx exprime le logarithme du logarithme de x, & ainſi de ſuite : $(lx)^{\pm m}$ ſignifie le logarithme de x, élevé à la puiſſance dont l'expoſant eſt $\pm m$. Il faut bien diſtinguer $(lx)^{\pm m}$ de $l(x)^{\pm m}$ qui ſignifie le logarithme de la quantité x élevée à la puiſſance $\pm m$.

$(lx^n)^{\pm m}$ veut dire le logarithme de x^n, c'eſt-à-dire de x élevée à la puiſſance n, lequel logarithme eſt lui-même élevé à la puiſſance $\pm m$.

5°. On appelle fonction d'une quantité variable x, une autre quantité dans laquelle cette variable x ſe trouve mêlée de quelque maniere que ce ſoit avec ou ſans conſtantes. Ainſi toutes les quantités ſuivantes ſont des fonctions de x, x^3+x^2; $\sqrt{\left\{\frac{a^3+x^3}{b^4+x^4}\right\}}$; $\int dx\sqrt{(a^4x+b^2x^2)}$; ax^3lx; & ainſi de pluſieurs autres.

On appelle fonction de deux variables xy, une quantité dans laquelle ces deux variables ſe trouvent mêlées de quelque maniere que ce ſoit avec ou ſans conſtantes : telles ſont $xy-xx$; $\sqrt{(axy+byx)}$, &c.

IV.

AVERTISSEMENT. Comme on ne trouve point dans l'Analyſe des infiniment petits le calcul différentiel des quantités logarithmiques & exponentielles, nous allons le donner ici, afin que le lecteur n'ait rien à déſirer ſur cette matiere. Nous expoſerons enſuite & démontrerons quelques propoſitions ſur les Sinus, ſur les Co-ſinus & ſur les Imaginaires, qui nous ſont néceſſaires dans la ſuite de ce Traité. Outre qu'il auroit été incommode de les démontrer à l'endroit même où nous en aurons beſoin, parce que la chaîne des matieres en auroit été interrompue, le lecteur ne ſera peut-être pas fâché de les trouver ici toutes réunies en un ſeul corps.

CHAPITRE II.

Calcul différentiel des quantités logarithmiques.

V.

LES Logarithmes ſont une ſuite de nombres en progreſſion arithmétique quelconque, répondans à une ſuite de nombres en progreſſion géométrique quelconque. Tout ſyſtême de logarithmes eſt arbitraire, c'eſt-à-dire qu'on peut ſuppoſer telle qu'on veut la progreſſion arithmétique dont il s'agit. On ſuppoſe ſeulement pour plus de ſimplicité que le logarithme de l'unité eſt zéro. Définition des Logarithmes.

Qu'on prenne, par exemple, la ſuite de nombres en progreſſion géométrique,

$$1 : 3 : 9 : 27 : 81 \quad \&c.$$

& la ſuite de nombres en progreſſion arithmétique,

$$0 \,.\, s \,.\, 2s \,.\, 3s \,.\, 4s \quad \&c.$$

s repréſentant un nombre quelconque, & o étant le logarithme de l'unité ; s ſera le logarithme de 3, $2s$ celui de 9, & ainſi de ſuite.

VI.

Il y a plus : cette ſuite donnera non-ſeulement le logarithme d'un nombre quelconque de la progreſſion triple, mais encore le logarithme au moins approché d'un nombre quelconque qui ne ſe trouve pas dans cette progreſſion.

Par exemple, si on demande le logarithme de 8, il ne s'agit que de former une progression géométrique continue dans laquelle se trouvent 1, 3, 8, 9. Soit m le second terme de cette progression, n le nombre de termes qu'il y a depuis m jusqu'à 3, $n+r$ le nombre de termes qu'il y a depuis m jusqu'à 8, on aura, comme l'on sait par les élémens de la théorie des logarithmes, $\frac{s}{n}$ pour le logarithme de m, & $(n+r).\frac{s}{n}$ pour le logarithme de 8.

VII.

Maniere de dresser une Table de logarithmes.

On peut donc en suivant ce que nous venons d'exposer, c'est-à-dire, en imaginant une progression arithmétique quelconque dont le premier terme soit zéro, & dont les termes répondent à ceux d'une progression géométrique quelconque de nombres entiers, on peut, dis-je, dresser une table qui représente les logarithmes de tous les nombres naturels depuis l'unité jusqu'à l'infini. Ces tables sont du plus grand usage pour faciliter les opérations arithmétiques. Par leur moyen les multiplications & les divisions se réduisent, comme l'on sait, à des additions & à des soustractions.

VIII.

Quels sont les Logarithmes dont se servent les Géometres.

Dans les tables de logarithmes dont se servent aujourd'hui les Géometres, & qui sont celles de Briggs, on suppose que la progression géométrique est 1, 10, 100 &c. & la progression arithmétique 0, 1, 2 &c. ou, ce qui revient au même 0, 1.000000, 2.000000 &c. en mettant autant de zéros qu'on veut après 1, 2 &c. pour repréſenter ces nombres en parties décimales, & pour avoir plus exactement & ſous la forme de nombres entiers les logarithmes intermédiaires.

I X.

Telle eſt la théorie des logarithmes. En conſéquence de cette théorie, les Géometres ont imaginé une courbe *BMNV* qu'ils ont nommé *Logarithmique*, dont la propriété principale eſt que les ordonnées *AB*, *PM*, *QN*, &c. étant en progreſſion géométrique, les abſciſſes correſpondantes o, *AP*, *AQ*, &c. ſont en progreſſion arithmétique. Définition de la Logarithmique. Fig. 1.

X.

Il eſt donc évident que ſi on imagine menées à cette courbe un nombre infini d'ordonnées en progreſſion géométrique, les portions d'abſciſſes correſpondantes ſeront égales entre elles. Car de ce que o, *AP*, *AQ*, &c. ſont en progreſſion arithmétique, il s'enſuit que $AP = PQ$, &c.

X I.

D'après la propriété fondamentale de la logarithmique, il eſt aiſé d'avoir ſon équation. Maniere de trouver l'équation de la Logarithmique.

PROBLEME. Trouver l'équation de la logarithmique.

SOLUTION. Soient tirées dans la logarithmique *BMNV* les ordonnées $VT = y$, $NQ = z$, $MP = t$, $AB = u$, & tant d'autres qu'on voudra en progreſſion géométrique, répondantes aux abſciſſes x en progreſſion arithmétique. Je mene à une diſtance infiniment proche de Fig. 1.

VT, l'ordonnée vt; à la même diſtance de NQ, l'ordonnée auſſi infiniment proche nq; & ainſi de ſuite. On voit que chaque portion d'abſciſſe, renfermée entre deux ordonnées infiniment proches, ſera la même, & pourra par conſéquent être déſignée par dx, enſorte que $Tt = dx$, & $Qq = dx$. Or puiſque $Tt = Qq$, on a par la propriété de la logarithmique $VT : vt :: NQ : nq$; donc *ſubtrahendo* $Vk : VT :: Ne : NQ$, c'eſt-à-dire $dy : y :: dz : z$. Donc la raiſon de dy à y ſera conſtante, c'eſt-à-dire qu'on pourra égaler $\frac{dy}{y}$ à une conſtante. Mais dx eſt conſtante; on aura donc $\frac{dy}{y} = \frac{dx}{a}$ (a eſt une conſtante quelconque.) C'eſt l'équation de la logarithmique.

XII.

Démonſtration de quelques propriétés principales de cette courbe.

COROLLAIRE. Donc la ſous-tangente de la logarithmique eſt conſtante, c'eſt-à-dire qu'elle eſt la même pour tous les points de la logarithmique. Car l'équation précédente $\frac{dy}{y} = \frac{dx}{a}$ donne $\frac{ydx}{dy} = a$; or $\frac{ydx}{dy}$ eſt l'expreſſion de la ſous-tangente, comme il eſt prouvé dans l'analyſe des infiniment petits, Sect. II. donc la ſous-tangente eſt conſtante.

XIII.

THÉOREME. Je dis maintenant que ſoit dans une même logarithmique, ſoit dans deux logarithmiques différentes, les ordonnées étant priſes en même rapport, les portions d'abſciſſes correſpondantes ſont entre elles comme les ſous-tangentes.

DÉM.

DEM. 1°. Dans la même logarithmique $mMn'N'$, si $MP : mp :: N'Q' : n'q'$, on aura $Pp : Q'q' :: T'p : V'q'$. Car alors les portions d'abscisses Pp & $Q'q'$ sont égales, & la sous-tangente est la même. Donc, &c. Fig. 2.

2°. Dans deux logarithmiques différentes $mMn'N'$ & nN, si on a $MP : mp :: NQ : nq$, on aura $Pp : Qq :: T'p : Tq$. Car en supposant d'abord que mp est l'ordonnée infiniment proche de MP, & de même que nq est infiniment proche de NQ, on aura par l'hypothese $MP : mp :: NQ : nq$, donc *subtrahendo* $Ms : mp :: Nr : nq$. Mais $Ms : mp :: Pp : T'p$, & $Nr : nq :: Qq : Tq$; donc $Pp : T'p :: Qq : Tq$, ou $Pp : Qq :: T'p : Tq$. Donc les deux portions d'abscisses infiniment petites Pp, Qq seront entre elles en raison des sous-tangentes, c'est-à-dire en raison constante. Menant une 3e. ordonnée infiniment proche de MP & de NQ, & faisant les mêmes proportions, on trouvera le même résultat. Or par les propriétés des progressions, si on a $a : b :: c : d$, & $e : f :: c : d$, $g : h :: c : d$ &c. on aura $a + e + g$ &c $: b + f + h$ &c $:: c : d$. Donc la somme des portions infiniment petites d'abscisses dans une des logarithmiques, sera à la somme des portions infiniment petites d'abscisses dans l'autre logarithmique, comme la sous-tangente de la premiere de ces logarithmiques est à la sous-tangente de la seconde. Donc si on prend dans deux logarithmiques différentes des ordonnées en même rapport, les portions d'abscisses correspondantes seront entre elles comme les sous-tangentes. Donc, &c. Fig. 2. & 3.

B

XIV.

COROLLAIRE. Il est aisé de voir maintenant que dans quelque logarithmique que ce soit, le logarithme du rapport d'une ordonnée quelconque à une autre ordonnée sera ou pourra être supposé égal au nombre qui est désigné par le rapport de l'abscisse correspondante à la sous-tangente. Car pourvu que le rapport des ordonnées soit le même, soit dans une même logarithmique, soit dans deux logarithmiques différentes, le rapport de l'abscisse à la sous-tangente sera le même.

XV.

Fig. 1. Si l'on prend maintenant AB égal à la sous-tangente PR, on trouvera qu'en supposant $PM = 10\,AB$, $\frac{AP}{PR}$ logarithme de $\frac{PM}{AB}$ sera $= 2.30258509$, &c. Ce logarithme se trouve par le moyen d'une formule que nous expliquerons dans la premiere Partie de cet Ouvrage (Art. 338.)

Donc en général quel que soit le rapport de AB à PR, si on prend $PM = 10\,AB$, on aura $\frac{AP}{PR} = 2.30258509$, &c.

Donc en faisant $PR = 1$, on aura $AP = 2.30258509$.

Donc (Théor. précédent) quelque part qu'on prenne AB & PM, soit dans la même logarithmique, soit dans deux logarithmiques différentes, pourvu que $PM = 10\,AB$, on aura toujours $\frac{PR}{AP} = \frac{1}{2.30258509} = 0.43429448$. Donc $PR = AP \times 0.43429448$.

Donc en supposant, comme on le fait dans les tables,

que le logarithme AP du nombre 10, c'est-à-dire de $\frac{PM}{AB}$ est 1.00000, c'est-à-dire est égal à l'unité, on aura la valeur de la sous-tangente $PR = 0.43429448$.

XVI.

Telle est la logarithmique de Briggs, qui est celle des tables dont se servent les Géometres. Neper a imaginé une autre espece de logarithmes. On nomme ces logarithmes, hyperboliques; parce que dans la logarithmique de Neper (fig. 1.) on suppose $AB = PR$, & que cette logarithmique peut être tracée par la quadrature de l'hyperbole équilatere, rapportée aux asymptotes, en prenant la premiere abscisse pour l'unité.

Quels sont les logarithmes de Neper.

Pourquoi on les nomme hyperboliques.

Cette proposition se démontre de la façon suivante. Soit l'hyperbole AKF dont l'équation est $y = x^{-1}$, soient aussi les droites . . . . $AB = 1$

Fig. 4.

$$BC = x$$
$$Cc = dx$$
$$CK = x^{-1} = y$$

L'espace élémentaire de l'hyperbole ou $KCck$ sera par conséquent $y\,dx$, ou $\frac{dx}{x}$ en mettant pour y sa valeur $\frac{1}{x}$. L'espace entier hyperbolique $ABCK$, ou la somme des espaces élémentaires $KCkc$ est donc $\int\frac{dx}{x}$. Donc la logarithmique peut se construire par la quadrature de l'hyperbole précédente. C'est-à-dire qu'en supposant l'hyperbole quarrable on construiroit la logarithmique, en lui donnant les mêmes ordonnées qu'à l'hyperbole, & prenant les abscisses de la logarithmique correſpondantes, égales aux eſpaces hyperboliques diviſés par la ligne conſtante $AB = 1$.

XVII.

Au reſte toutes les logarithmiques peuvent être priſes pour la logarithmique des tables, en ſe ſervant d'une ordonnée quelconque AB pour repréſenter l'unité dans la ſuite des nombres naturels, & de AP, ou du logarithme de $PM = 10\,AB$ pour repréſenter l'unité dans la ſuite des logarithmes, unité qu'on n'eſt pas obligé de ſuppoſer $= AB$; mais dans la logarithmique des tables on ſuppoſe pour plus de facilité l'origine A tellement placée, qu'en faiſant $AP = AB$, on ait $PM = 10\,AB$; au lieu que pour la table des logarithmes de Neper, on ſuppoſe l'origine A telle que la ſous-tangente $PR = AB$, comme nous l'avons déja dit.

XVIII.

Les principes que nous venons d'expoſer ſur les logarithmes ſuffiſent pour entendre ce que nous allons dire ſur leur calcul différentiel.

Regle fondamentale du calcul différentiel des quantités logarithmiques.

L'équation de la logarithmique $\frac{dy}{y} = \frac{dx}{a}$, ſe réduit à $\frac{dy}{y} = dx$, en prenant la ſous-tangente a pour l'unité. Or de-là on tire cette regle générale pour la différentiation des quantités logarithmiques.

La différence du logarithme d'une quantité quelconque x, *eſt égale à la différence de cette quantité diviſée par la quantité même* $d.\,lx = \frac{dx}{x}$.

Ainsi la différence du logarithme de $1 \pm x$ est $\pm \frac{dx}{1 \pm x}$: celle du logarithme de $\pm xy$ est $\pm \frac{xdy \pm ydx}{\pm xy}$ en supposant la sous-tangente de la logarithmique égale à l'unité, & ainsi des autres plus composées.

X I X.

Par cette regle on trouve $d.lax = \frac{adx}{ax} = \frac{dx}{x}$. Il s'ensuit donc de-là, dira-t-on, que $lx = lax$. Il est aisé de prouver que cette conséquence n'est point absurde, quoiqu'elle ne suive pas nécessairement de ce que $\frac{adx}{ax} = \frac{dx}{x}$. Soit la logarithmique $BMNV$ dans laquelle je fais $AB = b$ Solution d'une difficulté. Fig. 1.

$$PM = ab$$
$$QN = x$$
$$TV = ax$$

on aura $ax : x :: a : 1$; & $ab : b :: a : 1$: Donc $ax : x :: ab : b$: donc $TQ = PA$. Maintenant qu'est-ce que le logarithme de QN (x) ? c'est le logarithme du rapport de x à une ordonnée que l'on prend pour l'unité ; donc si on prend AB (b) pour l'unité par rapport à x, on aura $lx = l\frac{x}{b} = QA$. Si l'on prend aussi la même ordonnée AB pour l'unité par rapport à $TV (ax)$, on aura $lax = l\frac{ax}{b} = TA = QA + TQ$. Donc dans ce cas $lax = lx +$ une constante R. Mais si on prend PM (ab) pour l'unité par rapport à ax, on aura $lax = l\frac{ax}{ab} = TP =$ (à cause de $TQ = PA$) QA. Donc dans ce cas la constante $R = 0$. Donc de ce que $\frac{adx}{ax} = \frac{dx}{x}$, il s'ensuit seulement que $lax = lx + R$; R étant une constante qui peut dans certaines suppositions être $= 0$.

X X.

Autre maniere de trouver certaines différentielles logarithmiques.

Il y a certains logarithmes dont la différentielle ne se présente pas au premier coup d'œil : mais on les différentie aisément en se servant de substitutions simples.

Soit proposé, par exemple, de différentier $l.lx$; je suppose $lx = y$, ce qui me donne (Art. précédent) $\frac{dx}{x} = dy$, & $l.lx = ly$, & $d(l.lx) = \frac{dy}{y}$. Mettant pour y sa valeur, & pour dy la sienne, on aura $d(l.lx) = \frac{dx}{xlx}$.

X X I.

Si la proposée est $(lx)^m$, on supposera $(lx)^m = y^m$; d'où je tire $lx = y$; $\frac{dx}{x} = dy$; $d(lx)^m = my^{m-1}dy$. Donc en mettant pour y & pour dy leurs valeurs, la différentielle cherchée est $m(lx)^{m-1}\frac{dx}{x}$.

XXII.

Qu'on demande à présent la différentielle de $(lx^n)^m$, je ferai $x^n = z$; la proposée deviendra $(lz)^m$ dont la différentielle est, comme nous venons de le voir, $m(lz)^{m-1}\frac{dz}{z}$; mais z (hyp.) $= x^n$, & $dz = nx^{n-1}dx$; donc la différentielle cherchée est $mn(lx^n)^{m-1} \times \frac{x^{n-1}dx}{x^n} = mn(lx^n)^{m-1}\frac{dx}{x}$.

XXIII.

Soit encore cherchée la différentielle de $(l.lx)^m$, il faudra supposer $lx = y$: cette supposition donne les équations suivantes, $\frac{dx}{x}=y$; $l.lx=ly$; $(l.lx)^m=(ly)^m$; donc $d(l.lx)^m=m(ly)^{m-1}\frac{dy}{y}$, & en substituant pour y & pour dy leurs valeurs, on a $m.(l.lx)^{m-1}\frac{dx}{x.lx}$. C'est la différentielle cherchée.

XXIV.

Enfin si je veux différentier $[l.(lx)^m]^n$, je supposerai $(lx)^m=y^m$, d'où il suit que $lx=y$, & que $\frac{dx}{x}=dy$. J'aurai aussi en suivant la même supposition $[l.(lx)^m]^n$ $=(ly^m)^n$. Or la différentielle de $(ly^m)^n$, par ce que nous avons vu précédemment est $mn.(ly^m)^{n-1}\frac{dy}{y}$; & en mettant pour y & dy leurs valeurs en x, cette quantité devient $mn\left(l.(lx)^m\right)^{n-1}\frac{dx}{xlx}$ = la différence de $[l.(lx)^m]^n$.

Telles sont les méthodes générales pour la différentiation des quantités logarithmiques; je passe aux exponentielles.

CHAPITRE III.

Calcul différentiel des Quantités exponentielles.

XXV.

LEs quantités exponentielles sont celles qui sont élevées à une puissance dont l'exposant est variable. Telle est, par exemple, a^x. Telles sont encore y^x, ay^x, a^x+y^x. Définition des Quantités exponentielles.

M. Bernoulli avoit auſſi nommé ces quantités *parcourantes*, parce qu'elles parcourent, pour ainſi dire, toutes les dimenſions poſſibles ; puiſque leur expoſant étant indéterminé, cet expoſant peut être ſuppoſé égal à tel nombre qu'on voudra, poſitif ou négatif, entier ou rompu, commenſurable ou incommenſurable.

Les équations compoſées en tout ou en partie de quantités de cette eſpece, ſe nomment *équations exponentielles*, & les courbes dont ces équations expriment la nature, ſe nomment *courbes exponentielles*.

XXVI.

Ces quantités ſont de différens degrés.

Les quantités exponentielles ſont de différens degrés.

Les quantités exponentielles du premier degré, ſont celles où l'expoſant de la quantité eſt une indéterminée ſimple, comme a^y, b^x, z^t, en ſuppoſant que y, x, t ſont des quantités ſimplement indéterminées.

Une quantité exponentielle du ſecond degré eſt celle dont l'expoſant eſt lui-même une exponentielle du premier, comme a^{y^x}, & ainſi de ſuite. En général une quantité exponentielle d'un degré quelconque a pour expoſant une exponentielle du degré précédent.

Il faut appliquer ces principes aux équations & aux courbes exponentielles. Quand une équation eſt compoſée d'exponentielles de différens degrés, alors cette équation & la courbe qu'elle déſigne, prennent leur nom de l'exponentielle du degré le plus élevé.

XXVII.

Ces quantités tiennent, pour ainsi dire, un milieu entre les *algébriques* & les *transcendentes*. Elles ont de commun avec les algébriques, qu'elles ne renferment aucune grandeur infiniment petite, & avec les transcendentes, qu'elles ne peuvent être représentées par aucune construction géométrique ordinaire.

XXVIII.

On peut rapporter à ce genre, ou plutôt à un genre intermédiaire entre les courbes algébriques & les exponentielles, celles que M. Leibnitz nomme *interscendentes*. Ce sont celles dans l'équation desquelles on trouve quelques termes avec des exposans irrationels, comme dans l'équation $y^{\sqrt{2}} + y = x$.

On nomme exponentielles imaginaires les quantités dont l'exposant est imaginaire telles que $c^{t\sqrt{-1}}$, ou $c^{x+y\sqrt{-1}}$.

XXIX.

REMARQUE. Des propriétés des logarithmes expliquées dans le Chapitre précédent, on peut déduire les deux propositions suivantes.

D'une équation exponentielle on en tire une logarithmique.

1°. On change une équation exponentielle en une autre qui contient les logarithmes des quantités de la premiere. Ainsi soit $a^x = b^y$: ces grandeurs étant égales, leurs logarithmes sont égaux; donc $l(a^x) = l(b^y)$. Or par la propriété des logarithmes, le logarithme de a^x est

xla, & le log. de b^y eſt ylb. Donc $xla = ylb$; donc l'équation $a^x = b^y$ conduit à cette équation plus ſimple $xla = ylb$. De même de l'équation $a^{x^z} = b^{y^u}$, on tire d'abord celle-ci $x^z la = y^u lb$; & cette derniere donnera $zlx + l.la = uly + l.lb$; & ainſi des autres.

Et d'une logarithmique une exponentielle.

2°. On tire une équation exponentielle d'une équation logarithmique. Ainſi de $xlx = la$, on déduit $x^x = a$. Cette opération s'appelle repaſſer des logarithmes aux nombres.

X X X.

De même ſi on a l'équation $ly = x$, ſuppoſant $1 = lc$, c'eſt-à-dire que c eſt un nombre dont le logarithme eſt l'unité, on aura $ly = x \times 1$, ou $ly = xlc$, d'où l'on tire $y = c^x$. C'eſt par là que l'équation de la logarithmique que nous avons trouvé être $\frac{dy}{y} = dx$, devient $y = c^x$.

Explication de cette expreſſion $y=c^x$.

Cette expreſſion veut dire que ſi on nomme b, la ſous-tangente, a l'ordonnée que l'on prend pour l'unité, c l'ordonnée à laquelle répond une abſciſſe $= b$, on aura $\frac{y}{a} = \frac{c^{\frac{x}{b}}}{a^{\frac{x}{b}}}$, équation qui ſe change en $y = c^x$, en faiſant $a = b = 1$.

Pour démontrer que l'équation $y = c^x$ eſt la même que $\frac{y}{a} = \frac{c^{\frac{x}{b}}}{a^{\frac{x}{b}}}$, remettons pour l'équation $y = c^x$ ſon équation logarithmique $ly = xlc$. On remarquera que dans cette équation y, x, & c expriment des lignes. Cependant ly exprime un nombre : car il n'y a que les nombres qui ayent des logarithmes. Ainſi dans cette expreſſion ly, y doit être cenſée diviſée par une ligne, afin que ly repréſente véritablement le logarithme d'un nombre. Or cette ligne ne peut être ici que l'ordonnée a que l'on prend pour l'unité. Car nous avons vu plus haut que le logarithme numérique de l'ordonnée d'une logarithmique, n'eſt proprement autre choſe que le logarithme de cette ordonnée diviſée par celle que l'on prend pour l'unité. Ainſi au lieu de ly, on peut écrire $l\frac{y}{a}$. Par la même raiſon, au lieu de lc on écrira $l\frac{c}{a}$. On aura donc $l\frac{y}{a} = x\,l\frac{c}{a}$. Mais l'équation dans cet état n'eſt point homogene. Il faudra donc diviſer x par quelque ligne conſtante. Or je dis que cette ligne ne peut être que la ſous-tangente b. Car $l\frac{c}{a}$ eſt égal à l'unité, puiſqu'on a ſuppoſé que c étoit l'ordonnée dont l'unité eſt le logarithme. On aura donc $l\frac{y}{a} = x$: or cette équation revient à celle-ci, $l\frac{y}{a} = \frac{x}{b}$ par l'Art. 14. puiſque le logarithme d'une ordonnée eſt égal à l'abſciſſe diviſée par la ſous-tangente. Donc l'équation de la logarithmique ſera $l\frac{y}{a} = \frac{x}{b}\,l\frac{c}{a}$ & en repaſſant aux nombres $\frac{y}{a} = \frac{c^{\frac{x}{b}}}{a^{\frac{x}{b}}}$.

XXXI.

Pour trouver maintenant les différentielles des quantités exponentielles, la ſeule regle ſuivante ſuffit. *La différentielle d'une quantité, eſt cette quantité même multipliée par la différence de ſon logarithme.* Regle générale pour différentier les exponentielles.

Cette regle n'a pas beſoin de démonſtration. Car la

différence de x, est $\frac{xdx}{x} = dx$, ce que l'on sait d'ailleurs.

XXXII.

Appliquée à des exemples.

Suivant cette regle la différence de c^x est $c^x dxlc$, ou $c^x dx$, en prenant c pour le nombre dont le logarithme est l'unité. Car le logarithme de c^x est xlc, dont la différence est $dxlc = dx$.

De même la différence de x^y est $x^y dylx + x^{y-1}ydx$.

XXXIII.

Autre méthode pour différentier ces mêmes quantités.

Pour trouver encore autrement la différentielle de c^x, soit $c^x = z$, on aura $xlc = lz$, ou $x = lz$; donc $dx = \frac{dz}{z}$, ou $zdx = dz$: ou en mettant pour z sa valeur, $c^x dx = dz$.

Si on veut différentier x^y, on fera $x^y = z$, ce qui donne $ylx = lz$; donc en différentiant $dylx + \frac{ydx}{x} = \frac{dz}{z}$ & $zdylx + \frac{zydx}{x} = dz$; donc enfin mettant pour z sa valeur, on a $x^y dylx + x^{y-1}ydx = dz$.

Il est bon de remarquer à cette occasion que $c^{lx} = x$. Car soit $c^{lx} = z$, on aura $l(c^{lx}) = lz$ ou $lxlc = lz$; donc $lx = lz$, donc $x = z$. Donc $c^{lx} = x$.

XXXIV.

Voila donc deux manieres de différentier une quantité exponentielle. La premiere est la plus aisée, lorsque la quantité dont l'exposant est indéterminé est constante.

Nouvel exemple de la

Ainsi qu'on demande la différence de $\frac{c^{z\sqrt{-1}} + c^{-z\sqrt{-1}}}{2}$, je la trouverai tout de suite par la premiere regle $\frac{c^{z\sqrt{-1}}dz\sqrt{-1} - c^{-z\sqrt{-1}}dz\sqrt{-1}}{2}$, & (à cause que $dz\sqrt{-1} = -\frac{dz}{\sqrt{-1}}$), elle est $-dz\left(\frac{c^{z\sqrt{-1}} - c^{-z\sqrt{-1}}}{2\sqrt{-1}}\right)$. premiere méthode.

La seconde méthode est plus commode, lorsque la quantité dont l'exposant est indéterminé, est elle-même une indéterminée. Ainsi pour avoir la différence de x^{y^z}, je suppose $x^{y^z} = t$, ce qui me donne $y^z lx = lt$. Je différentie, & j'ai $y^z \frac{dx}{x} + lx\,d(y^z) = \frac{dt}{t}$: ou par l'article précédent, $d(y^z) = y^z dz\,ly + y^{z-1} z\,dy$, donc $\frac{dt}{t} = y^z \frac{dx}{x} + y^z dz\,lx\,ly + y^{z-1} z\,dy\,lx$; ou enfin en mettant pour t sa valeur, on a $dt = x^{y^z} y^z x^{-1} dx + x^{y^z} y^z\,dz\,lx\,ly + x^{y^z} y^{z-1} z\,dy\,lx$. Il en sera de même pour les différentielles d'un degré plus élevé. Autre exemple de la seconde méthode.

XXXV.

Si on avoit une exponentielle multipliée par une autre, la différentiation seroit aussi aisée. Par exemple, si on avoit $x^y z^u$, la différentielle de cette proposée seroit $z^u \times d(x^y) + x^y \times d(z^u)$. Or nous avons appris à différentier chacun de ces deux membres.

On prendra de même la différence d'une équation composée ou en tout ou en partie d'exponentielles, comme $a^y + x^z = b + z^u$. Il ne s'agira pour cela que de différentier séparément par les méthodes précédentes chaque partie des deux membres de l'équation.

CHAPITRE IV.

Propositions sur les Sinus, Co-sinus, Tangentes, & Secantes.

XXXVI.

Intégration de quelques différentielles néceſſaire pour la ſuite.

NOus avons vu (Art. XVIII.) que la différentielle de $y = lx$ eſt $dy = \frac{dx}{x}$. Donc réciproquement l'intégrale de $dy = \frac{dx}{x}$ eſt $y = lx$; & en changeant cette équation logarithmique en une exponentielle, (Art. XXIX. N°. 2.) elle devient $x = e^y$, e repréſentant ici le nombredont le logarithme eſt l'unité.

XXXVII.

La différence de $l(x + \sqrt{xx - 1})$ eſt (Art. XVIII.) $\dfrac{dx + \frac{xdx}{\sqrt{xx-1}}}{x + \sqrt{xx-1}} = \dfrac{dx\sqrt{xx-1} + xdx}{(x + \sqrt{xx-1}) \times \sqrt{xx-1}} = \dfrac{dx}{\sqrt{xx-1}}$. Donc réciproquement l'intégrale de $\frac{dx}{\sqrt{xx-1}}$ eſt $l(x + \sqrt{xx - 1})$.

XXXVIII.

On trouvera de même que l'intégrale de $\frac{dx\sqrt{-1}}{\sqrt{1-xx}}$ eſt $l(x\sqrt{-1} + \sqrt{1 - xx})$. En effet prenant la différentielle logarithmique de $x\sqrt{-1} + \sqrt{1 - xx}$, on trouve $\dfrac{dx\sqrt{-1} - \frac{xdx}{\sqrt{1-xx}}}{x\sqrt{-1} + \sqrt{1-xx}} = \dfrac{dx\sqrt{-1} \times \sqrt{1-xx} - xdx}{(x\sqrt{-1} + \sqrt{1-xx}) \times \sqrt{1-xx}}$

$$= \frac{dx\sqrt{-1} \times \sqrt{1-xx} + x\sqrt{-1} \times dx\sqrt{-1}}{(x\sqrt{-1} + \sqrt{1-xx}) \times \sqrt{1-xx}} = \frac{dx\sqrt{-1}}{\sqrt{1-xx}}.$$

De cette maniere on aura auſſi $\int \frac{-dx}{\sqrt{xx-1}} = -l\left(x + \sqrt{(xx-1)}\right)$ ou $l \frac{1}{x+\sqrt{xx-1}}$. La preuve en eſt la même que pour les exemples précédens.

XXXIX.

LEMME 1. Le co-ſinus d'un angle quelconque eſt le ſinus de ſon complément. Ainſi le co-ſinus de l'arc AL eſt $CD = LK$ ſinus de LB, complément de cet arc AL. Cela eſt clair par les élémens de la Géométrie.

Propoſitions ſur les Sinus, &c. démontrées par la Syntheſe.

Fig. 5.

X L.

LEMME 2. La tangente d'un angle eſt égale au ſinus de cet angle diviſé par ſon co-ſinus, en ſuppoſant le rayon $= 1$.

DÉMONST. Soit l'angle DCB dont DK eſt le ſinus, CK le co-ſinus, BE la tangente. Le rayon $CB = 1$. A cauſe des triangles ſemblables CKD & CBE, on a $CK : KD :: CB : BE$. Donc $\frac{BE}{CB} = \frac{KD}{CK}$. Mais $CB = 1$. Donc, &c.

Fig. 6.

X L I.

LEMME 3. Le ſinus d'un angle étant x, pour le rayon $= 1$, la différence de l'angle eſt $\frac{dx}{\sqrt{1-xx}}$.

Autres Propoſitions ſur les Sinus, &c. démontrées analytiquement.

DÉMONST. Soit l'angle ACB dont le ſinus $EB = x$; menant du centre C les lignes Cb & eb infiniment proches, & abaiſſant du point B la petite perpendiculaire Bd,

Fig. 7.

on aura $db = dx$. Mais les triangles ſemblables BEC & Bdb donnent $EC\ (\sqrt{1-xx}) : CB\ (1) :: db\ (dx) : Bb = \frac{dx}{\sqrt{1-xx}}$ qui eſt la différence cherchée.

XLII.

Lemme 4. Le co-ſinus d'un angle étant x, ſa différence eſt $\frac{-dx}{\sqrt{1-xx}}$, on ſuppoſe toujours le rayon $= 1$.

Fig. 8. Dem. Soit MCB dont le co-ſinus $CP = x$, menant les lignes Cm & mp infiniment proches de CM & de PM, on tirera la petite droite $Rm = Pp = -dx$, négative, parce que le co-ſinus croiſſant, l'angle diminue. Il faut prouver que Mm différence de l'angle $MCB = \frac{-dx}{\sqrt{1-xx}}$, ce qui eſt évident. Car à cauſe des triangles ſemblables MRm & MCP, on a $MP : CM :: Rm : Mm$, c'eſt-à-dire, $\sqrt{1-xx} : 1 :: -dx : \frac{-dx}{\sqrt{1-xx}}$.

XLIII.

Lemme 5. La tangente d'un angle étant x, & le rayon 1, la différence de cet angle eſt $\frac{dx}{1+xx}$.

Fig. 9. Dem. Prenons l'angle ACD dont la tangente $AB = x$, $Bb = dx$. Dd eſt la différence de cet angle. Or on a $CB = \sqrt{1+xx}$; l'angle ABC ne différant de l'angle BbC que d'un infiniment petit Bb, ils ſont cenſés égaux; donc les triangles CAB, & bmB ſont ~~égaux~~ ſemblables. On a donc $CB : CA :: Bb : Bm$, c'eſt-à-dire $\sqrt{1+xx} : 1 :: dx : \frac{dx}{\sqrt{1+xx}} = Bm$. Mais Bm étant infiniment petit, CB & Cm

ne

ne différent entre eux que d'un infiniment petit ; & d'ailleurs l'arc Dd étant auſſi infiniment petit peut être regardé comme une petite droite perpendiculaire à Cd. Donc les triangles CBm, & CDd ſont ſemblables : donc on a CB $(\sqrt{1+xx}) : CD\,(1) :: Bm\left(\frac{dx}{\sqrt{1+xx}}\right) : Dd = \frac{dx}{1+xx}$.

COROLL. Donc la différence d'un angle dont la tangente eſt $\frac{b}{a}$, & le rayon $1, = \frac{adb-bda}{aa+bb}$, ce qui ſe trouvera tout de ſuite après ce que nous venons de dire, en mettant dans $\frac{dx}{1+xx}$ au lieu de x, $\frac{b}{a}$, & au lieu de dx, la différence de $\frac{b}{a}$, c'eſt-à-dire $\frac{adb-bda}{aa}$.

XLIV.

LEMME 6. Les mêmes choſes étant ſuppoſées que dans le lemme précédent, & faiſant la ſecante $CB = z$, on trouvera que la différence de l'angle $ACD = \frac{dz}{z\sqrt{zz-1}}$.

COROLL. Si dans $\frac{dz}{z\sqrt{zz-1}}$, on fait $z = \frac{1}{u}$, on aura $dz = -\frac{du}{uu}$, $zz = \frac{1}{uu}$: on aura donc $\frac{dz}{z\sqrt{zz-1}} = \frac{\frac{-du}{uu}}{\frac{1}{u}\sqrt{\frac{1-1}{uu}}} = \frac{-du}{\sqrt{1-uu}}$, élément d'un angle dont le coſinus eſt u. De là il s'enſuit que le coſinus u eſt en raiſon inverſe de la ſecante z, puiſque $u = \frac{1}{z}$; & c'eſt en effet ce qu'on ſait d'ailleurs par la Géométrie élémentaire.

X L V.

Théorêmes sur la même matiere, dans lesquels on fait usage des quantités exponentielles.

THÉOREME 1. Le sinus x d'un angle $z = \frac{e^{z\sqrt{-1}} - e^{-z\sqrt{-1}}}{2\sqrt{-1}}$.

DÉMONST. On a (Art. XLI.) $dz = \frac{dx}{\sqrt{1-xx}}$: donc $dz\sqrt{-1} = \frac{dx\sqrt{-1}}{\sqrt{1-xx}}$. Or $\int \frac{dx\sqrt{-1}}{\sqrt{1-xx}} =$ (Art. XXXVIII.) $l(x\sqrt{-1} + \sqrt{1-xx})$: donc $z\sqrt{-1} = l(x\sqrt{-1} + \sqrt{1-xx})$. Donc en supposant e un nombre dont le logarithme est l'unité, on a (Art. XXX.) $e^{z\sqrt{-1}} = x\sqrt{-1} + \sqrt{1-xx}$. Donc $e^{z\sqrt{-1}} - x\sqrt{-1} = \sqrt{1-xx}$; & en quarrant les deux membres $e^{2z\sqrt{-1}} - 2e^{z\sqrt{-1}}x\sqrt{-1} - xx = 1 - xx$, ou bien $e^{2z\sqrt{-1}} - 1 = 2e^{z\sqrt{-1}}x\sqrt{-1}$: donc $x\sqrt{-1} = \frac{e^{2z\sqrt{-1}} - 1}{2e^{z\sqrt{-1}}}$; & par conséquent $x\sqrt{-1} = \frac{e^{z\sqrt{-1}} - e^{-z\sqrt{-1}}}{2}$; donc enfin $x = \frac{e^{z\sqrt{-1}} - e^{-z\sqrt{-1}}}{2\sqrt{-1}}$.

X L V I.

THÉOREME 2. Le cosinus $\sqrt{1-xx}$ d'un angle z, dont par conséquent le rayon est l'unité, & le sinus x, $= \frac{e^{z\sqrt{-1}} + e^{-z\sqrt{-1}}}{2}$.

DÉMONST. Puisque par le théorême précédent $e^{z\sqrt{-1}} = x\sqrt{-1} + \sqrt{1-xx}$, il s'ensuit que $e^{-z\sqrt{-1}} = \frac{1}{x\sqrt{-1}+\sqrt{1-xx}}$; or $\frac{1}{x\sqrt{-1}+\sqrt{1-xx}} = -x\sqrt{-1} + \sqrt{1-xx}$. (ce qui est évident; car en multipliant le diviseur $x\sqrt{-1}+\sqrt{1-xx}$ par le quotient supposé $-x\sqrt{-1}+\sqrt{1-xx}$, le produit sera le dividende $=1$). Donc en mettant pour $-x\sqrt{-1}$ sa valeur $\sqrt{1-xx}-e^{z\sqrt{-1}}$ tirée de la premiere équation, on aura $e^{-z\sqrt{-1}}=2\sqrt{1-xx}-e^{z\sqrt{-1}}$. Donc $2\sqrt{1-xx}=e^{-z\sqrt{-1}}+e^{z\sqrt{-1}}$; donc $\sqrt{1-xx}=\frac{e^{z\sqrt{-1}}+e^{-z\sqrt{-1}}}{2}$.

Toutes ces propositions bien entendues, venons aux problêmes suivants. Usage des Propositions précédentes.

XLVII.

PROBLEME I. Soient α & β deux angles dont les sinus soient appellés sin. α & sin. β, on propose de trouver la valeur de sin. $\alpha\times$ cos. β.

SOLUTION. Nous venons de démontrer (Art. XLV.) que sin. $\alpha=\frac{e^{\alpha\sqrt{-1}}-e^{-\alpha\sqrt{-1}}}{2\sqrt{-1}}$, & (Art. suivant) que cos. $\beta=\frac{e^{\beta\sqrt{-1}}+e^{-\beta\sqrt{-1}}}{2}$. D'où l'on tire sin. α. cos. $\beta=$

$$\frac{e^{(\alpha+\beta)\sqrt{-1}}-e^{-(\alpha+\beta)\sqrt{-1}}+e^{(\alpha-\beta)\sqrt{-1}}-e^{(\beta-\alpha)\sqrt{-1}}}{4\sqrt{-1}}.$$

Or sinus $\alpha+\beta=\frac{e^{(\alpha+\beta)\sqrt{-1}}-e^{-(\alpha+\beta)\sqrt{-1}}}{2\sqrt{-1}}$. Donc $\frac{e^{(\alpha+\beta)\sqrt{-1}}-e^{-(\alpha+\beta)\sqrt{-1}}}{4\sqrt{-1}}=\frac{1}{2}$ sin. $\alpha+\beta$. De même $\frac{e^{(\alpha-\beta)\sqrt{-1}}-e^{(\beta-\alpha)\sqrt{-1}}}{4\sqrt{-1}}=\frac{1}{2}$ sin. $\alpha-\beta$. Donc en réunissant ces deux valeurs, on aura

$$\frac{e^{(\alpha+\beta)\sqrt{-1}}-e^{-(\alpha+\beta)\sqrt{-1}}+e^{(\alpha-\beta)\sqrt{-1}}-e^{(\beta-\alpha)\sqrt{-1}}}{4\sqrt{-1}}$$

$= \frac{1}{2}$ sin. $\alpha + \beta + \frac{1}{2}$ sin. $\alpha - \beta$. Donc enfin sin. $\alpha \times$ cos. $\beta = \frac{\text{sin.}\ \alpha + \beta}{2} + \frac{\text{sin.}\ \alpha - \beta}{2}$.

XLVIII.

PROBLEME 2. Trouver la valeur de sin. $\alpha \times$ sin. β.

SOLUTION. Sin. $\alpha \times$ sin. $\beta =$ (Art. XLV.) $\left(\frac{e^{\alpha\sqrt{-1}} - e^{-\alpha\sqrt{-1}}}{2\sqrt{-1}}\right) \times \left(\frac{e^{\beta\sqrt{-1}} - e^{-\beta\sqrt{-1}}}{2\sqrt{-1}}\right) = \frac{e^{(\alpha+\beta)\sqrt{-1}} + e^{-(\alpha+\beta)\sqrt{-1}} - e^{(\alpha-\beta)\sqrt{-1}} - e^{(\beta-\alpha)\sqrt{-1}}}{-4}$.

Or (Art. XLVI.) $\frac{e^{(\alpha+\beta)\sqrt{-1}} + e^{-(\alpha+\beta)\sqrt{-1}}}{-4} = -\frac{1}{2}$ cos. $\alpha + \beta$: & de même $\frac{-e^{(\alpha-\beta)\sqrt{-1}} - e^{(\beta-\alpha)\sqrt{-1}}}{-4}$, ou bien $\frac{e^{(\alpha-\beta)\sqrt{-1}} + e^{(\beta-\alpha)\sqrt{-1}}}{4} = \frac{1}{2}$ cos. $\alpha - \beta$. Donc les deux parties étant réunies, on aura sin. $\alpha \times$ sin. $\beta = -\frac{\text{cos.}\ \alpha + \beta}{2} + \frac{\text{cos.}\ \alpha - \beta}{2}$.

COROLLAIRE 1. On prouvera de la même maniere que cos. α . $\times$ cos. $\beta = \frac{\text{cos.}\ \alpha + \beta}{2} + \frac{\text{cos.}\ \alpha - \beta}{2}$.

XLIX.

COROLL. 2. On peut aussi conclure de là, 1°. que cos. $\alpha + \beta =$ cos. $\alpha \times$ cos. $\beta -$ sin. $\alpha \times$ sin. β. Car ce dernier membre de l'équation $=$ (Art. XLVII. & XLVIII.) $\frac{\text{cos.}\ \alpha + \beta}{2} + \frac{\text{cos.}\ \alpha - \beta}{2} + \frac{\text{cos.}\ \alpha + \beta}{2} - \frac{\text{cos.}\ \alpha - \beta}{2} =$ cos. $\alpha + \beta$.

2°. Que sinus $\alpha + \beta =$ sin. $\alpha \times$ cos. $\beta +$ sin. $\beta \times$ cos. α, ce qui se prouvera comme l'article précédent.

L.

REMARQUE I. Il faut écrire $\frac{\text{coſ. } \alpha - \varsigma}{2}$, & non pas coſ. $\frac{\alpha - \varsigma}{2}$, parce que la premiere de ces expreſſions indique la moitié du coſ. $\alpha - \varsigma$, que l'on doit avoir ici, & que l'autre indique le coſinus de la moitié de $\alpha - \varsigma$, qui feroit une expreſſion fautive. Cette remarque eſt de quelque importance pour ne ſe point tromper dans l'expreſſion des ſinus & coſinus.

L I.

COROLL. 3. Le dernier Corollaire nous donne une méthode bien ſimple pour trouver les ſinus & coſinus d'arcs doubles, triples, quadruples, &c. d'arcs donnés. Si l'on a, par exemple, le coſinus donné de l'arc $AM = c$, en ſuppoſant toujours le rayon $= 1$, on aura le ſinus de cet angle $= \sqrt{1 - cc}$. Si on cherche à préſent le coſinus de l'arc AD double de AM, on remarquera que le coſinus & le ſinus de l'arc DM égal à AM feront auſſi c, & $\sqrt{1 - cc}$; donc on trouvera (ART. XLIX.) le coſinus de l'arc $AD = 2cc - 1$. Si on cherche le ſinus du même arc double, on le trouvera de même $= 2c\sqrt{1 - cc}$.

On en tire une méthode fort ſimple pour trouver les Sinus, & Coſinus, d'arcs multiples d'un arc donné.

Fig. 10.

Pour trouver le ſinus & le coſinus d'un arc quadruple, il faut prendre le coſinus & le ſinus de l'arc double, & enſuite ceux de l'arc double de ce ſecond; ce qui donnera, en faiſant les mêmes ſuppoſitions que ci-deſſus le coſinus de l'arc quadruple $= 8c^4 - 8cc + 1$, & le ſinus du même arc $= \overline{8c^3 - 4c}\sqrt{1-cc}$, & ainſi de ſuite pour tous les arcs doubles d'arcs donnés.

L I I.

Par cette même méthode fondée ſur le dernier Corollaire, on trouveroit avec autant de facilité, les coſinus & ſinus d'arcs triples, quintuples, &c. d'arcs donnés. Ainſi en ſuppoſant toujours c le coſinus donné d'un arc, on trouvera que le coſinus & le ſinus de l'arc double étant $2cc - 1$, & $2c\sqrt{1-cc}$, le coſinus de l'arc triple ſera $(2cc - 1) \times c - 2c\sqrt{1-cc} \times \sqrt{1-cc} = 4c^3 - 3c$, & le ſinus du même arc ſera $= 2c\sqrt{1-cc} \times c + \sqrt{1-cc} \times (2cc - 1) = \overline{4cc - 1}\sqrt{1-cc}$, & ainſi de ſuite.

L I I I.

Donc ſi on nomme s, & c, les ſinus & coſinus d'un arc quelconque moindre qu'un quart de cercle, & s'', s''', s^{iv}, &c. c'', c''', c^{iv}, &c. les ſinus & coſinus des arcs double, triple, quadruple, &c. de cet arc, on formera la Table ſuivante.

Table des Sinus & Cosinus d'Arcs quelconques multiples d'un Arc donné.

	Cosinus	Sinus.
Cos. arc sim..	$c = c$	$s = \sqrt{1-cc}$
Double	$c'' = 2cc - 1$	$s'' = 2c\sqrt{1-cc}$
Triple.....	$c''' = 4c^3 - 3c$	$s''' = \overline{4c^2 - 1}\sqrt{1-cc}$
Quadruple ..	$c^{IV} = 8c^4 - 8c^2 + 1$	$s^{IV} = \overline{8c^3 - 4c}\sqrt{1-cc}$
Quintuple ..	$c^{V} = 16c^5 - 20c^3 + 5c$	$s^{V} = \overline{16c^4 - 12c^2 + 1}\sqrt{1-cc}$
Sextuple ...	$c^{VI} = 32c^6 - 48c^4 + 18c^2 - 1$	$s^{VI} = \overline{32c^5 - 32c^3 + 6c}\sqrt{1-cc}$
Septuple ...	$c^{VII} = 64c^7 - 112c^5 + 56c^3 - cc$	$s^{VII} = \overline{64c^6 - 80c^4 + 24c^2 - 1}\sqrt{1-cc}$
	&c.	&c.

Dom Charles Walmesley, Bénédictin Anglois, dans son excellent Livre de l'*Analyse des Mesures*, parvient à cette même Table, mais par une méthode différente de celle qui nous y a conduits.

L I V.

REMARQUE 2. Il est bon d'observer ici, 1°. Que si on prend un angle *LDB* négativement, son sinus deviendra négatif sans changer de valeur, & qu'au contraire son cosinus restera positif, de sorte que sin. $-\alpha =$ $-$ sin. α & cos. $-\alpha =$ cos. α. Cette proposition, ainsi que les deux suivantes, se conçoit par la seule inspection d'une figure fort simple. Fig. 5.

2°. Que le sinus d'un angle augmenté de 360°, ou d'un multiple de la circonférence, ne change point de valeur ni de signe; mais que s'il est augmenté de 180°, ou d'un multiple impair de 180°, ce ſinus deviendra négatif, auſſi-bien que le coſinus, ſans changer d'ailleurs de valeur. Ainſi ſin. $\alpha + 180^\circ = -$ ſin. α, & coſin. $\alpha + 180^\circ = -$ coſ. α.

3°. Que ſi on augmente un angle de 90°, le ſinus de cet angle ainſi augmenté ſera égal à ſon premier coſinus, & le nouveau coſinus ſera égal au premier ſinus pris négativement ; d'où il ſuit que ſin. $\alpha + 90^\circ =$ coſ. α, & que coſ. $\alpha + 90^\circ = -$ ſin. α.

L V.

Fig. 10. COROLL. 4. Si l'arc AM eſt plus grand qu'un quart de cercle, mais n'excede pas la demie circonférence, alors ſon coſinus ſera $-c$, & par conſéquent il faut changer dans la Table les ſignes des termes où c ſe trouve avec des dimenſions impaires.

L V I.

REMARQUE 3. Dans les équations précédentes on voit que la racine c a toujours autant de valeurs, que l'arc dont l'équation exprime le coſinus contient de fois celui dont la racine c eſt le coſinus. Par exemple, c a cinq valeurs dans l'équation $c^v = 16c^5 - 20c^3 + 5c$. Pour
Fig. 11. trouver ces valeurs on décrira une circonférence $ACEA$ ſur laquelle on prendra l'arc AL dont le coſinus $= c^v$, & l'arc AB qui ſoit la cinquieme partie de AL. Le coſinus de AB donne une des racines de l'équation, enſuite

ensuite en commençant au point B on divisera la circonférence en cinq parties égales BC, CD, DE, EF, FB, & les cosinus des arcs AC, AD, ADE, ADF donneront les autres valeurs de la racine c. D'où il suit qu'en nommant C la circonférence, & A l'arc AL, l'équation $c^v = 16c^5 - 20c^3 + 5c$ donnera les cosinus des cinq arcs suivants $\frac{A}{5}$, $\frac{C+A}{5}$, $\frac{2C+A}{5}$, $\frac{3C+A}{5}$, $\frac{4C+A}{5}$.

En voici la raison. Le cosinus c^v de l'arc AL appartient non-seulement à cet arc AL, mais à tout autre arc terminé par les points A, L; c'est-à-dire à l'arc AL + la circonférence, à l'arc AL + deux fois la circonférence, &c. Donc la racine c doit exprimer le cosinus de la cinquieme partie de chacun de ces arcs.

On voit aussi par la division du cercle, qu'il ne peut y avoir que ces cinq valeurs: car en procédant au-delà, on retrouveroit les mêmes racines. En effet le cosinus de $\frac{5C+A}{5}$ ou $C+\frac{A}{5}$ est le même que le cosinus de $\frac{A}{5}$; le cosinus de $\frac{6C+A}{5}$, ou $C+\frac{C+A}{5}$ est le même que le cosinus de $\frac{C+A}{5}$, &c.

LVII.

REMARQUE 4. Le cosinus c^v appartient non-seulement à l'arc AL, mais encore à son complément AEL, ou $C-A$; & ce même cosinus appartient aussi à l'arc $C-A$ augmenté successivement de C, $2C$, $3C$. Donc les racines c exprimeront encore les cosinus de $\frac{C-A}{5}$, $\frac{2C-A}{5}$, $\frac{3C-A}{5}$, &c. mais ces racines seront les mêmes qui ont été trouvées ci-devant. Car le cosinus de $\frac{C-A}{5}$ est le même que le cosinus de $\frac{4C+A}{5}$, parce que ces deux arcs ensemble font la circonférence entiere. De même le cosinus de $\frac{2C-A}{5}$ est le même que celui de $\frac{3C+A}{5}$, &c. & ainsi de suite.

LVIII.

Il en est de même pour toutes les autres équations aux cosinus, soit que l'arc AL soit moindre ou plus grand qu'un quart de cercle, de sorte que si λ marque le nombre des parties dans lesquelles l'arc AL est divisé, les racines de ces équations seront les cosinus des arcs $\frac{A}{\lambda}$, $\frac{C-A}{\lambda}$, $\frac{C+A}{\lambda}$, $\frac{2C-A}{\lambda}$, $\frac{2C+A}{\lambda}$, $\frac{3C-A}{\lambda}$, $\frac{3C+A}{\lambda}$, &c. & ces arcs se trouveront en divisant la circonférence en autant de parties égales que λ contient d'unités, en commençant au point B, AB étant supposé égal à $\frac{AL}{\lambda}$.

LIX.

COROLL. 5. Si on suppose dans les équations précédentes le cosinus de $AL = -1$, c'est-à-dire que l'arc
Fig. 12. AL devient égal à la demie circonférence, ou que ce
Fig. 13. cosinus $= 1$, c'est-à-dire que l'arc AL devient égal à la circonférence entiere ; dans ces deux cas, en divisant la circonférence comme nous avons enseigné dans le Corollaire précédent, les arcs des divisions paires de la premiere figure seront égaux aux arcs des divisions de la seconde, en supposant que le nombre λ soit le même de part & d'autre.

Si λ eſt un nombre impair dans le premier cas, & un nombre pair dans le ſecond, le dernier des arcs eſt marqué par $\frac{C}{2}$; donc la valeur d'un des coſinus ſera égal à -1.

L X.

COROLL. 6. En ſuppoſant que les quantités a, b, h, k, &c. ſont les racines des équations aux coſinus, a ſera le coſinus de $\frac{A}{5}$, b celui de $\frac{C+A}{5}$, h ſera celui de $\frac{2C+A}{5}$, k celui de $\frac{3C+A}{5}$, &c. & les équations aux coſinus ſeront compoſées du produit des quantités $c-a$, $c-b$, $c-h$, $c-k$, &c. Les principes ordinaires de l'Algebre feront aiſément connoître le nombre des racines poſitives & celui des négatives; & comme les ſeconds termes manquent dans toutes les équations aux coſinus, il s'enſuit, comme on le ſait, que la ſomme des racines ou des coſinus poſitifs, eſt égale à la ſomme des coſinus négatifs.

L X I.

Lemme qui prépare au théorême de M. Cotes ſur la diviſion des arcs de cercle.

Fig. 14.

LEMME 6. Si dans un cercle quelconque $AGSO$ décrit du centre C, on tire deux diametres AS, GO perpendiculaires l'un à l'autre; qu'on prenne ſur la circonférence un arc AL dont le coſinus ſoit nommé t, & l'arc $AB = \frac{AL}{\lambda}$; qu'on diviſe la circonférence, en commençant au point quelconque B, en un nombre de parties égales marqué par λ, comme BF, FI, IP, &c. ſi outre cela on prend un point quelconque K, dans le diametre AS duquel on mene à tous les points de diviſion les lignes

KB, KF, KI, KP, &c. je dis qu'on aura $\overline{KB}^2 \times \overline{KF}^2 \times \overline{KI}^2 \times \overline{KP}^2 \times$ &c. $= CA^{2\lambda} - 2t \times CK^{\lambda} + \overline{CK}^{2\lambda}$, si l'arc AL est moindre que AG ; & $= CA^{2\lambda} + 2t \times CK^{\lambda} + CK^{2\lambda}$, si l'arc AL est plus grand que AG, mais moindre que AGS.

DÉMONST. Soit tiré le rayon BC & BN perpendiculaire au diametre AS, supposant toujours le rayon $= 1$, on nommera CK x, & a, b, h, k, &c. les cosinus des arcs AB, AF, AI, AP, &c. c'est-à-dire $\frac{A}{\lambda}$, $\frac{C+A}{\lambda}$, $\frac{2C+A}{\lambda}$, &c. & on aura $KB^2 = BN^2 + KN^2 = 1 - aa + \overline{a-x}^2 = 1 - 2ax + xx$: de même $\overline{KF}^2 = 1 - 2bx + xx$, si les arcs AB, AF sont terminés dans la demie circonférence GAO du même côté que le point K; on a aussi $KI^2 = 1 + 2hx + xx$, $KP^2 = 1 + 2kx + xx$. Supposons à présent $1 - 2ax + xx = 0$, & faisons la même supposition pour les autres valeurs, on aura $a = \frac{1+xx}{2x}$; $b = \frac{1+xx}{2x}$; $-h = \frac{1+xx}{2x}$; $-k = \frac{1+xx}{2x}$. Donc on aura généralement $c = \frac{1+xx}{2x}$. Si on transpose maintenant tous les termes des équations trouvées aux cosinus (Art. LIII.) du même côté du signe d'égalité, ensorte qu'elles deviennent $= 0$, & qu'on substitue dans ces équations la valeur de c, elles deviendront celles-ci.

$\frac{1 - 2cx + xx}{2x} = 0$	$\frac{1 - 2c^{iv}x^4 + x^8}{2x^4} = 0$
$\frac{1 - 2c''x^2 + x^4}{2x^2} = 0$	$\frac{1 - 2c^{v}x^5 + x^{10}}{2x^5} = 0$
$\frac{1 - 2c'''x^3 + x^6}{2x^3} = 0$	$\frac{1 - 2c^{vi}x^6 + x^{12}}{2x^6} = 0$

&c.

Or c, c'', c''', &c. marquent le cosinus de l'arc AL que nous avons nommé t dans ce Lemme : on aura donc cette équation générale $\frac{1-2tx^{\lambda}+x^{2\lambda}}{2x^{\lambda}}=0$ lorsque AL est plus petit que AG ; & lorsque AL est plus grand que AG, $\frac{1+2tx^{\lambda}+x^{2\lambda}}{2x^{\lambda}}=0$. Mais les équations aux cosinus sont composées du produit des racines $c-a=0$, $c-b$, $c+h$, $c+k$; donc l'équation générale $\frac{1\mp 2tx^{\lambda}+x^{2\lambda}}{2x^{\lambda}}=0$ est aussi formée du produit des racines $\frac{1+xx}{2x}-a=0$, $\frac{1+xx}{2x}-b=0$, $\frac{1+xx}{2x}+h=0$, $\frac{1+xx}{2x}+k=0$. Donc $1\mp 2tx^{\lambda}+x^{2\lambda}=\overline{1-2ax+xx}\times\overline{1-2bx+xx}\times\overline{1+2hx+xx}\times\overline{1+2kx+xx}$, &c. donc enfin $AC^{2\lambda}\mp 2t\times CK^{\lambda}+CK^{2\lambda}=KB^{2}\times KF^{2}\times KI^{2}\times KP^{2}$, &c.

LXII.

CoROLL. Il suit de ce Lemme, qu'on peut par la seule division d'un arc de cercle en parties égales assigner tous les facteurs trinomes de $x^{2m}+px^{m}+q$, qu'on voit être la même quantité que $1\pm 2tx^{\lambda}+x^{2\lambda}$ en supposant $t=\frac{p}{2}$, $q=a^{2m}$, & regardant alors a comme le rayon $=1$. Il faut bien faire attention à ce Corollaire ; il sera d'usage dans la suite.

LXIII.

THEOREME 3. Si on divise une circonférence de cercle $ADFA$ en arcs égaux AB, BO, OD, DE, EF, &c. Fig. 15.

dont le nombre ſoit égal à 2λ, & que d'un point quelconque K pris dans le diametre AF, on tire des lignes KA, KB, KO, KD, &c. à tous les points de diviſion, on aura $CA^{\lambda} - CK^{\lambda} = KA \times KO \times KE \times KG$, & $CA^{\lambda} + CK^{\lambda} = KB \times KD \times KF \times KH$, &c. en prenant ainſi ces lignes alternativement.

Démonſtration du Théorême de M. Cotes.

Fig. 13. Fig. 15.

DÉMONST. 1°. Si on ſuppoſe $t = 1$ l'arc AL devient égal à la circonférence entiere ; par conſéquent l'arc $AO = \frac{C}{\lambda}$: & ſi en commençant au point O, on diviſe la circonférence en un nombre de parties égales deſigné par λ aux points E, G, I, &c. A, le dernier point de diviſion ſera toujours A, & les coſinus des arcs AO, AE, AG, AI, &c. (Art. LX.) ſeront égaux à a, b, h, k, &c. 1 ; or on aura dans le cas préſent $1 - 2tx^{\lambda} + x^{2\lambda} = 1 - 2x^{\lambda} + x^{2\lambda}$, dont la racine quarrée eſt $1 - x^{\lambda}$; donc on a (Lemme 6.) $1 - x^{\lambda} = \sqrt{1 - 2ax + xx} \times \sqrt{1 - 2bx + xx} \times \sqrt{1 + hx + xx} \times \sqrt{1 + 2kx + xx} \times \sqrt{1 - 2x + xx}$, c'eſt-à-dire $CA^{\lambda} - CK^{\lambda} = KO \times KE \times KG \times KI$, &c. $\times KA$.

Fig. 12. Fig. 15.

2°. Si on ſuppoſe $t = -1$, l'arc AL devient égal à la demie circonférence ; par conſéquent l'arc $AB = \frac{\frac{1}{2}C}{\lambda}$: & ſi du point B on diviſe la circonférence en un nombre de parties égales marqué par λ aux points D, F, H, &c. les coſinus des arcs AB, AD, AF, AH, &c. étant exprimés par les quantités a, b, h, k, &c. on aura dans le cas préſent $1 - 2tx^{\lambda} + x^{2\lambda} = 1 + 2x^{\lambda} + x^{2\lambda}$, dont la racine quarrée eſt $1 + x^{\lambda}$; ce qui donne (Art. LXI.)

$1 + x^\lambda = \sqrt{1 - 2ax + xx} \times \sqrt{1 - 2bx + xx} \times \sqrt{1 + 2hx + xx} \times \sqrt{1 + 2kx + xx}$, c'eſt-à-dire $CA^\lambda + CK^\lambda = KB, \times KD, \times KF, \times KH$.

Donc en réuniſſant les deux cas de $t = 1$, & de $t = -1$, on a $CA^\lambda - CK^\lambda = KA \times KO \times KE \times KG$, &c. & $CA^\lambda + CK^\lambda = KB \times KD \times KF \times KH$.

LXIV.

REMARQUE. Le Théorême précédent eſt le fameux Théorême de M. Cotes. Il a été rendu plus général par M. Moivre, comme on le voit dans ſon Livre intitulé : *Miſcellanea analytica de ſeriebus & quadraturis*. Ce Théorême dont l'auteur n'avoit pas donné la démonſtration, a été démontré par l'illuſtre Jean Bernoulli, voy. Tome IV. de ſes Œuvres, N°. CLX, & par M. Herman dans un Mémoire imprimé parmi ceux de l'Académie de Peterſbourg, tom. VI. Au reſte la maniere dont il eſt ici démontré, m'a paru la plus ſimple & la plus claire. Je l'ai tirée du Livre de Dom Charles Walmeſley déja cité Art. LIII.

LXV.

Application du Théorême précédent à des cas particuliers.

COROLLAIRE I. Il n'eſt pas difficile d'appliquer ce Théorême à des cas particuliers, en donnant à λ telle valeur qu'on voudra. Par exemple, prenons d'abord la premiere ſuppoſition de $t = 1$, & ſoit $\lambda = 5$: diviſant la circonférence en cinq parties égales aux points B, F, D, E, A, on aura à cauſe de $KB = KE$ & de $KF =$ Fig. 13.

KD, $CA^5 - CK^5 = KB^2 \times KF^2 \times KA$; c'eſt-à-dire $1 - x^5 = \overline{1 - x} \times \overline{1 - 2ax + xx} \times \overline{1 + 2bx + xx}$. On trouveroit de même les valeurs de $1 - x^\lambda$ en ſuppoſant $\lambda = 6, 7$, &c.

2°. Lorſque $t = -1$, en ſuppoſant auſſi $\lambda = 5$, on trouvera $1 + x^5 = \overline{1 + x} \times \overline{1 - 2ax + xx} \times \overline{1 + 2bx + xx}$.

LXVI.

COROLLAIRE 2. Il ſuit du Théorême & du Corollaire précédens, qu'on trouve aiſément par la diviſion d'un arc de cercle les facteurs de $\pm x^n \pm a^n$, en ſuppoſant a égal au rayon qui eſt $= 1$.

CHAPITRE V.

Sur les Imaginaires.

LXVII.

NOus allons démontrer ici deux Propoſitions générales & du plus grand uſage ſur les imaginaires, la premiere, que toute quantité imaginaire d'une forme quelconque peut toujours ſe réduire à $A + B\sqrt{-1}$, A & B étant des quantités réelles. La ſeconde, que toute racine imaginaire d'une équation quelconque peut s'exprimer auſſi par $A + B\sqrt{-1}$.

LXVIII.

Démonſtration de la premiere Partie.

LEMME. Si $K + H\sqrt{-1} = L + P\sqrt{-1}$; K, H, L, &

& P étant des quantités réelles, je dis que $K=L$ & $H=P$. Lemme préparatoire.

Car puisque $K-L+(H-P)\sqrt{-1}=0$, il s'ensuit que $K-L=0$ & $H-P=0$; autrement soit $K-L=R$, & $H-P=S$, on auroit $R+S\sqrt{-1}=0$, c'est-à-dire le réel R égal à l'imaginaire $-S\sqrt{-1}$, ce qui est absurde.

LXIX.

COROLLAIRE. Donc quand une quantité est égale à zéro, & qu'elle est composée de plusieurs termes, les uns réels, les autres multipliés par $\sqrt{-1}$, les deux parties sont chacune en particulier égales à zéro.

LXX.

THÉOREME I. Une quantité algébrique quelconque, composée de tant d'imaginaires qu'on voudra, peut toujours se ramener à la forme $A+B\sqrt{-1}$, A & B étant des quantités réelles quelconques.

Expression générale que l'on peut donner à toute quantité imaginaire d'une forme quelconque.

DÉMONSTRATION. 1°. Il est évident que $a+b\sqrt{-1}\pm g+h\sqrt{-1}$ peut se ramener à la forme $A+B\sqrt{-1}$; car $a+b\sqrt{-1}\pm g\pm h\sqrt{-1}=a\pm g+(b\pm h)\sqrt{-1}=A+B\sqrt{-1}$, en supposant $a\pm g=A$, & $b\pm h=B$.

2°. $(a+b\sqrt{-1})\times(g+h\sqrt{-1})$ peut se ramener à $A+B\sqrt{-1}$. Car $(a+b\sqrt{-1})\times(g+h\sqrt{-1})=\begin{matrix}ag+bg\sqrt{-1}\\-bh+ah\sqrt{-1}\end{matrix}$. Donc $ag-bh=A$, & $bg+ah=B$.

3°. $A+B\sqrt{-1}=\frac{a+b\sqrt{-1}}{g+h\sqrt{-1}}$. Car $\frac{a+b\sqrt{-1}}{g+h\sqrt{-1}}=$ $\frac{(a+b\sqrt{-1})\times(g-h\sqrt{-1})}{(g+h\sqrt{-1})\times(g-h\sqrt{-1})}=\frac{\begin{matrix}ag+bg\sqrt{-1}\\+bh-ah\sqrt{-1}\end{matrix}}{gg+hh}$. Or dans cette

quantité ainsi réduite $\frac{ag+bh}{gg+hh} = A$, & $\frac{bg-ah}{gg+hh} = B$.
Donc, &c.

4°. $\overline{a+b\sqrt{-1}}^{\,g+h\sqrt{-1}} = A+B\sqrt{-1}$. Car supposant que cela soit ainsi, on a par les logarithmes, $l\,\overline{a+b\sqrt{-1}}^{\,g+h\sqrt{-1}} = l\,(A+B\sqrt{-1})$; ou $\overline{g+h\sqrt{-1}}\; l\,(a+b\sqrt{-1}) = l\,(A+B\sqrt{-1})$. Donc en prenant les différentielles logarithmiques, faisant varier A, B & a, b, & supposant $g+h\sqrt{-1}$ constante, ce qui est permis, on a (N) $(g+h\sqrt{-1}) \times \left(\frac{da+db\sqrt{-1}}{a+b\sqrt{-1}}\right) = \frac{dA+dB\sqrt{-1}}{A+B\sqrt{-1}}$. De plus on a $(g+h\sqrt{-1}) \times \left(\frac{da+db\sqrt{-1}}{a+b\sqrt{-1}}\right) = (g+h\sqrt{-1}) \times \frac{(da+db\sqrt{-1}).(a-b\sqrt{-1})}{(a+b\sqrt{-1}).(a-b\sqrt{-1})}$ = en mettant d'une part tout ce qui est réel, & de l'autre tout ce qui est imaginaire $= \frac{gada+gbdb-ahdb+bhda}{aa+bb} + \frac{(hada+hbdb+gadb-gbda)\sqrt{-1}}{aa+bb}$. Faisant la même opération sur le second membre de l'équation (N), nous avons $\frac{dA+dB\sqrt{-1}}{A+B\sqrt{-1}} = \frac{(dA+dB\sqrt{-1}).(A-B\sqrt{-1})}{(A+B\sqrt{-1}).(A-B\sqrt{-1})} = \frac{AdA+BdB}{AA+BB} * \frac{(AdB-BdA)\sqrt{-1}}{AA+BB}$, donc

$$\frac{gada+gbdb-ahdb+bhda+(hada+hbdb+gadb-gbda)\sqrt{-1}}{aa+bb}$$

$= \frac{AdA+BdB+(AdB-BdA)\sqrt{-1}}{AA+BB}$. Or il faut (Art. LXVIII.) que la partie réelle du premier membre soit égale à la partie réelle du second, & la partie imaginaire, à la partie imaginaire. Nous aurons donc les deux équations suivantes, (O) $\frac{gada+gbdb-ahdb+bhda}{aa+bb} = \frac{AdA+BdB}{AA+BB}$: & (P) $\frac{(hada+hbdb+gadb-gbda)\sqrt{-1}}{aa+bb} = \frac{(AdB-BdA)\sqrt{-1}}{AA+BB}$.

Donc (Q) $\frac{AdA+BdB}{AA+BB} = g \times \left\{\frac{ada+bdb}{aa+bb}\right\} - h \times$

$\left\{\frac{adb - bda}{aa + bb}\right\}$. Or $\int \frac{AdA + BdB}{AA + BB} = l\sqrt{AA + BB}$, comme il eſt aiſé de le prouver en différentiant le ſecond membre de cette équation. De même $\int g \times \left\{\frac{ada + bdb}{aa + bb}\right\}$ $= g\, l\sqrt{aa+bb} = l\sqrt{aa+bb}^{\,g}$; & $\int -h \times \left\{\frac{adb - bda}{aa + bb}\right\}$ (en multipliant par 1, ou par $lc = 1$) $= -h\int \left\{\frac{adb - bda}{aa + bb}\right\}$ $\times\, lc = lc^{-h\int \left\{\frac{adb - bda}{aa + bb}\right\}}$. Donc en rapprochant les deux membres de l'équation (Q) ainſi intégrés, on a $l\sqrt{AA + BB} = l\sqrt{aa + bb}^{\,g} + lc^{-h\int \left\{\frac{adb - bda}{aa + bb}\right\}}$; donc repaſſant des logarithmes aux nombres, on a $\sqrt{AA+BB} = \sqrt{aa+bb}^{\,g} \times c^{-h\int \left\{\frac{adb - bda}{aa+bb}\right\}}$.

Faiſons à préſent la même opération ſur l'équation (P), que nous venons de faire ſur l'équation (O); cette équation (P) devient en diviſant par $\sqrt{-1}$ de part & d'autre & réduiſant (R) $\frac{AdB - BdA}{AA + BB} = h \times \left\{\frac{ada + bdb}{aa + bb}\right\} +$ $g \times \left\{\frac{adb - bda}{aa + bb}\right\}$. Mais $\int \left\{\frac{AdB - BdA}{AA + BB}\right\} =$ (corol. Art. XLIII.) un angle dont la tangente eſt $\frac{B}{A}$; $\int h \times \left\{\frac{ada + bdb}{aa + bb}\right\}$ $= h\,l\sqrt{aa+bb}$, & $\int g \times \left\{\frac{adb - bda}{aa + bb}\right\} = g$ multiplié par un angle dont la tangente eſt $\frac{b}{a}$. Donc en rapprochant les deux membres ainſi intégrés de l'équation (R) on a (S) $\int \left\{\frac{AdB - BdA}{AA + BB}\right\} = h\,l\sqrt{aa+bb} + g \times$ $\int \left\{\frac{adb - bda}{aa + bb}\right\}$. D'autre part nous avons trouvé plus haut $\sqrt{AA + BB} = (aa + bb)^{\frac{g}{2}} \times c^{-h\int \left\{\frac{adb - bda}{aa + bb}\right\}}$; nous ſavons auſſi que $\int \left\{\frac{AdB - BdA}{AA + BB}\right\}$ & $\int \left\{\frac{adb - bda}{aa + bb}\right\}$ ſont des expreſſions d'angles dont les tangentes ſont $\frac{B}{A}$ & $\frac{b}{a}$. Donc parce que (Art. XL.) la tangente d'un angle eſt le ſinus de cet angle diviſé par ſon coſinus, B eſt le ſinus, & A le coſinus d'un angle dont la valeur eſt $hl\sqrt{aa+bb}+g\times\int\left\{\frac{adb-bda}{aa+bb}\right\}$, & dont le rayon $\sqrt{AA+BB}$ eſt $=(aa+bb)^{\frac{g}{2}}\times c^{-h\int\left\{\frac{adb-bda}{aa+bb}\right\}}$. Dans cette expreſſion $c^{-h\int\left\{\frac{adb-bda}{aa+bb}\right\}}$ (Art. XXX.) eſt l'ordonnée d'une logarithmique dont la ſous-tangente $=1$, & dont l'abſciſſe négative $=-h\int\left\{\frac{adb-bda}{aa+bb}\right\}$, c'eſt-à-dire que cette ordonnée eſt plus petite que l'unité.

Donc enfin $(a+b\sqrt{-1})^{g+h\sqrt{-1}}$ peut ſe ramener à $A+B\sqrt{-1}$, puiſque pour avoir A & B il ne faut que prendre un cercle dont le rayon ſoit égal à la valeur trouvée & toute réelle de $\sqrt{AA+BB}$; & prendre ſur la circonférence de ce cercle un angle égal à la valeur auſſi trouvée de $\int\left\{\frac{AdB-BdA}{AA+BB}\right\}$; $\frac{B}{A}$ ſera la tangente de cet angle; B en ſera le ſinus, & A le coſinus. Donc, &c.

On ſait donc réduire à la forme $A+B\sqrt{-1}$, A & B étant réels.

1°. $a+b\sqrt{-1}\pm g\pm h\sqrt{-1}$

2°. $(a+b\sqrt{-1})\times(g+h\sqrt{-1})$

3°. $\frac{a+b\sqrt{-1}}{g+h\sqrt{-1}}$

4°. $\overline{a+b\sqrt{-1}}^{\,g+h\sqrt{-1}}$

Donc une quantité algébrique quelconque compoſée de tant d'imaginaires qu'on voudra, peut toujours ſe ramener à $A+B\sqrt{-1}$, A & B étant réels. *C. Q. F. P.*

LXXI.

Par le moyen du Théorême précédent il ſera toujours

facile de réduire à la forme $A + B\sqrt{-1}$ une quantité composée de tant & de telle sorte d'imaginaires qu'on voudra. Car en allant de la droite vers la gauche on fera évanouir l'un après l'autre tous les radicaux excepté un seul. La quantité se ramenera donc à $A + B\sqrt{-1}$.

Conséquence du Théoreme précédent.

LXXII.

Lorsque le signe radical sera différent de $\sqrt{-1}$, il n'y aura pas pour cela de difficulté : car $\sqrt[4]{-1} = (\sqrt[2]{-1})^{\frac{1}{2}}$; $\sqrt[6]{-1} = (\sqrt[2]{-1})^{\frac{1}{3}}$, &c. Après cette petite observation il est aisé d'appliquer notre formule à quelque exemple que ce soit.

Application à quelques exemples.

Ainsi nous ramenerons facilement $\sqrt[2m]{-c}$, à la forme $A + B\sqrt{-1}$. Car $\sqrt[2m]{-c} = \sqrt[m]{\sqrt[2]{-c}} = \sqrt[m]{\sqrt{c}} \times \sqrt{-1} = c^{\frac{1}{2m}} \times \sqrt[2m]{-1} = (c^{\frac{1}{2}}\sqrt{-1})^{\frac{1}{m}}$. Or en comparant cette quantité ainsi réduite avec $\overline{a + b\sqrt{-1}}^{\,g+h\sqrt{-1}}$, on voit que,

$$h = 0$$
$$g = \frac{1}{m}$$
$$c^{\frac{1}{2}} = b$$
$$a = 0$$
$$c = aa + bb$$

la tangente . . . . $\frac{b}{a} = \infty$

donc l'angle $\int \left\{\frac{adb - bda}{aa + bb}\right\}$ sera droit. Il s'ensuit donc de là que B & A sont les sinus & cosinus d'un angle dont le rayon $= c^{\frac{1}{2m}}$, & qui est à l'angle droit, ou à 5, ou à 9, ou à 13, &c. angles droits, comme $\frac{1}{m}$ est à 1.

LXXIII.

De même $\overline{a+b\sqrt{-1}}^{\,g}$ rentre dans le cas précédent en faisant $h=0$. Cette quantité peut donc être supposée $=A+B\sqrt{-1}$, en prenant B & A pour les sinus & cosinus d'un angle dont le rayon $=(aa+bb)^{\frac{g}{2}}$, & qui soit à l'angle dont b & a sont les sinus & cosinus, comme g est à 1. Donc si $g=\frac{1}{n}$, n étant un nombre entier quelconque, il y aura un nombre n de quantités telles que $A+B\sqrt{-1}$, qui étant élevées à la puissance n rendront $a+b\sqrt{-1}$. Car il y a un nombre n d'angles différens dont b & a sont les sinus & cosinus, savoir A, $C+A$, $2C+A$, &c.

LXXIV.

Soit encore proposé de mettre $\sqrt[6]{\frac{a+b\sqrt[4]{-1}}{g+h\sqrt[8]{-1}}\cdot(m+n\sqrt[6]{-1})}$ $\times\left\{\frac{k+q\sqrt[4]{-1}}{r+s\sqrt[10]{-1}}\right\}$ sous la forme $A+B\sqrt{-1}$. En allant de la droite vers la gauche, je commence par $r+s\sqrt[10]{-1}$ que je mets sous la forme suivante $\overline{r+s\sqrt[2]{-1}}^{\frac{1}{5}}$. Cette quantité sous cette forme se rapporte à $\overline{a+b\sqrt{-1}}^{\,g+h\sqrt{-1}}$ dans laquelle $a=r$, $h=0$, $b=s$, $g=\frac{1}{5}$: or nous venons de démontrer que cette derniere imaginaire se ramenoit à $A+B\sqrt{-1}$. Donc, &c. J'opere de même sur $k+q\sqrt[4]{-1}=\overline{k+q\sqrt[2]{-1}}^{\frac{1}{2}}=$ par la même raison que la précédente $A+B\sqrt{-1}$. Ce membre devient donc $\frac{a'+b'\sqrt{-1}}{a''+b''\sqrt{-1}}$ quantité qui se rapporte à $\frac{a+b\sqrt{-1}}{g+h\sqrt{-1}}$ que nous avons vu ſe ramener à $A+B\sqrt{-1}$ (Art. LXX. N°. 3.) Nous avons donc déja $\sqrt[6]{\frac{a+b\sqrt[4]{-1}}{g+h\sqrt[8]{-1}}\cdot(m+n\sqrt[6]{-1})\times}$ $(\alpha+\beta\sqrt{-1})$. De même $m+n\sqrt[6]{-1}=\overline{m+n\sqrt[2]{-1}}^{\frac{1}{3}}$, & $a+b\sqrt[4]{-1}=\overline{a+b\sqrt[2]{-1}}^{\frac{1}{2}}$, & $g+h\sqrt[8]{-1}=\overline{g+h\sqrt[2]{-1}}^{\frac{1}{4}}$. On aura donc en faiſant les mêmes raiſonnemens que ci-deſſus $(p+q\sqrt{-1})\times(m'+n'\sqrt{-1})^{\frac{1}{6}}$ $=(p'+q'\sqrt{-1})^{\frac{1}{6}}$: or cette quantité ſe rapporte à $\overline{a+b\sqrt{-1}}^{\,g+h\sqrt{-1}}$ dans laquelle

$$a=p'$$
$$b=q'$$
$$g=\tfrac{1}{6}$$
$$h=0$$

Donc ce premier membre ſe ramene auſſi à $\alpha'+\beta'\sqrt{-1}$: on aura donc $(\alpha'+\beta'\sqrt{-1})\cdot(\alpha+\beta\sqrt{-1})$. Or nous avons vu (Art. LXX. N°. 2.) que $(a+b\sqrt{-1})\cdot(g+h\sqrt{-1})$ ſe ramenoit à $A+B\sqrt{-1}$: donc la propoſée entiere ſe ramenera à $A+B\sqrt{-1}$.

LXXV.

Démonſtration de la ſeconde Partie.

La ſeconde propoſition, ſavoir que toute racine imaginaire d'une équation quelconque peut s'exprimer par $A+B\sqrt{-1}$, paroît une ſuite néceſſaire de la premiere; cependant elle a beſoin d'une preuve particuliere. Car quoique nous ayons démontré que toute quantité imaginaire peut ſe réduire à $A+B\sqrt{-1}$, on pouroit douter qu'il en fût de même des racines imaginaires des équations, parce qu'on pouroit croire que du moins dans certains cas ces racines n'auroient aucune expreſſion analytique poſſible. Mais les Théorêmes ſuivans ne laiſſeront aucune difficulté ſur cette ſeconde propoſition.

LXXVI.

Lemmes préparatoires à cette démonſtration.

LEMME I. Dans une courbe dont z & u ſont les coordonnées, on peut ſuppoſer $z = Du^k + Cu^{k+p}$, &c. u étant fort petite, quoique finie; & dans ce cas u étant ſoit poſitive, ſoit négative, cette ſerie repreſentera la valeur de z.

DÉMONST. Soit $z^m + bz^{m-1}u + \ldots + Kz + gu + F = 0$, l'équation de la courbe : je dis d'abord qu'on aura aiſément la valeur de z en u, lorſque u eſt fort petite. Car ayant diſpoſé cette équation ſur le Parallelograme de M. Newton, ou ſur le Triangle analytique de M. l'Abbé de Gua, de la maniere enſeignée par M. Cramer (Analyſe des lignes courbes, Chap. III. p. 54.) on trouvera chaque terme de l'équation de z en u l'un après l'autre, & on aura $z = Du^k + Cu^{k+p} +$, &c. Cela poſé, je dis que ſi u eſt fort petite, cette ſerie repreſentera la valeur de z, ſoit que u ſoit poſitive, ſoit que u ſoit négative.

Car 1°. lorſque u eſt poſitive & fort petite, il eſt évident que la valeur de z en u ſera une ſuite extrêmement convergente, dont les termes commencent, au moins à une certaine diſtance du premier, à ne contenir que des puiſſances puissance positives de u; autrement elles n'iroient pas en augmentant, ce qui feroit contre la supposition & contre la maniere dont la serie a été formée. Donc si on substitue à la place de z sa valeur en u dans l'équation de la courbe, plus la valeur substituée de z aura de termes, plus les puissances de u seront hautes dans les termes qui resteront après avoir effacé ceux qui se détruisent; & ainsi le résultat de la substitution approchera d'autant plus d'être nul, qu'on prendra plus de termes pour la valeur de z. Donc u étant positive & très-petite, quoique finie, la serie $z = Du^k + Cu^{k+p} +$, &c. représentera d'autant plus exactement la valeur de z, qu'on y prendra plus de termes, & pourra en approcher d'aussi près qu'on voudra. Donc cette serie exprime la valeur de z.

2°. Il en sera de même, si en faisant u négative dans l'équation de la courbe, on y substitue la valeur de z répondante à u négative. Car plus cette valeur substituée aura de termes, plus les puissances de $-u$ seront hautes dans les termes restans après la substitution. Or si on cherche une quantité $A + B\sqrt{-1} = (-Du)^k$, k exprime un exposant fractionnaire d'un degré pair, on trouvera facilement (Art. LXXII.) que A & B sont des quantités réelles du même nombre de dimensions que Du^k. Donc si on substitue dans ces termes restans, à la place des puissances de $-u$, leurs valeurs $A + B\sqrt{-1}$, & qu'on partage le résultat en deux quantités séparées, l'une toute réelle, & l'autre multipliée par $\sqrt{-1}$; chacune de ces quantités ſera d'autant plus petite, & approchera d'autant plus de zéro, que l'on prendra plus de termes pour la valeur de z. Donc u étant négative & très-petite, quoique finie, la ſerie qui exprime la valeur de z répondante à $-u$ eſt d'autant plus exacte qu'on y prend plus de termes. Donc cette ſerie eſt la vraie valeur de z, quoiqu'imaginaire.

Or tous les termes réels de la ſerie précédente peuvent ſe repréſenter par une quantité finie & réelle M; & chacun des termes imaginaires, ſelon ce qui a été dit plus haut, peut ſe repréſenter par $G+H\sqrt{-1}$, G & H étant des quantités réelles. Donc la ſomme des termes réels & des termes imaginaires, c'eſt-à-dire la ſerie entiere que donne u négative, peut ſe repréſenter par $A+B\sqrt{-1}$.

LXXVII.

COROLLAIRE. Donc on peut toujours ſuppoſer à u priſe négativement quelque valeur finie, telle que z ſoit $=$ $A+B\sqrt{-1}$.

LXXVIII.

SCHOLIE. Nous remarquerons ici en paſſant que lorſque u eſt infiniment petite, il ne ſuffit pas, comme quelques Auteurs l'ont cru, de prendre un ſeul terme de la ſerie pour exprimer la valeur de z. Car ſoit, par exemple, $z=u^2+\sqrt{u^5}$ l'équation d'une courbe, il eſt viſible que u étant négative, z eſt imaginaire, parce que $\sqrt{u^5}$ eſt imaginaire; mais ſi on négligeoit abſolument le terme

$\sqrt{u^5}$, u étant infiniment petite, on auroit $z = u^2$, & par conséquent on trouveroit z réelle, u étant négative, ce qui n'est pas. M. d'Alembert est le premier qui ait fait cette importante remarque dans les Mém. de l'Acad. de Berlin 1746, & qui ait par là invinciblement établi l'existence des points de rebroussement de la seconde espece que d'habiles Géometres avoient contestée. Mrs Cramer & Euler ont depuis traité la même matiere ; l'un dans son Introduction à l'Analyse des lignes courbes, l'autre dans les Mém. Acad. de Berlin 1749.

LXXIX.

LEMME 2. Soit a la valeur de l'abscisse dans une courbe géométrique ; lorsque l'ordonnée passe du réel à l'imaginaire, on pourra toujours supposer à l'abscisse une valeur $a + b$, telle que l'ordonnée correspondante soit $A + B\sqrt{-1}$; b étant une quantité qui peut être très-petite, mais toujours finie.

DÉMONST. Soit $x^m + hx^{m-1}y \ldots + y + K = 0$ *Fig. 16.*
l'équation d'une courbe TV, soit . . . . $AP = y$
$PM = x$
soit aussi T le point où les ordonnées deviennent imaginaires, & soient . . . . $TV = u$
$AS = a$
$ST = \beta$
$MV = z$

On aura $AS - AP = PS = TV = u$, & $\beta - x = z$;

donc l'équation de la courbe rapportée aux coordonnées TV, VM, sera $z^m + Bz^{m-1} + \ldots\ldots + Kz + ga + F = 0$. Donc faisant TV, u, négative & très-petite, s'il est nécessaire, par exemple $= TO$, l'ordonnée au point O sera $= A + B\sqrt{-1}$; donc l'ordonnée au point L sera $= \beta + A + B\sqrt{-1}$. Car en transportant l'axe TV en AS, on ne fait qu'augmenter de la quantité constante & réelle $ST = \beta$, toutes les ordonnées MV de la courbe, soit réelles, soit imaginaires: or les ordonnées imaginaires qui répondent à TO négative & finie, mais très-petite, s'il est nécessaire, peuvent être supposées $= A + B\sqrt{-1}$ (Art. LXXVII.). Donc les ordonnées imaginaires répondantes à AL sont $ST + A + B\sqrt{-1}$. Donc depuis le point S au moins jusqu'à une certaine distance finie L, les ordonnées peuvent être représentées par $G + H\sqrt{-1}$.

Donc en général dans toute courbe, AP étant $= q$, & $PM = p$, si S est le point, où p cesse d'être réelle, passé ce point, au moins jusqu'à une certaine distance L, on pourra supposer $p = k + i\sqrt{-1}$.

LXXX.

Seconde proposition démontrée.

Toute racine imaginaire d'une équation quelconque peut se représenter par $A + B\sqrt{-1}$.

THÉOREME 2. Soit un multinome quelconque $x^m + hx^{m-1} + lx^{m-2} + \ldots\ldots + fx + g = 0$, tel qu'il n'y ait aucune quantité réelle qui substituée à la place de x fasse évanouir tous les termes, je dis qu'il y aura toujours une quantité $m + n\sqrt{-1}$ à substituer à la place de x qui rendra ce multinome $= 0$, m & n étant des quantités réelles.

DÉMONST. A la place du dernier terme g de cette équation, soit mise une indéterminée y, ensorte que $x^m + hx^{m-1} \ldots + y = 0$ soit l'équation d'une courbe MT dans laquelle l'abscisse AP (y) peut toujours être supposée réelle, & dans laquelle la valeur de x en y sera ou réelle ou imaginaire. Soit fait $x = p + q\sqrt{-1}$, p & q étant des indéterminées quelconques réelles ou imaginaires, & d'une forme tout-à-fait inconnue, on aura en substituant cette valeur de x une équation qui contiendra trois indéterminées p, q, y : on pourra donc changer & séparer l'équation précédente en deux autres quelconques à volonté ; pour plus de commodité, je la sépare en deux autres, dont l'une renferme tous les termes où ne se trouve point $\sqrt{-1}$, & l'autre tous ceux où $\sqrt{-1}$ se trouve ; & cette derniere étant divisée par $\sqrt{-1}$, on aura les deux équations suivantes ; $p^m + rp^{m-2}q^2 + \ldots + y = 0$, & $q^{m-1} + \ldots + \gamma = 0$. Or ces deux équations peuvent se changer en deux autres, dont l'une renferme y & p, & l'autre y & q. Nous enseignerons plus bas (Art. LXXXVIII.) d'après les Auteurs d'Algebre comment se fait cette opération ; mais il nous suffit à présent qu'on puisse la faire, & la supposer faite. Cela posé, je dis que p & q auront toujours quelque valeur réelle. Fig. 17.

Car 1°. il est évident que depuis S jusqu'en L, p & q auront une valeur réelle, puisque (Lemme précédent), depuis S jusqu'en L, on a $x = A + B\sqrt{-1}$: donc $p = A$, & $q = B$.

2°. Suppoſons que paſſé le point L, p & q ceſſent d'avoir des valeurs réelles, dans ce cas on aura (Art. LXXIX.) depuis L juſqu'à une certaine diſtance K, par exemple, $p = k + i\sqrt{-1}$, & $q = g + h\sqrt{-1}$. Donc $x = k + g + (i + h)\sqrt{-1}$: donc $p = k + g$ & $q = i + h$; donc la ſuppoſition qu'on avoit faite que p & q ceſſoient d'avoir des valeurs réelles en L, eſt une ſuppoſition fauſſe.

En continuant le même raiſonnement, on trouvera que par-delà le point L & tout le long de la ligne SQ, p & q ſeront réelles. Donc quelque valeur qu'on ſuppoſe à y, la valeur imaginaire correſpondante de x ſera $= p + q\sqrt{-1}$; donc ſi $y = g$, la valeur correſpondante de x ſera $m + n\sqrt{-1}$, m & n étant réelles. Donc ſi $x^m + hx^{m-1} \ldots\ldots + g = 0$ a une racine imaginaire, cette racine ſera $= m + n\sqrt{-1}$. *C. Q. F. D.*

COROLLAIRE. Donc $x^m + hx^{m-1} + \ldots\ldots + g = 0$ pourra être diviſé par $x - m - n\sqrt{-1}$. Car en faiſant la diviſion, il eſt toujours poſſible de parvenir à un reſte r dans lequel il n'y ait plus de x, puiſque x ne monte qu'au premier degré dans le diviſeur $x - m - n\sqrt{-1}$; & ſi on nomme Q le quotient, il eſt évident que $Qx - Qm - Qn\sqrt{-1} + r = 0$ ſera une quantité égale & identique au multinome propoſé. Donc ſubſtituant dans cette quantité $m + n\sqrt{-1}$ à la place de x, le réſultat doit être $= 0$; donc $Qm + Qn\sqrt{-1} - Qm - Qn\sqrt{-1} + r = 0$, donc $r = 0$; or r ne contient point x; donc ſi $r = 0$, c'eſt parce que réellement la diviſion s'eſt faite ſans reſte.

LXXXI.

THÉOREME 3. Si un multinome tel que celui du Théorême précédent peut se diviser par $m+n\sqrt{-1}$, il aura en même temps pour diviseur exact $m-n\sqrt{-1}$.

DÉMONST. Ce Théorême sera prouvé, si on fait voir que $m+n\sqrt{-1}$ substituée à la place de x, faisant évanouir tous les termes du multinome, il en sera de même de $m-n\sqrt{-1}$.

Pour le démontrer & rendre la démonstration plus sensible, soit l'équation $x^2+hx+g=0$ que je suppose avoir pour diviseur exact, ou pour racine $m+n\sqrt{-1}$, en substituant pour x sa valeur $m+n\sqrt{-1}$, il viendra $\begin{matrix} mm+2mn\sqrt{-1}-nn \\ +hm+hn\sqrt{-1}+g \end{matrix} = 0$. Cette équation sous cette forme a, comme on voit, deux parties, l'une composée de termes réels, savoir $mm+hm-nn+g$, l'autre composée de termes tous imaginaires $2mn\sqrt{-1}+hn\sqrt{-1}$: de plus chacune de ces parties est $=0$ (Art. LXIX.) On voit aussi que dans la partie formée de termes tous réels, il n'y a que des puissances paires de n, & dans la partie formée de termes imaginaires, toutes les puissances de n sont impaires, & de plus cette seconde équation contient $n\sqrt{-1}$ à tous ses termes : par conséquent on la peut diviser par $n\sqrt{-1}$. Or le quotient de cette division ne contiendra que des puissances paires de n, ainsi que la premiere partie. Donc on auroit également ces deux équations, en substituant $-n$ au lieu de $+n$. Donc on y parviendroit de même en substituant pour x, $m - n\sqrt{-1}$ au lieu de $m + n\sqrt{-1}$. Donc si le multinome est divisible par $m + n\sqrt{-1}$, il l'est en même temps par $m - n\sqrt{-1}$. *C. Q. F. P.*

LXXXII.

Toute équation ayant des racines imaginaires est réductible en facteurs trinomes réels.

COROLLAIRE. Donc les mêmes choses étant supposées que dans les Théorêmes précédens, le multinome pourra toujours se diviser en facteurs trinomes réels $xx + fx + g$, $xx + lx + i$, dont les coefficiens seront réels. Car puisque ce multinome peut se diviser par $x - m - n\sqrt{-1}$ & $x - m + n\sqrt{-1}$, il pourra aussi se diviser par leur produit $xx - 2mx + mm + nn$ qui est un facteur tout réel ; & faisant sur le quotient qui en proviendra les mêmes raisonnemens qu'on a faits sur le multinome, on prouvera qu'il peut aussi se diviser par un facteur trinome réel, & ainsi de suite.

LXXXIII.

SCHOLIE. Jusqu'à présent on n'avoit encore démontré la proposition générale du Corollaire précédent que pour les seuls cas suivants : 1°. pour les cas de $x^{2\lambda} + 2tx^{\lambda} + r$, & pour celui de $x^n \pm a^n$ qui revient au cas de $1 \pm x^{\lambda}$ en supposant $a = 1$, cas dont nous avons parlé (Art. LXII. & LXVI.) 2°. Pour le cas où le multinome est du 3e. degré, ou du 4e. ou du 5e. En effet lorsque le multinome est 1°. du 3e. degré, on sait, & nous le démontrerons plus bas (Art. LXXXV.) pour une équation impaire d'un degré quelconque, on sait, dis-je, que ce multinome a au moins

un

un facteur réel. Soit ce facteur $x+a$, en divisant le multinome par ce facteur, on aura l'autre facteur $xx+px+q$ dont les coefficiens seront réels. 2°. Si le multinome est du 4e. degré $x^4+bx^3+cx^2+ex+q$, ou plutôt en faisant évanouir le second terme $x^4+qxx+rx+s$, supposons qu'on prenne $xx+ex+f$, $xx-ex+g$ pour les deux facteurs, on trouvera (Arith. univers. p. 210.)

$$\left.\begin{array}{l} e^6+2qe^4+qqee-rr \\ \qquad\qquad -4see \end{array}\right. = 0$$

$$f=\frac{q+ee-\frac{r}{e}}{2}$$

$$g=\frac{q+ee+\frac{r}{e}}{2}$$

Or l'équation e^6+2qe^4, &c. étant une équation du 3e degré dont ee est l'inconnue, aura au moins une racine réelle, & le signe — du dernier terme fait connoître (Art. LXXXVI.) que cette racine réelle sera positive. Donc e aura pour le moins deux racines réelles, l'une positive & l'autre négative. Donc puisqu'on a une valeur de f & de g en e, les quantités f & g seront aussi réelles. Donc dans $xx+ex+f$, $xx-ex+g$, les coefficiens e, f, g seront des quantités réelles.

3°. Enfin lorsque le multinome est du 5e degré, comme il y a sûrement un facteur réel $x+a$, l'autre facteur sera du 4e degré, ce qui revient au cas précédent.

LXXXIV.

D'où est tirée la théorie précédente.

AVERTISSEMENT. La théorie précédente sur les imaginaires est tirée d'un Mémoire de M. d'Alembert qui se trouve dans le second volume des Mémoires de l'Académie de Berlin, année 1746. J'ai étendu ses démonstrations, & je leur ai donné la forme que j'ai cru la plus propre pour les mettre à la portée de tout le monde. M. Euler dans les Mémoires de l'Académie de Berlin 1749. a traité la même matiere des racines imaginaires des équations par une méthode différente, mais plus longue. Il y a joint une méthode pour changer les quantités imaginaires en $A + B\sqrt{-1}$ qui est la même que celle de M. d'Alembert.

CHAPITRE VI.

Démonstration de quelques Propositions supposées plus haut, & d'autres nécessaires dans ce Traité.

LXXXV.

Toute équation d'un degré impair a au moins une racine réelle.

THÉOREME. DAns une équation quelconque d'un degré impair il y a toujours au moins une racine réelle.

DÉMONST. Soit l'équation $x^{2m+1} + Ax^{2m} + \ldots\ldots + q = 0$, m est un nombre entier pair. Au lieu de faire le premier membre de cette équation égal à zéro, je le suppose $= y$; $x^{2m+1} + Ax^{2m} + q = y$ sera l'équation d'une courbe dans laquelle le point où $y = 0$, donnera la valeur de x. Cela posé, soit la ligne ABK l'axe de cette courbe, le point K l'origine des x. Il faut prouver que la courbe coupera son axe en un point : car alors il y aura nécessairement une valeur de x réelle, au point où $y = 0$. Or supposons x positive & infinie, y le sera aussi, puisqu'elle sera alors $= x^{2m+1}$, & la courbe passera par l'extrémité de l'ordonnée PM. Si nous faisons à présent x négative & infinie, y sera infinie & $= -x^{2m+1}$, c'est-à-dire négative. Donc y après avoir été positive & infinie, lorsque $x = \infty$, sera négative & infinie, lorsque x sera négative & infinie. Or la courbe pBP est continue, puisqu'à chaque valeur de x répond une valeur de y. Donc la courbe coupera nécessairement son axe en quelque point B pour passer du positif au négatif pA. Donc l'équation a au moins une valeur réelle. Fig. 18.

LXXXVI.

COROLL. 1. On démontrera de la même maniere cette proposition connue dans tous les livres d'Algebre, mais qui y est autrement prouvée, & souvent assez mal; que toute équation d'un degré impair dont le dernier terme est affecté du signe —, a au moins une racine positive.

LXXXVII.

Les racines imaginaires vont toujours en nombre pair.

COROLL. 2. Par le moyen du Théorême précédent, & des deux derniers Théorêmes du Chapitre V. on peut démontrer que les imaginaires vont toujours en nombre pair; propoſition d'un très-grand uſage, mais encore aſſez mal prouvée dans tous les livres d'Algebre.

LXXXVIII.

Solution de quelques problêmes néceſſaires.

PROBLEME I. Deux équations qui renferment deux indéterminées *A* & *B* étant données, les réduire à deux autres, dont l'une ne contienne que *A*, & l'autre ne contienne que *B*, avec des conſtantes quelconques.

SOLUTION. Soient ordonnées ces équations par rapport à *A*, il eſt évident qu'elles fourniront chacune une ou pluſieurs valeurs de *A* en *B* & en conſtantes. Or parmi les valeurs de *A* en *B* que fourniſſent la premiere & la ſeconde équations, il y en doit avoir au moins quelques-unes de communes, puiſque les deux équations ſont ſuppoſées avoir lieu à la fois : par conſéquent ces deux équations doivent avoir quelques diviſeurs communs. Je cherche donc leur plus grand commun diviſeur, ce que je fais de la maniere enſeignée dans tous les livres d'Algebre. Je pouſſe la diviſion juſqu'à ce que je ſois parvenu à un reſte qui ne contienne plus d'*A*. Je fais ce reſte $= 0$, ce qui doit être pour qu'il y ait un commun diviſeur: de là je tire une équation en *B*. J'ordonne enſuite les deux équations par rapport à *B*, & je fais les mêmes raiſonnemens & les mêmes opérations pour avoir une équation en *A*.

LXXXIX.

PROBLEME 2. Trouver la valeur de x dans une équation quelconque en ſuppoſant qu'elle a des racines imaginaires.

Premiere méthode pour réſoudre ce problême.

SOLUTION. 1°. Soit cette équation $x^m + px^{m-1} + qx^{m-2} \ldots\ldots + r = 0$. D'abord ſi cette équation a des racines réelles, je les trouve par une conſtruction géométrique. Suppoſons que ces valeurs ſoient $a, b, c,$ &c. je diviſe l'équation par $x - a$, $x - b$, $x - c$, &c. & je parviens à un reſte qui ne contient plus que des racines imaginaires. Dans ce cas nous avons démontré (Art. LXXX.) qu'on peut toujours ſuppoſer $x = A + B\sqrt{-1}$. Je mets dans l'équation à la place de x ſa valeur $A + B\sqrt{-1}$; il me viendra deux parties, l'une toute réelle, & l'autre toute imaginaire, toutes deux néceſſairement égales à zéro chacune en particulier (Art. LXIX.). Je diviſe la partie imaginaire par $\sqrt{-1}$ qui eſt à tous ſes termes : j'aurai alors deux équations qui ne contiendront plus d'imaginaires, & qui auront deux inconnues A & B que je trouverai par le problême précédent.

Seconde méthode pour réſoudre le même problême.

2°. Quoique les racines ſoient imaginaires, l'équation eſt toujours diviſible par un facteur trinome $xx + px + q$, p & q étant réelles (Art. LXXXII.). Soit donc faite la diviſion à la maniere ordinaire, on arrivera à un reſte où x ne ſe trouvera plus qu'au premier degré. Soit $Rx + S$ ce reſte, il doit être égal à zéro, & cette égalité à zéro ne doit point dépendre de la valeur de x, puiſque quelle que ſoit x, le multinome $x^m \ldots + r$ eſt toujours diviſible par $xx + px + q$. Donc l'égalité à zéro ne viendra point de ce que x ſera $= -\frac{S}{R}$, mais de ce qu'on aura en particulier $R = 0$, & $S = 0$. Or les quantités S & R ne contiennent plus que p & q avec des conſtantes ; on aura donc deux équations qu'on réduira l'une en p, & l'autre en q, dans leſquelles équations p & q auront au moins quelques valeurs réelles, qu'on trouvera alors comme à l'ordinaire.

FIN DE L'INTRODUCTION.

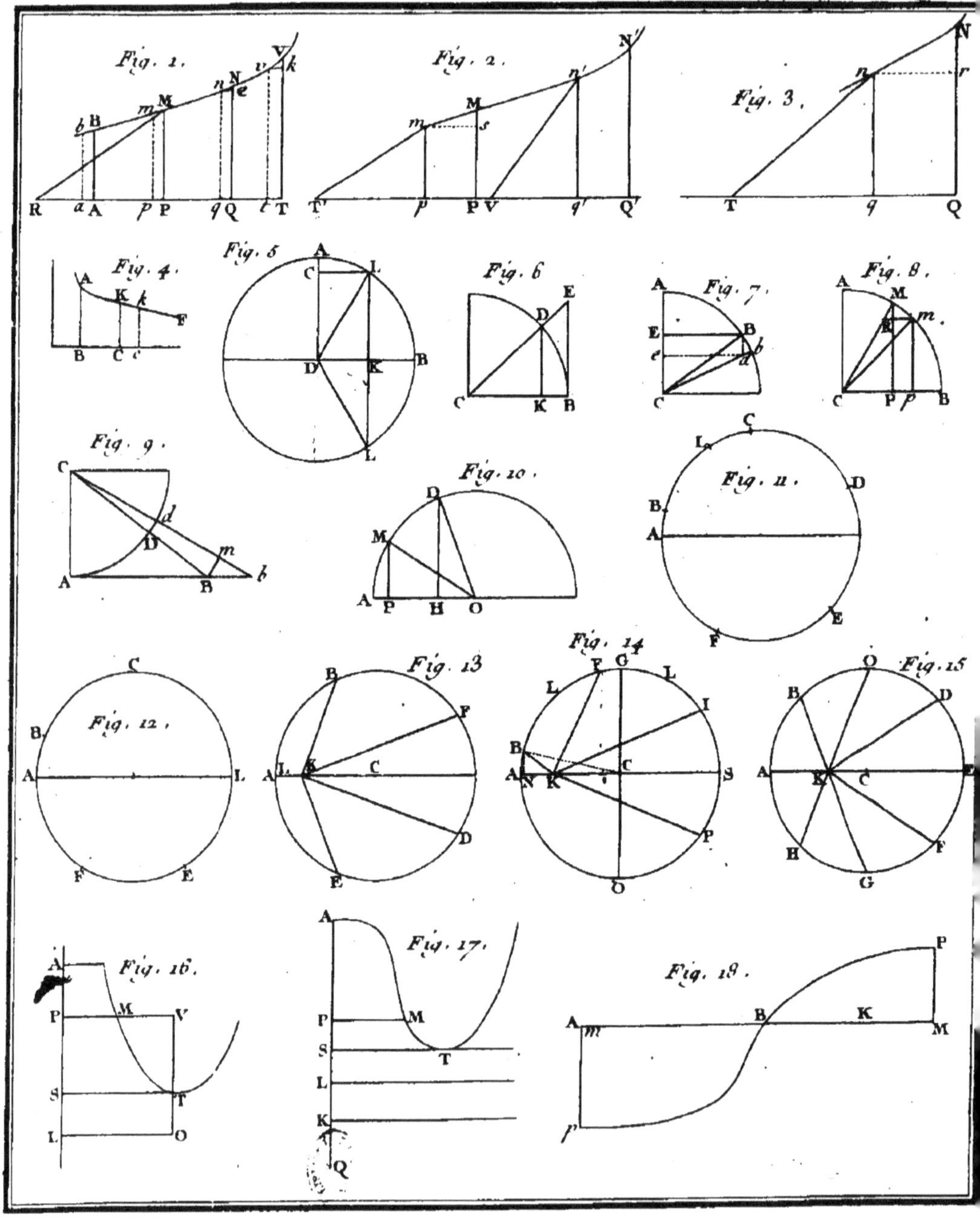
Fig. 1.
Fig. 2.
Fig. 3.
Fig. 4.
Fig. 5
Fig. 6
Fig. 7.
Fig. 8.
Fig. 9.
Fig. 10.
Fig. 11.
Fig. 12.
Fig. 13
Fig. 14
Fig. 15
Fig. 16.
Fig. 17.
Fig. 18.

TRAITÉ
DU
CALCUL INTÉGRAL.

PREMIERE PARTIE.
De l'Intégration des différentielles qui n'ont qu'une seule changeante.

CHAPITRE PREMIER.
Exposition & application de la regle fondamentale de tout le Calcul Intégral.

I.

QUAND on a une différentielle incomplexe qui n'a qu'une changeante x multipliée ou divisée par des constantes quelconques, voici ce que l'on doit pratiquer pour en avoir l'intégrale. Enoncé de la regle fondamentale.

Il faut 1°. effacer dx ; 2°. augmenter d'une unité l'exposant de la changeante ; 3°. diviser le tout ainsi préparé par cet exposant augmenté de l'unité. Cette opération donnera l'intégrale cherchée.

II.

Son application 1°. à un exemple général incomplexe.

Je suppose qu'on ait à intégrer $ax^m dx$ (a est une constante quelconque, & m est un exposant quelconque). Suivant la regle précédente j'efface dx; j'augmente l'exposant m d'une unité, ce qui donne ax^{m+1}; je divise par $m+1$, j'ai $\frac{ax^{m+1}}{m+1}$. C'est l'intégrale cherchée.

DÉMONST. Je prends suivant les regles du calcul différentiel la différence de $\frac{ax^{m+1}}{m+1}$; cette différence est $\frac{(m+1) \cdot ax^{m+1-1} dx}{m+1} = ax^m dx$. Donc, &c.

On trouvera de même que l'intégrale de $mx^{m-1} dx$ est $\frac{mx^{m-1+1}}{m-1+1} = x^m$.

III.

Cas unique qui peut faire quelque difficulté.

SCHOLIE I. Il n'y a qu'un seul cas qui puisse faire quelque difficulté, c'est celui où l'on auroit $x^{-1} dx$, ou $\frac{dx}{x}$. En suivant notre regle on trouve pour intégrale de cette différentielle $\frac{x^0}{0}$; or cette intégrale est égale à l'infini, ce qui se marque ainsi $\frac{x^0}{0} = \infty$. La méthode paroît donc ne rien donner dans ce cas. Mais nous avons vu dans l'Introduction (Art. XVIII.) que $\frac{dx}{x}$ est une différentielle logarithmique, dépendante par conséquent, ainsi que nous l'y avons expliqué, de la construction de la logarithmique, ou, ce qui est la même chose (Art. XVI. de l'Introduction) de la quadrature de l'hyperbole équilatere.

Solution de ce cas.

IV.

IV.

SCHOLIE 2. Donc l'intégrale de $-\frac{dx}{x}$ eſt $-lx$, ou ce qui revient au même, log. $\frac{1}{x}$, ce qu'on peut voir de pluſieurs manieres : car on a par les regles connues des logarithmes, log. $\frac{1}{x}$ = log. 1 — log. x = (Art. V. Introduction) o — log. x = — log. x.

On peut encore s'en aſſurer en différentiant log. $\frac{1}{x}$; on trouvera (Art. XVIII. Introduction) que ſa différence eſt $d\left(\frac{1}{x}\right)$ diviſé par $\frac{1}{x}$, c'eſt-à-dire $-\frac{dx}{xx}$ diviſé par $\frac{1}{x}$; or $-\frac{dx}{xx}$ diviſé par $\frac{1}{x} = -\frac{dx}{x}$.

V.

COROLLAIRE 1. Donc toutes les fois qu'une différentielle eſt compoſée d'un ſeul terme, il eſt facile d'en avoir l'intégrale par notre regle ; comme auſſi lorſqu'elle eſt compoſée de pluſieurs termes dont chacun n'a qu'une ſeule changeante élevée dans ce terme à une puiſſance quelconque. Par exemple, ſoit donné $3bx^2dx + cx^3dx + 2c^3ydy - ffppdz$. Dans ce cas chaque terme s'integre ſéparément par notre regle fondamentale, comme s'il étoit ſeul. Ainſi l'intégrale de la propoſée eſt $bx^3 + \frac{cx^4}{4} + c^3yy - ffppz$; la preuve en eſt évidente; puiſqu'en différentiant cette intégrale on retrouve la différentielle propoſée.

2°. Application à des différentielles complexes.

VI.

COROLL. 2. Si l'on a pour différentielles des fractions

3°. Application aux fractions.

qui n'aient que des constantes au dénominateur, on en trouvera de même les intégrales. Ainsi $\frac{(ax^{m}+px^{p-1})dx}{aa+bb}$ a pour intégrale $\frac{\frac{ax^{m+1}}{m+1}+x^{p}}{aa+vb}$.

De même $\int \frac{b^{3}xdx+2c^{4}yydy}{a} = \frac{b^{3}x^{2}}{2a} + \frac{2c^{4}y^{3}}{3a}$. Tout cela est fondé sur ce que les constantes doivent se retrouver dans l'intégrale comme elles étoient dans la différentielle, par la raison que quand on différentie une quantité, on ne touche point aux constantes.

VII.

Il peut encore arriver qu'une fraction qui a une changeante à son dénominateur s'integre par la premiere regle. Ainsi $\frac{-dx}{xx} = -x^{-2}dx$ a pour intégrale en suivant cette regle $\frac{1}{x}$; de même $\int\frac{-dx}{x^{3}} = \frac{1}{2xx}$. Et en général si j'ai $\frac{dx}{x^{m}} = x^{-m}dx$; suivant la regle précédente j'efface dx; j'augmente l'exposant $-m$ d'une unité, je divise le tout par $-m+1$, j'ai $\int\frac{dx}{x^{m}} = \frac{1}{-(m-1).x^{m-1}}$.

VIII.

4°. Aux différentielles affectées de signes quelconques.

Sous quelle condition.

COROLL. 3. On integre encore par la regle fondamentale, lorsqu'une fonction de x & dx est multipliée par une quantité sous un signe quelconque, & que la grandeur hors du signe est le produit d'une constante quelconque par la différentielle de la grandeur qui est sous le signe.

Par exemple, ſoit propoſé $\frac{1}{2}(a^2dx + 2bxdx) \times \overline{a^2x + bx^2}^{\frac{1}{2}}$; dans cette quantité la grandeur hors du ſigne $\frac{1}{2}(a^2dx + 2bxdx)$ eſt le produit du coefficient conſtant $\frac{1}{2}$ par $a^2dx + 2bxdx$ différentielle de la quantité $a^2x + bx^2$ qui eſt ſous le ſigne; je dis donc que ſuivant la regle fondamentale, l'intégrale de cette quantité eſt $\frac{1}{3}.\overline{a^2x + bx^2}^{\frac{3}{2}}$. Car ſuivant cette regle j'augmente d'une unité l'expoſant $\frac{1}{2}$ qui devient alors $\frac{3}{2}$, je diviſe la différentielle par $\frac{3}{2}$ multiplié par la différentielle $a^2dx + 2bxdx$ de $aax + bxx$, le quotient. $\frac{1}{3}\overline{a^2x + bx^2}^{\frac{3}{2}}$ eſt l'intégrale cherchée.

I X.

La raiſon de cette regle eſt bien ſimple; car ſoit ſuppoſé $aax + bxx = y$, on aura $\frac{1}{2}(a^2dx + 2bxdx) \times (a^2x + bx^2)^{\frac{1}{2}} = \frac{1}{2}dy \times y^{\frac{1}{2}}$. Ainſi il faut faire ſur la quantité donnée les mêmes opérations qu'on feroit ſur $\frac{1}{2}dy.y^{\frac{1}{2}}$ pour en trouver l'intégrale.

Cette regle pourra paroître embarraſſante à pluſieurs de nos lecteurs, qui craindront de ne pas démêler aiſément les différentielles qui ſeront dans le cas dont il s'agit: mais au moyen des *transformations* dont nous parlerons dans la ſuite, la pratique en deviendra beaucoup plus facile.

X.

COROLL. 4. Quand une différentielle dx eſt multipliée par la puiſſance d'une grandeur complexe rationnelle, ou

Autre cas dans lequel on integre par la regle fondamentale.

qui n'a que des constantes au dénominateur ; que l'exposant de la puissance est un nombre entier positif, & qu'il n'y a qu'une changeante x, on en trouve l'intégrale par notre regle, en élevant la grandeur complexe à cette puissance, & multipliant chaque terme par dx, & prenant ensuite l'intégrale de chacun. Que l'on ait $dx \cdot \overline{a+bx}^2$, cette différentielle devient, en suivant ce que nous venons de dire, $a^2dx + 2abxdx + bbx^2dx$, dont chaque terme s'integre par la regle fondamentale.

X I.

Formule pour ce dernier cas.

En général toutes les fois qu'on aura $hx^k dx \cdot \overline{e+cx^q}^{\alpha}$, en supposant α un nombre entier positif, & q, k, des nombres quelconques, entiers ou rompus, positifs ou négatifs, il est aisé d'en avoir l'intégrale finie & exacte par la premiere regle. Pour cela il ne faut qu'élever $e+cx^q$ à la puissance dont l'exposant est α, suivant la formule connue des Géometres pour l'élévation d'un binome à une puissance quelconque ; multiplier chaque terme de cette suite qui sera toujours terminée, par $hx^k dx$, & prendre l'intégrale de chacun (Coroll. 1.). Dans le cas présent en pratiquant cette opération, on a $\int hx^k dx \cdot \overline{e+cx^q}^{\alpha}$

$$= (W)\ \frac{he^{\alpha}x^{k+1}}{k+1} + \frac{\alpha h e^{\alpha-1}}{k+1+q} \times cx^{k+1+q} + \frac{\alpha \cdot \frac{(\alpha-1)}{2} \cdot he^{\alpha-2}ccx^{k+1+2q}}{k+1+2q} + \&c.$$

XII.

SCHOLIE 3. Il y a cependant un cas à observer ici à cause de quelques difficultés qu'il peut faire naître, c'est le cas où $\frac{k+1}{-q}$ seroit égal à un nombre entier positif. Car alors le dénominateur de quelqu'un des termes de la serie devient $= 0$; par exemple, si on suppose $\frac{k+1}{-q} = 2$, on aura $k + 1 + 2q = 0$, ce qui rend le troisieme terme de la serie $= \infty$. Alors donc elle ne nous fait rien connoître.

Difficulté qui peut s'y trouver quelquefois.

XIII.

Cependant cette difficulté ne subsiste pas, toutes les fois que α est $< \frac{k+1}{-q}$; car alors la serie est finie avant qu'on en soit venu au terme dont le dénominateur seroit $= 0$.

Solution de cette difficulté.

La difficulté n'a donc lieu que lorsque $\alpha =$ ou est $> \frac{k+1}{-q}$; alors même il est aisé de la lever. Car le terme dont le dénominateur sera $= 0$ après l'intégration, contiendra avant l'intégration une différentielle logarithmique, intégrable par conséquent en supposant la quadrature de l'hyperbole. En effet, l'exposant de la puissance de x dans chaque terme est le même que le dénominateur de ce même terme; le terme où ce dénominateur sera $= 0$ sera donc $\frac{x^0}{0}$, ou (Art. III.) $\int \frac{dx}{x}$.

XIV.

Tout cela peut se démontrer sans avoir recours à notre

Démonstration de cette solution.

ſerie. Car ſoit $\frac{k+1}{-q}$ égal au nombre entier poſitif m, on a $k = -qm - 1$, & $hx^k dx . \overline{e+cx^q}^\alpha = hx^{-qm-1} dx . \overline{e+cx^q}^\alpha$. Ou ſi on éleve $e+cx^q$ à la puiſſance α, on formera un polinome qui contiendra les puiſſances x^q, x^{2q}, x^{3q}, &c. de x juſqu'à $x^{\alpha q}$ incluſivement, & il eſt viſible qu'en multipliant chaque terme de ce polinome par $hx^{-qm-1} dx = \frac{hdx}{x^{qm+1}}$, il eſt viſible, dis-je, que ſi $\alpha =$ ou eſt $> m \left\{\frac{k+1}{-q}\right\}$, il y aura quelqu'un des termes où la différentielle ſe réduira à $\frac{dx}{x}$.

X V.

REMARQUE GÉNÉRALE. Tout le calcul intégral eſt fondé ſur cette premiere regle que nous venons d'établir; ſavoir la regle pour intégrer $x^m dx$. Mais toutes les différentielles ne s'appliquent pas auſſi aiſément à cette regle, que celles que nous venons d'examiner. Il en eſt qu'on n'a pu parvenir encore à y réduire. De plus parmi celles mêmes qui ſont intégrables, beaucoup ſont très-compliquées. En quoi donc conſiſte l'art du Calcul intégral? c'eſt à préparer ces quantités, de façon qu'on les amene à l'expreſſion la plus ſimple qu'elles puiſſent avoir. Or pour cela les Analyſtes ont imaginé pluſieurs transformations. Nous allons les développer ici en les réduiſant à des cas généraux.

CHAPITRE II.

Méthode pour faciliter l'intégration d'un grand nombre de différentielles par le moyen de différentes transformations.

XVI.

LA premiere transformation dont nous allons parler ici, a lieu pour les différentielles affectées de radicaux, ou élevées à des puissances dont les exposans sont négatifs, pourvu qu'en ce cas la quantité hors du signe soit la différentielle même de la quantité sous le signe, ou lui soit proportionnelle. Cette transformation consiste 1°. à partager la différentielle donnée en deux parties ou facteurs, dont l'un soit dx & l'autre la grandeur complexe qui est sous le signe; 2°. à faire cette derniere quantité égale à une seule changeante z; 3°. à différentier l'équation qui résulte de cette transformation; 4°. enfin à mettre dans la proposée au lieu de x & de dx leurs valeurs en z & en dz. Cette opération donne une expression plus simple débarrassée de radicaux dont l'intégrale se trouve par la premiere regle. Après l'avoir trouvée on y remettra les valeurs de z en x, & on aura l'intégrale cherchée.

Premiere transformation.

Conditions suivant lesquelles elle a lieu.

En quoi elle consiste.

Appliquons cette regle à quelques exemples.

XVII.

Soit $dx \cdot (a+bx)^p$ dont on cherche l'intégrale. Je

Premier exemple.

fais, suivant ce qui est dit ci-dessus, $a+bx=z$; donc $dx=\frac{dz}{b}$, & $\overline{a+bx}^p=z^p$. J'ai donc la transformée $\frac{z^p dz}{b}$ dont l'intégrale est par la premiere regle $\frac{z^{p+1}}{(p+1).b}$. Remettant pour z sa valeur $a+bx$, on aura $\frac{\overline{a+bx}^{p+1}}{(p+1).b}$: c'est l'intégrale cherchée.

XVIII.

Second exemple. Si la proposée étoit $xxdx \times (f+gx^3)^m$, on feroit de même $f+gx^3=z$ ce qui donne $x^2dx=\frac{dz}{3g}$, $\overline{f+gx^3}^m=z^m$. La transformée est donc $\frac{z^m dz}{3g}$, dont l'intégrale est $\frac{z^{m+1}}{(m+1).3g}$. Substituons pour z^{m+1} sa valeur $\overline{f+gx^3}^{m+1}$, l'intégrale de la proposée est, comme on le voit $\frac{\overline{f+gx^3}^{m+1}}{(m+1).3g}$.

XIX.

REMARQUE. On auroit pu trouver l'intégrale des deux différentielles précédentes sans se servir de transformation, par la seule premiere regle; car dans le premier exemple $dx.(a+bx)^p$ j'augmente l'exposant p d'une unité, je divise la différentielle par cet exposant $p+1$ multiplié par la différence bdx de la changeante sous le signe, j'ai le même résultat que plus haut. Il en est de même pour la différentielle qui nous a servi de second exemple. D'où l'on peut tirer une regle générale qui comprend

toutes

toutes les différentielles qui sont dans le cas des deux précédentes, c'est-à-dire toutes celles dans lesquelles l'exposant de la changeante hors du signe est moindre d'une unité que celui de la changeante sous le signe. Si l'on avoit, par exemple, à intégrer $\frac{aazdz}{(aa-zz)^2} = aazdz.(aa-zz)^{-2}$. Suivant la regle précédente j'augmente dans cette différentielle d'une unité l'exposant -2, je divise par $-1 \times -2zdz$, il me vient $\frac{aa}{2.(aa-zz)}$, pour l'intégrale cherchée. Il en est ainsi pour toutes les autres différentielles comprises dans la formule $x^{m-1}dx.(a+bx^m)^p$, m & p étant quelconques.

Regle générale pour un assez grand nombre de cas.

Mais il n'est pas toujours aisé de voir les cas où la seule premiere regle suffit pour intégrer ces sortes de différentielles. D'ailleurs par le secours de la transformation on s'évite la peine de faire cet examen, qui souvent est pénible.

XX.

Réduisons la regle en formule, & rendons-la plus générale.

Formule pour la premiere transformation. $x^{rn} \times x^{n-1}$ $dx.(a+bx^n)^p$

Toutes les fois qu'on a (A) $x^{rn} \times x^{n-1}dx.\overline{a+bx^n}^p$, p étant tout ce qu'on voudra, & r un nombre entier positif ou zéro, cette quantité est intégrable par notre transformation.

XXI.

Premier cas. Lorsque $r =$ un nombre entier positif. Soit suivant ce que nous venons de dire $a+bx^n = z$, on

Démonstration de cette formule.

Premier Cas. aura $x^n = \frac{z-a}{b}$, donc $x^{n-1} dx = \frac{dz}{nb}$. On a aussi $x^{rn} = \overline{\frac{z-a}{b^r}}^r$, & $\overline{a+bx^n}^p = z^p$. Donc en mettant toutes ces valeurs dans (A) il viendra (B) $\frac{dz}{nb} \cdot z^p \cdot \left\{\frac{z-a}{b}\right\}^r$.

r = un nombre entier positif.

Or dans cette formule $\frac{z-a}{b}$ élevée à la puissance r qui est supposé un nombre entier positif, donnera une suite finie de termes dont chacun sera multiplié par z^p, & par $\frac{dz}{nb}$, & sera par conséquent intégrable par la premiere regle.

Pour le faire mieux sentir, développons la serie précédente : nous aurons

$$\frac{\left(z^r - rz^{r-1}a + \frac{r.(r-1)}{2} z^{r-2}a^2 - \frac{r.(r-1).(r-2)}{2.3} z^{r-3}a^3 + \&c.\right)\frac{z^p dz}{nb}}{b^r}.$$

Supposons $r = 3$, on a $\frac{z^{p+3}\frac{dz}{nb} - 3az^{p+2}\frac{dz}{nb} + 3a^2z^{p+1}\frac{dz}{nb} - a^3z^p\frac{dz}{nb}}{b^3}$, différentielle dont l'intégrale se prend terme à terme (Art. VI.). Cette intégrale est $\frac{z^{p+4}}{(p+4)nb^4} - \frac{3az^{p+3}}{(p+3)nb^4} + \frac{3a^2z^{p+2}}{(p+2)nb^4} - \frac{a^3z^{p+1}}{(p+1).nb^4}$. Mettant ensuite pour z^{p+4}, z^{p+3}, &c. leurs valeurs en x, on aura l'intégrale cherchée.

XXII.

Application du premier Cas à un exemple.

Soit proposé de trouver l'intégrale de cette différentielle $x^5 dx\ (a+bx^3)^p = x^{1\times 3} \times x^2 dx.(a+bx^3)^p$, je vois d'abord que cette différentielle se rapporte au premier cas de notre formule (A), r étant ici $= 1$. Je suis donc sûr qu'elle est intégrable par notre transformation. En conséquence je fais $a + bx^3 = z$, ce qui donne $x^3 = \frac{z-a}{b}$, & $x^2 dx = \frac{dz}{3b}$; donc la transformée est $\frac{z^p dz}{3b} \times \left\{\frac{z-a}{b}\right\}$ qui n'a plus aucune difficulté, se résolvant par la premiere regle. Son intégrale est $\frac{z^{p+2}}{(p+2)3b^2} - \frac{az^{p+1}}{(p+1)3b^2}$. Le reste de l'opération se fera comme dans les exemples précédens.

XXIII.

Si $r = 0$, on aura $x^{n-1} dx (a + bx^n)^p$ intégrable par la même transformation. Car soit $a + bx^n = z$, on aura $x^{n-1} dx = \frac{dz}{nb}$, & la différentielle se changera en $\frac{z^p dz}{nb}$. Donc, &c. 2°. Cas où $r = 0$.

XXIV.

COROLLAIRE 1. Si $n = 1$, & $r = q$, il vient $x^q dx$. $(a + bx)^p$ intégrable, quelque valeur qu'on donne à p, q étant un nombre entier positif. Examen de quelques Cas particuliers.

XXV.

COROLL. 2. La différentielle $dx \times (ax^q + bx^s)^p$ se change en $dx \times \left\{x^q \times (a + bx^{s-q})\right\}^p = x^{qp} dx$. $(a + bx^{s-q})^p$, ce qui se ramene à notre formule, toutes les fois qu'on peut supposer $s - q = n$ & $qp = rn + n - 1$.

Si l'expression différentielle étoit $x^{m-1} dx . (a + bx^n)^p$, & que $\frac{m}{n}$ fût un nombre entier positif, cette expression feroit la même que $x^{rn+n-1}dx.(a+bx^n)^p$, qu'on voit être la même chose que la formule A. En effet, puisque $\frac{m}{n}$ eft un nombre entier, m doit être un multiple de n, qu'on peut fuppofer repréfenté par $\overline{r+1}.n$. Donc, &c.

XXVI.

REMARQUE I. Quelquefois dans les transformées il fe trouve des termes de la forme de $\frac{dx}{x}$; alors c'eft le cas de l'Art. III.

XXVII.

Autre maniere de fe fervir de la transformation précédente.

SCHOLIE. On peut encore fe fervir de la premiere transformation d'une maniere différente de celle dont nous l'avons employée.

Premier exemple.

Qu'on ait, par exemple, à intégrer $xxdx\sqrt{a+x}$, au lieu de faire $a+x=z$, je fuppoferai $\sqrt{a+x}=z$, ce qui donne $a+x=zz$; $dx=2zdz$; $xx=\overline{zz-a}^2$: faifant les fubftitutions, on a $2z^2dz.(zz-a)^2$, c'eft-à-dire $2z^6dz-4az^4dz+2aaz^2dz$, différentielle qui fe rapporte au Coroll. I. de la regle fondamentale. Intégrant & remettant enfuite dans l'intégrale trouvée les valeurs de z en x, on aura pour l'intégrale cherchée, $\frac{2}{7}.\overline{a+x}^{\frac{7}{2}}-\frac{4a}{5}.\overline{a+x}^{\frac{5}{2}}+\frac{2aa}{3}.\overline{a+x}^{\frac{3}{2}}$, ce qu'il eft facile de vérifier. Car prenant la différentielle de cette intégrale, on a $\frac{2}{7}.\frac{7}{2}(a+x)^{\frac{5}{2}}dx-\frac{4a}{5}.\frac{5}{2}(a+x)^{\frac{3}{2}}dx+\frac{2aa}{3}.\frac{3}{2}(a+x)^{\frac{1}{2}}dx=(\overline{aa+2ax+xx}\sqrt{a+x}-\overline{2aa-2ax}\times\sqrt{a+x}+aa\sqrt{a+x})\,dx=$

(en effaçant ce qui se détruit) $xxdx\sqrt{a+x}$.

On trouveroit de la même maniere l'intégrale de $\frac{xxdx}{\sqrt{a+x}}$.

XXVIII.

Second exemple.

Soit proposé d'intégrer $\overline{2adx-4xdx}\sqrt{ax-xx+bb} = 2.\overline{adx-2xdx}\sqrt{ax-xx+bb}$, je fais $\sqrt{ax-xx+bb} = z$, & $ax-xx+bb = zz$, & $adx-2xdx = 2zdz$: faisant les substitutions, nous aurons pour transformée $4zzdz$ dont l'intégrale est $\frac{4}{3}z^3$, & remettant la valeur de z en x, l'intégrale de la proposée est $\frac{4}{3}(ax-xx+bb)^{\frac{3}{2}}$. On l'auroit trouvée de même par l'Art. VIII.

Par la même méthode on trouvera que l'intégrale de $\frac{2adx-4xdx}{\sqrt{ax-xx+bb}}$ est $4(ax-xx+bb)^{\frac{1}{2}}$.

XXIX.

Troisieme exemple.

Si la proposée étoit $2xdx.(\overline{xx+aa}^2)^{\frac{1}{3}}$, c'est-à-dire $2xdx(xx+aa)^{\frac{2}{3}}$, on fera $xx+aa = z^{\frac{3}{2}}$, & $2xdx = \frac{3}{2}z^{\frac{1}{2}}dz$, & substituant il vient pour transformée $\frac{3}{2}z^{\frac{3}{2}}dz$, dont l'intégrale est $\frac{3}{5}z^{\frac{5}{2}}$. Donc $\int 2xdx(xx+aa)^{\frac{2}{3}} = \frac{3}{5}.\overline{xx+aa}\sqrt[3]{\overline{xx+aa}^2}$: ce qu'on trouveroit encore par l'Article VIII.

XXX.

Quatrieme exemple.

Si j'ai $\frac{2xdx}{\sqrt[3]{(xx+aa)^2}} = 2xdx \times \overline{xx+aa}^{-\frac{2}{3}}$, je fais $\overline{xx+aa}^{-\frac{2}{3}} = z$, donc $xx+aa = z^{-\frac{3}{2}}$, & $2xdx = -\frac{3}{2}z^{-\frac{5}{2}}dz$. Donc en substituant on a $-\frac{3}{2}z^{-\frac{5}{6}}dz$, dont l'intégrale eſt (Regle premiere) $3z^{-\frac{2}{3}}$; donc l'intégrale de la propoſée eſt $3\sqrt[3]{xx+aa}$.

XXXI.

REMARQUE 2. Il y a bien des différentielles affectées de radicaux qui n'ont pas les conditions que nous avons énoncées, (Art. VIII.) qu'on peut cependant débarraſſer des ſignes radicaux dans certains cas. Mais pour cela il faut ſe ſervir de transformations différentes de celle que nous avons employée juſqu'ici. Par leur ſecours on ne trouvera pas toujours l'intégrale exprimée algébriquement; mais au moins ſerviront-elles à délivrer la différentielle de ſon radical, & à la rendre plus ſuſceptible des autres méthodes que nous enſeignerons dans la ſuite.

XXXII.

Seconde transformation appliquée à un exemple.

Soit propoſé d'intégrer $4xdx\sqrt{2ax-xx}$ différentielle qu'on voit bien n'être pas dans le cas de celles que nous avons traitées plus haut. Je fais $\sqrt{2ax-xx}=xz$, ou $\frac{xz}{a}$ (a eſt une conſtante que j'ajoute pour conſerver l'homogénéité.). Donc $2ax-xx=\frac{xxzz}{aa}$, & $2a-x=\frac{xzz}{aa}$, donc $x=\frac{2a^3}{a^2+zz}$, & $dx=\frac{-4a^3zdz}{(aa+zz)^2}$ & $\sqrt{2ax-xx}=\frac{2a^2z}{aa+zz}$: faiſant les ſubſtitutions, nous avons pour transformée $-\frac{64a^8zzdz}{(a^2+z^2)^4}$ différentielle exempte de radicaux, & que nous enſeignerons dans la ſuite à intégrer.

XXXIII.

Autre maniere d'intégrer la différentielle qui vient de servir d'exemple.

On peut encore intégrer la proposée de cette autre maniere; la différentielle donnée étant $2 . 2xdx \sqrt{2ax - xx}$, je vois que si j'avois de plus $- 4adx \sqrt{2ax - xx}$, la quantité hors du signe seroit le produit du coefficient -2 par la différentielle de la quantité sous le signe, ce qui rentreroit dans notre premier cas (Art. VIII.). J'écris donc ainsi cette quantité $-2 . (2adx - 2xdx) . (2ax - xx)^{\frac{1}{2}} + 4adx \sqrt{2ax - xx}$, qu'on voit bien être la même que la proposée. Or dans cette différentielle la premiere partie $- 2 \times (2adx - 2xdx) . (2ax - xx)^{\frac{1}{2}}$ a pour intégrale (Art. VIII.) $- \frac{4}{3} . (2ax - xx)^{\frac{3}{2}}$, & la seconde $4adx \sqrt{2ax - xx}$ dépend de la quadrature du cercle, comme nous l'expliquerons plus bas.

Il faut bien remarquer la maniere dont nous avons préparé cette quantité, avant de l'intégrer, pour l'appliquer aux cas semblables à celui-ci.

XXXIV.

Troisieme transformation appliquée au même exemple.

En supposant toujours qu'on ait à intégrer $4xdx \sqrt{(2ax - xx)}$, je pourrois encore faire $a - x = u$, d'où je tirerois * $\sqrt{2ax - xx} = \sqrt{aa - uu}$, $dx = - du$; $4x = 4a - 4u$. Substituant donc on a $- 4adu + 4udu$

* Car puisque $a - x = u$, $aa - 2ax + xx = uu$; donc $- 2ax + xx = uu - aa$, donc en changeant les signes $2ax - xx = aa - uu$; donc enfin $\sqrt{2ax - xx} = \sqrt{aa - uu}$. Il faut faire attention à cette équation : c'est une espece de formule dont les Géometres se servent souvent en pareil cas que celui-ci.

$\sqrt{aa-uu} = -2 \times (2adu - 2udu) \sqrt{(aa-uu)}$, dont la premiere partie $-2 \times 2adu\sqrt{aa-uu}$ dépend de la quadrature du cercle, & la seconde $-2 \times -2udu \sqrt{aa-uu}$ a pour intégrale exacte $-\frac{4}{3}.(aa-uu)^{\frac{3}{2}}$ (Art. VIII.).

XXXV.

Second exemple de la 2e. transformation.

Si la proposée est $\frac{aadx}{x\sqrt{ax+xx}}$ en faisant $\sqrt{ax+xx} = \frac{xz}{b}$, on aura $ax+xx = \frac{xxzz}{bb}$, ou $a+x = \frac{xzz}{bb}$, donc $x = \frac{abb}{zz-bb}$; $\frac{xz}{b}$ ou $\sqrt{ax+xx} = \frac{abz}{zz-bb}$; $dx = -\frac{2abbzdz}{(zz-bb)^2}$; donc $\frac{aadx}{x\sqrt{ax+xx}} = -\frac{2adz}{b}$: donc enfin $\int\frac{aadx}{x\sqrt{ax+xx}} = -\frac{2az}{b} = \frac{-2a\sqrt{ax+xx}}{x}$.

XXXVI.

Quatrieme transformation.

Premier exemple.

Si l'on avoit $\frac{ydy}{\sqrt{yy+gy-gg}}$, on feroit $\sqrt{yy+gy-gg} = y+z$, ce qui donne $yy+gy-gg = yy+2yz+zz$ & $y = \frac{zz+gg}{g-2z}$: & $dy = \frac{2gzdz-2zzdz+2ggdz}{(g-2z)^2}$; & $\sqrt{yy+fy-gg} = \frac{gg+gz-zz}{g-2z}$: faisant les substitutions on aura la transformée $\frac{2zzdz+2ggdz}{(g-2z)^2}$, dont la premiere partie $\frac{2zzdz}{(g-2z)^2}$ se trouve, par les regles que nous donnerons dans le Chap. X. être dépendante des logarithmes, & la seconde $\frac{2ggdz}{(g-2z)^2}$ est intégrable absolument, son intégrale étant (Art. XXIII.) $\frac{2gz}{g-2z}$, ou bien (Art. XIX.) $\frac{gg}{g-2z}$: c'est-à-dire que son intégrale est en général, comme on le verra plus bas (Article LV.)

$gg+$

$\frac{gg+ng-g-3nz+2z}{g-2z}$ (n exprimant un nombre quelconque). Si on y suppose $n = 1 - g$, on trouvera la premiere des deux intégrales, & on aura la seconde en supposant $n = 1$.

XXXVII.

Second exemple.

Soit encore à intégrer $x^4 dx (aa+xx)^{\frac{1}{2}}$: Je fais $\sqrt{aa+xx} = x+t$; j'en tire $aa+xx = xx + 2tx + tt$, donc $aa = 2tx + tt$ & $x = \frac{aa-tt}{2t}$; $dx = -\frac{dt}{2} - \frac{aadt}{2tt}$; $x^4 = \left\{\frac{aa-tt}{2t}\right\}^4$. On aura aussi $x+t = \frac{aa+tt}{2t}$: donc $x^4 dx \sqrt{aa+xx} = \left\{\frac{aa-tt}{2t}\right\}^4 \times \left\{\frac{aa+tt}{2t}\right\} \times \left\{\frac{aa}{tt}+1\right\} \times -\frac{dt}{2} = -\frac{a^{12}dt}{64t^7} + \frac{a^{10}dt}{32t^5} + \frac{a^8 dt}{64t^3} - \frac{a^6 dt}{16t} + \frac{a^4 t dt}{64} + \frac{a^2 t^3 dt}{32} - \frac{t^5 dt}{64}$, dont l'intégrale est $\frac{1}{64} \times \frac{a^{12}}{6t^6} + \frac{1}{32} \times -\frac{a^{10}}{4t^4} + \frac{1}{64} \times -\frac{a^8}{2t^2} - \frac{a^6}{16} lt + \frac{a^4 tt}{128} + \frac{a^2 t^4}{128} - \frac{t^6}{384}$. Remettant dans cette intégrale pour t, t^2, &c. leurs valeurs, on aura l'intégrale cherchée.

XXXVIII.

Cinquieme transformation.

Premier exemple.

Si l'on avoit $\frac{dx}{\sqrt{aa+xx}}$, on feroit $x+\sqrt{aa+xx} = z$, ce qui donne $z - x = \sqrt{aa+xx}$; & $zz - 2zx + xx = aa + xx$; & $zz - 2zx = aa$, d'où l'on tire $x = \frac{zz-aa}{2z}$; $dx = (zz+aa)\frac{dz}{2zz}$; $\sqrt{aa+xx} = \frac{zz+aa}{2z}$. On aura donc après les substitutions la transformée $\frac{\frac{dz}{2zz} \cdot (zz+aa)}{\frac{zz+aa}{2z}} = \frac{dz}{z}$: dont l'intégrale est (Art. IV.)

log. z. Remettant pour z ſa valeur, on aura log. $(x + \sqrt{aa + xx})$ pour l'intégrale cherchée.

XXXIX.

Second exemple un peu différent du premier.

Si la propoſée étoit $\frac{dx}{\sqrt{xx - aa}}$ on feroit encore $z = x + \sqrt{xx - aa}$, & en faiſant les mêmes opérations que dans l'article précédent, on trouveroit $\int \frac{dx}{\sqrt{xx - aa}} = \log. x + \sqrt{xx - aa}$: c'eſt ce que nous avons déja trouvé dans l'Introduction, (Article XXXVII.).

X L.

Cas plus compliqués que les précédens, dans leſquels notre premiere transformation réuſſit.

SCHOLIE. Si la différentielle étoit compoſée de deux quantités radicales, on pourroit dans certains cas ſe ſervir de notre premiere transformation, pourvu que la quantité ſous le ſigne n'eût point de ſecond terme, & que la différentielle fût multipliée par une puiſſance impaire de l'inconnue.

Soit, par exemple, $\frac{z^3 dz \sqrt{bb + zz}}{\sqrt{gg + zz}}$: je fais $\sqrt{bb + zz} = u$; on a donc $zz = uu - bb$; $zdz = udu$. La transformée ſera donc $\frac{u^2 du (u^2 - b^2)}{\sqrt{uu - bb + gg}} = \frac{u^4 du}{\sqrt{uu - bb + gg}} - \frac{b^2 u^2 du}{\sqrt{uu - bb + gg}}$, différentielle réduite aux cas précédens.

X L I.

En examinant cette façon d'opérer on voit qu'elle ne réuſſit le plus ſouvent que dans les cas où les racines ſont des racines quarrées, & où l'inconnue n'excede pas le ſecond degré. Je dis le plus souvent, parce qu'il y en a quelques-uns où elle réussit quels que soient le signe & la puissance de l'inconnue sous le signe. Telles sont toutes les différentielles comprises sous les deux formules suivantes.

Deux formules qui comprennent ces cas.

1°. $\frac{dx\,.\,(x^m + b^m)^{\pm\frac{1}{n}}}{x^{tm+1}}$, m, n, t étant des nombres entiers positifs, ou zéro. Car faisant $\overline{x^m + b^m}^{\frac{1}{n}} = z$, on aura $x^m = z^n - b^m$; $dx = \frac{nz^{n-1}dz}{mx^{m-1}}$. La transformée sera donc $\frac{nz^{n-1}dz\,.\,z^{\pm 1}}{mx^{\overline{t+1}.m}}$; mais $x^{\overline{t+1}.m} = \overline{z^n - b^m}^{t+1}$; donc quand t sera un nombre entier, $t+1$ en sera aussi un; donc on n'aura plus de radical.

Premiere formule.

2°. La seconde formule est $x^n\,dx\,.\,(x^m + b^m)^{\pm\frac{t}{p}}$, laquelle en supposant $\frac{n+1}{m}$ un nombre entier, se pourra délivrer de tous signes radicaux, ou au moins de quantités radicales complexes, ce qui suffit. Faisant $\overline{x^m + b^m}^{\frac{t}{p}} = z$ on a $x^m = z^{\frac{p}{t}} - b^m$, $x = \overline{z^{\frac{p}{t}} - b^m}^{\frac{1}{m}}$; $dx = \frac{\frac{p}{t}z^{\frac{p}{t}-1}dz\,.\,\overline{z^{\frac{p}{t}} - b^m}^{\frac{1}{m}-1}}{m}$; $x^n = \overline{z^{\frac{p}{t}} - b^m}^{\frac{n}{m}}$. Substituant on aura $\frac{pz^{\frac{p}{t}-1}dz}{tm}\,.\,z^{\pm 1}\,.\,\left\{z^{\frac{p}{t}} - b^m\right\}^{\frac{1}{m}+\frac{n}{m}-1}$. Lorsque $\frac{n+1}{m}$ sera un nombre entier, $\frac{1+n}{m}-1$ sera aussi entier, & par conséquent la formule n'aura point de quantité complexe embarrassée de radicaux.

Seconde formule.

XLII.

Sixieme transformation.

Appliquée à un exemple.

C'eſt ici le lieu de parler d'une transformation du plus grand uſage dans de certains cas. Cette transformation conſiſte à faire $z^n = x$, n étant un nombre quelconque, dans les différentielles telles que $\frac{dz}{z\sqrt{a+bz^n}}$; la ſuppoſition de $z^n = x$ nous donne $z = x^{\frac{1}{n}}$; $dz = \frac{1}{n}x^{\frac{1}{n}-1}dx$; donc on a pour transformée $\frac{x^{\frac{1}{n}-1}dx}{nx^{\frac{1}{n}}\sqrt{a+bx}} = \frac{dx}{nx\sqrt{a+bx}}$, différentielle dont on fait évanouir le radical en faiſant $\sqrt{(a+bx)} = u$, & qu'on intégrera par les méthodes que nous donnerons dans le Chapitre X.

XLIII.

Septieme transformation.

Il y a encore une transformation qui conſiſte à égaler la changeante à une fraction. Cette transformation ſert ſouvent à préparer à celles que nous venons d'expoſer.

Exemple.

S'il s'agit d'intégrer la différentielle ſuivante $\frac{dx}{xx\sqrt{aa+xx}}$, je ferai d'abord $x = \frac{1}{u}$; donc $dx = \frac{-du}{uu}$; $xx = \frac{1}{uu}$; donc la différentielle entiere $\frac{dx}{xx\sqrt{aa+xx}} = \frac{-\frac{du}{uu}}{\frac{1}{uu}\sqrt{aa+\frac{1}{uu}}} = \frac{-du}{\sqrt{aa+\frac{1}{uu}}} = \frac{-udu}{\sqrt{a^2u^2+1}}$. Je fais à préſent ſelon notre premiere transformation $z = aauu + 1$: donc $2aaudu =$

dz & $-udu = \frac{-dz}{2aa}$. On a aussi $\sqrt{aauu+1} = \sqrt{z}$. Mettant donc à la place de $-udu$, & de $\sqrt{aauu+1}$ leurs valeurs en dz & en z, on a $\frac{-dz}{2aa\sqrt{z}}$ dont l'intégrale est (regle premiere) $\frac{-\sqrt{z}}{aa}$. Substituant à $\sqrt{z}$ son égale $\sqrt{aauu+1}$, il vient $-\frac{\sqrt{aauu+1}}{aa}$. Remettons enfin pour uu sa valeur $\frac{1}{xx}$, nous avons $-\frac{\sqrt{aa+xx}}{aax}$ pour l'intégrale cherchée de $\frac{dx}{xx\sqrt{aa+xx}}$.

XLIV.

COROLL. Lorsque notre derniere transformation sert à préparer à celles que nous avons enseignées précédemment, il faut ordinairement faire cette opération la premiere ; autrement on tomberoit dans des longueurs de calcul. Cependant ce principe n'est pas général ; quelquefois on fait ces transformations indifféremment l'une avant l'autre. Si on avoit à intégrer, par exemple, dx $\sqrt{(\overline{1-x}^{-\frac{2}{3}}-1)}$, on feroit d'abord $\overline{1-x}^{-\frac{2}{3}} = z$, ce qui donne $1-x = z^{-\frac{3}{2}}$, $dx = \frac{3}{2}z^{-\frac{5}{2}}dz$. Donc en substituant on a $\frac{3}{2}z^{-\frac{5}{2}}dz\sqrt{z-1} = \frac{\frac{3}{2}dz\sqrt{z-1}}{z^{\frac{5}{2}}} =$ $\frac{3}{2}\frac{dz}{zz}\sqrt{\frac{z-1}{z}} = \frac{3dz}{2zz}\sqrt{1-\frac{1}{z}}$. Soit à présent $z = \frac{1}{t}$, on aura $\frac{1}{z} = t$; donc $\frac{dz}{zz} = -dt$; $\frac{3dz}{2zz} = -\frac{3}{2}dt$. Donc $\frac{3dz}{2zz}\sqrt{(1-\frac{1}{z})} = -\frac{3}{2}dt\sqrt{1-t} = -\frac{3}{2}dt.(1-t)^{\frac{1}{2}}$ dont l'intégrale est (Art. XIX.) $\frac{-\frac{3}{2}dt\ (1-t)^{\frac{3}{2}}}{\frac{3}{2}\times -dt} = (1-t)^{\frac{3}{2}}$.

Observation utile sur cette derniere transformation.

Remettant pour t sa valeur $\frac{1}{z}$, on a $(1-\frac{1}{z})^{\frac{3}{2}}$; & pour $\frac{1}{z}$ sa valeur $\overline{1-x}^{\frac{1}{3}}$, on a enfin pour l'intégrale cherchée $(1-(1-x)^{\frac{1}{3}})^{\frac{3}{2}}=\int dx\sqrt{(\overline{1-x}^{-\frac{2}{3}}-1)}$.

XLV.

Reflexions générales sur les transformations que nous venons d'expliquer.

Voilà à peu près toutes les transformations usitées dans le Calcul intégral. On comprend sans peine l'avantage infini dont elles sont pour faciliter les opérations de ce calcul. La premiere, la sixieme & la septieme sont surtout extrêmement commodes. Les commençans ne peuvent se les rendre trop familieres, en en faisant eux-mêmes de fréquentes applications. C'est à l'usage seul qu'il appartient de faire discerner celles de ces transformations qu'il faut employer préférablement aux autres, suivant les différentielles dont on cherche l'intégration.

CHAPITRE III.

De l'addition des constantes pour rendre les intégrales completes.

XLVI.

Nécessité d'ajoûter une constante à l'intégrale cherchée.

Il est nécessaire, avant d'aller plus loin, de remarquer ici que les constantes n'ayant point de différence, une intégrale, jointe par le signe + ou — avec une constante, donne la même différentielle que donneroit cette intégrale si elle étoit sans constante. On n'est donc pas sûr, lorsqu'on retrouve l'intégrale d'une différentielle, d'avoir cette intégrale exacte; il faut souvent lui ajoûter, ou en retrancher une constante; nous allons donner la méthode pour la faire trouver.

XLVII.

Mais afin que les commençans ne soient point embarrassés dans l'application de cette méthode, ils doivent avoir présent à l'esprit qu'on représente l'intégrale d'une différentielle qui n'a qu'une changeante, par la surface d'une courbe dont x est l'abscisse, & dont l'ordonnée sera la quantité qui multiplie dx.

Toute intégrale se représente par la surface d'une courbe.

Qu'on ait, par exemple, cette différentielle $dx\sqrt{x-a}$: je prends une courbe CBD * dont l'abscisse $PA = x$, $AC = a$, & l'ordonnée $PD = \overline{x+a}^{\frac{1}{2}}$: l'espace élémentaire $PDpd$ est $dx\sqrt{x+a}$, l'espace entier $APDB$ est donc $\int dx\sqrt{x+a}$; or $\frac{2}{3}\,\overline{x+a}^{\frac{3}{2}}$ (Art. XIX.) est l'intégrale de $dx.(x+a)^{\frac{1}{2}}$, parce que cette différentielle est celle de $\frac{2}{3}.(x+a)^{\frac{3}{2}}$. Il semble donc d'abord que $\frac{2}{3}(x+a)^{\frac{3}{2}}$ soit la valeur de l'aire $APDB$: mais il faut observer que $\frac{2}{3}(x+a)^{\frac{3}{2}} \pm A$, A étant une constante quelconque, a aussi pour différentielle $dx(x+a)^{\frac{1}{2}}$. Ainsi l'intégrale réelle de $dx.(x+a)^{\frac{1}{2}}$ est $\frac{2}{3}(x+a)^{\frac{3}{2}} \pm A$,

Fig. 1.

* Pour avoir l'équation de cette courbe, il faut effacer dx de la différentielle proposée, & supposer une changeante y égale à la quantité qui reste après avoir effacé dx. Ici on a $y = \overline{x+a}^{\frac{1}{2}}$: ou en rendant cette équation commensurable $yy = x+a$ équation à la parabole où l'origine des coordonnées n'est point au sommet. Voyez Guisnée, *Application de l'Algebre à la Géométrie*.

A étant une constante qui peut quelquefois être nulle, quelquefois être réelle, mais qu'il faut savoir déterminer dans chaque cas. Cela posé, je passe à la regle.

XLVIII.

Méthode qui apprend à reconnoître quand l'intégrale est complette ; & quand elle ne l'est pas, à trouver la constante qui la rendra complette.

Faites la changeante x de l'intégrale égale à zéro, & si l'intégrale devient zéro, c'est ordinairement une marque qu'elle est exacte; si au contraire après cette supposition de $x=0$, il reste une constante dans l'intégrale, il faut la joindre à l'intégrale trouvée avec un signe contraire à celui qu'elle a; alors cette intégrale sera complette.

XLIX.

1. Exemple.

Soit 1°. $y=\sqrt{px}$, on a $ydx=dx\sqrt{px}$, dont l'intégrale est (Art. II.) $\int ydx=\frac{2}{3}\sqrt{p}\,.\,x^{\frac{3}{2}}$. La supposition de $x=0$ donne le tout $=0$, donc l'intégrale est complette.

L.

2. Exemple.

Soit 2°. $dx\sqrt{x+a}$ dont l'intégrale est $\frac{2}{3}(x+a)^{\frac{3}{2}}$; faisant $x=0$ il vient $\frac{2}{3}\,.\,a^{\frac{3}{2}}$, donc l'intégrale n'est pas complette, & la constante qu'il faut y ajoûter est $-\frac{2}{3}\,.\,a^{\frac{3}{2}}$.

LI.

Démonstration générale de cette méthode.

Pour démontrer cette méthode, & lui donner la plus grande généralité dont elle est susceptible, je suppose que l'on connoisse la valeur complette de l'intégrale, lorsque x a une certaine valeur que je désigne par α, & que cette

cette valeur complette de l'intégrale ſoit Q, alors voici comme je raiſonne.

Soit X la valeur générale de l'intégrale trouvée par le calcul, & à laquelle il manque une conſtante C que je ne connois pas encore: $X+C$ ſera l'intégrale complette que je cherche.

Je ſuppoſe à préſent qu'en ſubſtituant α pour x dans X, X devienne A, j'aurai $A+C$ pour la valeur complette de l'intégrale, lorſque $x=\alpha$; d'ailleurs par la premiere ſuppoſition cette valeur complette $=Q$: donc $A+C=Q$, donne $C=Q-A$.

Mais le plus ſouvent cette valeur complette Q de l'intégrale n'eſt pas donnée & ne peut l'être, & la ſeule ſuppoſition qu'on puiſſe faire c'eſt de chercher l'endroit où la valeur Q de l'intégrale $=0$; en ce cas $Q=0$, donc $A+C=0$, donc $C=-A$.

De plus, au lieu de prendre $x=\alpha$, on le ſuppoſe ordinairement $=0$, & cette ſuppoſition eſt plus ſimple, parce que l'aire d'une courbe commence avec les abſciſſes, & que par conſéquent $Q=0$, lorſque $x=0$: voilà ſur quoi eſt fondée la regle.

Après cette démonſtration, appliquons-la au ſecond exemple que nous avons donné plus haut.

LII.

Appliquée à la différentielle qui nous a ſervi de ſecond exemple.

Soit $dx\sqrt{x+a}$, dont l'intégrale eſt $\frac{2}{3}.(x+a)^{\frac{3}{2}}$ $=X$. Suppoſant $x=0$, il vient $\frac{2}{3}a^{\frac{3}{2}}=A$; donc $\frac{2}{3}a^{\frac{3}{2}}$

$+C=Q$. Je prends selon ce qui est dit dans la démonstration $Q=0$, donc $\frac{2}{3}a^{\frac{3}{2}}+C=0$, donc $C=-\frac{2}{3}a^{\frac{3}{2}}$, ce qui prouve qu'il faut ajoûter la constante avec un signe contraire à celui qu'elle a dans l'intégrale.

Cependant il y a des cas dans lesquels il ne faut pas prendre $x=0$, comme on le va voir.

LIII.

Exception à la Regle.

Fig. 2.

SCHOLIE I. Soit la différentielle $dx\sqrt{px-pa}$ dont je cherche l'intégrale. Je représente cette intégrale par l'espace parabolique BPC, prenant l'origine des x au point A, alors l'ordonnée est imaginaire. Notre regle nous donne aussi l'espace BPC imaginaire, ce qui en fait voir la généralité.

Car $\int dx\sqrt{px-pa}=$ (Regle I.) $\sqrt{p}\cdot\frac{2}{3}(x-a)^{\frac{3}{2}}$; faisant $x=0$, il nous reste $\sqrt{p}\cdot\frac{2}{3}\cdot-a^{\frac{3}{2}}$. la constante est donc imaginaire. En effet, toutes les ordonnées depuis A jusqu'en B étant imaginaires, l'aire comprise entre ces deux points l'est aussi.

Mais, dira-t-on, il paroît d'abord que l'espace BPC est réel ? oui, sans doute, mais un espace imaginaire ajoûté à un réel, rend le tout imaginaire, ce qui arrive ici.

Mais si de toute l'aire de la courbe on ne vouloit prendre que la partie BPC, alors il faut considérer l'ordonnée au point où elle est zéro, faire x égale à la valeur de l'abscisse en ce point, & non égale à zéro; alors l'intégrale deviendra égale à zéro, ce qui rendra la conſtante nulle. Par exemple ici ne prenant l'aire de la courbe que depuis le point B, & ſuppoſant $BP = a$, il faut faire $x = a$; cette valeur de x ſubſtituée en ſa place dans l'intégrale $\sqrt{p} \cdot \frac{2}{3} \cdot (x - a)^{\frac{3}{2}}$ donne $\sqrt{p} \cdot \frac{2}{3} (a - a)^{\frac{3}{2}} = 0$. Donc $Q = 0$, donc $C = 0$.

LIV.

SCHOLIE 2. Il peut arriver que l'on trouve une intégrale négative. Soit, par exemple, l'hyperbole ECG, ſi l'origine des x eſt en A, que l'équation de la courbe par rapport à l'aſymptote ABF ſoit (en nommant AB, x, BC (y)) $1 = xxy$, l'élément de l'aire ſera $1 \cdot \times x^{-2} dx$ dont l'intégrale eſt la quantité négative $- 1 x^{-1} = - \frac{1}{x}$, ou $- \frac{1}{x} + A$. Or lorſque $x = 0$, cette aire doit être $= 0$, donc $A = + \frac{1}{0}$. Donc $DABCE = \frac{1}{0} - \frac{1}{x}$, ce qui marque que l'aire $DABCE$ eſt infinie. Cas où l'intégrale eſt négative. Fig. 3.

Lorſque $x = \infty$, l'aire $DABCE$ devient $DAFG$, & $\frac{1}{x} = \frac{1}{\infty} = 0$; donc $DAFG = \frac{1}{0}$; donc $GFBC$ ou $DAFG - DABCE = \frac{1}{x}$: ce qui marque que l'intégrale $- \frac{1}{x}$ ſans conſtante n'eſt pas l'aire $DABCE$, mais l'aire $CBFG$ qui commence à l'ordonnée BC (y), & va vers BF qui eſt le côté oppoſé à l'origine A; & le ſigne — indique la poſition négative de cette aire $GFBC$ par rapport à l'ordonnée BC & à l'aire $DABC$. Voyez Mém. Acad. 1705. l'Ecrit de M. Varignon *ſur les eſpaces pluſqu'infinis de M. Wallis*. Voyez auſſi dans *l'Encyclopédie*, *l'art. Aſymptote*.

LV.

OBSERVATION IMPORTANTE. L'addition de la conſtante fait quelquefois que la différentielle paroît avoir deux intégrales différentes : mais ſi on examine attentivement ces intégrales, on verra qu'elles ne différent jamais que par un terme conſtant qui ſe trouve quelquefois enveloppé dans l'une des deux. Ainſi l'on trouve que $\frac{f}{f-bx}$ & $\frac{bx}{f-bx}$ ſont également les intégrales de $\frac{bfdx}{(f-bx)^2}$, puiſqu'en différentiant ces deux intégrales, on retrouve cette même différentielle. Mais il eſt aiſé de voir que $\frac{bx}{f-bx} = \frac{f}{f-bx} - 1$; d'où l'on voit que ces deux intégrales ne différent que par la conſtante -1. Et en général l'intégrale de $\frac{bfdx}{(f-bx)^2}$ ſera $\frac{f}{f-bx} + A1$ (A repréſentant une conſtante quelconque), ou $\frac{f+Af-Abx}{f-bx}$: & ſi on fait $1+A=n$ (n étant un nombre quelconque), l'intégrale ſera $\frac{fn-bnx+bx}{f-bx}$. Si $n=0$, on aura $\frac{bx}{f-bx}$ qui eſt la ſeconde des deux intégrales trouvées : ſi $n=1$, c'eſt-à-dire, ſi $A=0$, on aura la premiere ; & donnant ſucceſſivement à n différentes valeurs, on en trouvera une infinité d'autres qui toutes ne différeront que par des conſtantes.

LVI.

Il faut bien avoir préſent ce que nous venons de dire ſur l'addition des conſtantes : nous n'en parlerons plus dans la ſuite de ce Traité ; le lecteur eſt en état d'appliquer la regle générale aux différentes intégrales que nous trouverons. Il faut l'appliquer auſſi aux intégrales trouvées dans les deux Chapitres précédens.

CHAPITRE IV.

Définitions & notions préparatoires à l'intégration des différentielles binomes, trinomes, &c.

LVII.

ON ſuppoſe que dans une grandeur complexe, les expoſans des puiſſances de la changeante x qui diſtingue les termes, forment une progreſſion arithmétique; on l'appelle un binome quand il n'y a que deux termes; un trinome quand il y en a trois, & ainſi de ſuite. Ainſi $ax^0 + bx^n$ eſt un binome, $ax^0 + bx^n + cx^{2n}$ un trinome, $a + bx^n + cx^{3n}$ un quatrinome : on ſous-entend le troiſieme terme $0x^{2n}$ qui eſt $= 0$, comme s'il y avoit $a + bx^n + 0x^{2n} + cx^{3n}$. Définition des Binomes, &c.

On rapportera toutes les expreſſions des différentielles complexes, autres que celles dont nous avons parlé (Chap. I.), aux formules générales qui ſuivent.

Formule des Binomes.

$$gx^m dx . (a + bx^n)^p$$

Des Trinomes.

$$gx^m dx . (a + bx^n + cx^{2n})^p$$

Et ainſi de ſuite pour les quatrinomes, &c.

g, a, b, c, &c. repréſentent les coefficiens ; x la changeante ; p l'expoſant de la puiſſance de la grandeur ſous le ſigne : cet expoſant ſera un nombre entier négatif, ou une fraction. Car nous avons vu (Art. XI.) que quand c'eſt un entier poſitif, la différentielle s'integre tout de ſuite par la premiere regle.

LVIII.

Il peut auſſi y avoir dans une même différentielle pluſieurs grandeurs complexes multipliées les unes par les autres, comme $gx^m dx . (a+bx^n)^p \times (c+ex^n+\&c.)^q$: ces différentielles même peuvent être, ſi l'on veut, réduites aux cas précédens.

Car ſoit $p=\frac{r}{s}$ & $q=\frac{t}{k}$, on aura $gx^m dx . (a+bx^n)^p$ $\times (c+ex^n)^q = gx^m dx . (a+bx^n)^{\frac{r}{s}} \times (c+ex^n)^{\frac{t}{k}}$ $= gx^m dx . (a+bx^n)^{\frac{rk}{sk}} \times (c+ex^n)^{\frac{ts}{sk}} = gx^m dx .$ $(\overline{a+bx^n}^{rk} . \overline{c+ex^n}^{ts})^{\frac{1}{sk}}$. Donc, &c.

LIX.

Elles peuvent avoir deux formes identiques.

Méthode pour ôter de deſſous le ſigne une grandeur qui y eſt, & vice-verſâ.

REMARQUE 1. Les formules précédentes peuvent avoir deux formes ſans changer de valeur : la premiere quand les expoſans n, de la grandeur ſous le ſigne ſont poſitifs ; la ſeconde quand ils ſont négatifs. Au reſte on peut facilement les rendre de poſitifs négatifs, par une méthode qui ſert à mettre ſous le ſigne une grandeur qui eſt hors du ſigne, & à ôter de deſſous le ſigne une grandeur qui y eſt.

Soit $x^m \times \overline{ax^n}^p$. Il eſt évident qu'on peut multiplier cette quantité par x^q en la diviſant en même temps par x^q, ſans changer ſa valeur ; pour cela j'écris x^{m+q}, & en même temps je diviſe la ſeconde partie $\overline{ax^n}^p$ par x^q : mais comme cette ſeconde partie eſt ſous un ſigne dont l'expoſant eſt p, il la faut diviſer par $x^{\frac{q}{p}}$, & l'écrire ainſi $\overline{ax^{n-\frac{q}{p}}}^p$; & la nouvelle grandeur ſera $x^{m+q}(ax^{n-\frac{q}{p}})^p$, identique avec la propoſée $x^m \times \overline{ax^n}^p$. La raiſon de la ſeconde opération, eſt que la grandeur qui diviſe la ſeconde partie doit être égale à celle qui a multiplié la premiere ; or $\overline{x^{\frac{q}{p}}}^p = x^q$.

Procédé de cette méthode.

1°. Lorſqu'il s'agit de mettre ſous le ſigne une grandeur qui n'y eſt pas.

LX.

Si on vouloit diviſer la ſeconde partie par x^n, c'eſt-à-dire, ôter x^n de deſſous le ſigne, il faudroit multiplier en même temps la premiere partie par x^{np} ; ce qui changeroit la propoſée en la ſuivante $x^{m+np} \cdot (ax^{n-n})^p = x^{m+np} \times a^p$. La raiſon en eſt la même que la précédente.

2°. D'ôter de deſſous le ſigne une quantité qui s'y trouve.

LXI.

Quand l'expoſant p eſt une fraction, comme dans $x^4 \times \overline{ax^8}^{\frac{1}{2}}$, ſi on vouloit multiplier la premiere partie par x^3, on trouveroit en ſuivant la regle précédente x^{4+3}.

Cas où l'expoſant de la puiſſance eſt fractionnaire.

$\left\{ax^{8-\frac{3}{\frac{1}{2}}}\right\}^{\frac{1}{2}} = x^7 \times \overline{ax^3}^{\frac{1}{2}}$. Alors $\frac{q}{p}$ indique une multiplication au lieu d'une division. Car $\frac{3}{\frac{1}{2}} = 3 \times 2$.

LXII.

Cas où il est négatif.

Lorsque l'exposant p est négatif, c'est-à-dire, lorsqu'il est $-p$, on trouvera que $\frac{-q}{p}$ devient $\frac{-q}{-p}$ ou $+\frac{q}{p}$.

LXIII.

Usages de la méthode précédente.

Par le moyen de cette méthode on peut rendre les exposans de nos formules de positifs, négatifs.

1°. Pour rendre les exposans de nos formules de positifs, négatifs.

Je divise la grandeur sous le signe par la changeante x élevée à la plus haute puissance qu'a cette même changeante sous le signe ; je multiplie en même temps la changeante x hors du signe par la même grandeur. $gx^m dx \cdot (a+bx^n)^p$ devient en pratiquant l'opération précédente $gx^{m+np}(b+ax^{-n})^p$.

La seconde forme de $gx^m dx(a+bx^n+cx^{2n})^p$ est de la même maniere $gx^{m+2np} dx(c+bx^{-n}+ax^{-2n})^p$. Enfin $gx^m dx\ (a+bx^n+Bx^{2n}) \times (c+ex^n+fx^{2n} + \gamma x^{3n})^p$ devient $gx^{m+2n+3np} dx(B+bx^{-n}+ax^{-2n}) \times (\gamma+fx^{-n}+ex^{-2n}+cx^{-3n})^p$.

LXIV.

2°. Pour ramener beaucoup de différentielles aux formules précédentes.

Cette méthode sert aussi pour ramener à nos formules un grand nombre de différentielles.

Lorsque

Lorſque les deux termes de la grandeur ſous le ſigne ſont multipliés par la changeante, comme dans $\frac{b\,dx}{x^3}\sqrt{cx+x^2} = bx^{-3}\,dx\,(cx+x^2)^{\frac{1}{2}}$, il faut pour réduire cette quantité à la premiere forme de la formule des binomes, dégager le premier terme de la changeante qui le multiplie. Or cela ſe fait aiſément par le moyen de notre méthode. Je diviſe la grandeur ſous le ſigne par $x^{1\times\frac{1}{2}}$, & je multiplie la grandeur hors du ſigne par cette même quantité ; j'ai $bx^{-\frac{5}{2}}\,dx \times \overline{c+x}^{\frac{1}{2}}$, dans laquelle $b=g$; $-\frac{5}{2}=m$; $c=a$; $b=1$; $n=1$; $p=\frac{1}{2}$.

Application à des binomes.

Pour réduire cette différentielle à la ſeconde forme de la même formule, je multiplie la partie hors du ſigne par $x^{2\times\frac{1}{2}}$, & je diviſe la partie ſous le ſigne par la même grandeur : ce qui me donne $bx^{-2}\,(1+cx^{-1})^{\frac{1}{2}}$ ou $g=b$; $m=2$; $b=1$; $a=c$; $n=1$; $p=\frac{1}{2}$.

LXV.

De la même maniere pour ramener à la premiere forme de la formule $gx^m\,dx\,(a+bx^n+Bx^{2n}) \times (c+ex^n+fx^{2n}+\gamma x^{3n})^p$ la quantité du même genre $x^{-2}\,dx\,(3\alpha-6x^2) \times (\alpha x-6x^3+kx^4)^{-\frac{1}{2}}$, il faudroit diviſer la grandeur ſous le ſigne par $x^{1\times-\frac{1}{2}}$, & multiplier celle qui eſt hors du ſigne par la même quantité ; cette opération nous donne $x^{-\frac{5}{2}}\,dx\,(3\alpha-6x^2) \times (\alpha+0x^1-6x^2+kx^3)^{-\frac{1}{2}}$, où on a $g=1$; $m=-\frac{5}{2}$; $a=3\alpha$;

Application à des trinomes.

$b = 0$; $B = -\beta$; $c = \alpha$; $e = 0$; $f = -\beta$, $\gamma = k$; $p = -\frac{1}{2}$.

Si on veut ramener la même différentielle à la ſeconde forme de la même formule, il faut 1° diviſer la premiere grandeur complexe $3\alpha - \beta x^2$ par x^2, & multiplier la grandeur $x^{-2}\,dx$, par x^2. 2°. Diviſer la ſeconde grandeur complexe $(\alpha x - \beta x^3 + k x^4)^{-\frac{1}{2}}$, & multiplier en même temps $x^{-2}\,dx$ par $x^{4 \times -\frac{1}{2}} = x^{-2}$; & on aura $x^{-2}\,dx$ $(-\beta + 3\alpha x^{-2}) \times (k - \beta x^{-1} + \alpha x^{-3})^{-\frac{1}{2}}$.

LXVI.

Il en ſera de même de beaucoup d'autres différentielles. Il eſt bon auſſi d'obſerver que des différentielles incomplexes, peuvent avoir la forme de différentielles complexes. Par exemple, $dx \times \sqrt{ax} = x^0 \times dx\,(0 + ax^1)^{\frac{1}{2}}$.

LXVII.

Troiſieme uſage de la méthode expliquée ci-deſſus.

REMARQUE 2. Il eſt quelquefois néceſſaire pour faciliter de certaines intégrations, dont nous allons parler tout à l'heure, de faire enſorte que l'expoſant de la changeante hors du ſigne ſoit moindre d'une unité que l'expoſant de la plus haute puiſſance de la changeante ſous le ſigne. Or cela ſe fait par le moyen des indéterminées, & de la préſente méthode.

Soit (A) $x^r\,dx\,(e + kx^s)^n$. Pour que l'expoſant r ſoit moindre d'une unité que s, je multiplie la changeante x^r hors du ſigne, par x élevée à une puiſſance dont l'expoſant ſoit l'indéterminée q, c'eſt-à-dire, par x^q, & je diviſe en même temps $\overline{e+kx^{s}}^{\,n}$ par $x^{\frac{q}{n}}$. J'aurai $x^{r}dx\,(e+kx^{s})^{n}$ $=(B)\ x^{r+q}dx\,(ex^{-\frac{q}{n}}+kx^{s-\frac{q}{n}})^{n}$. Je suppose à présent $s-\frac{q}{n}=r+q+1$, j'aurai $q=\frac{sn-rn-n}{n+1}$, & cette valeur de q étant mise à sa place dans (B), on a $x^{\frac{r+sn-n}{n+1}}dx\left\{ex^{\frac{r-s+1}{n+1}}+kx^{\frac{r+sn+1}{n+1}}\right\}^{n}$, où l'exposant de x hors du signe ne differe que d'une unité de l'exposant de la plus haute puissance de x sous le signe.

On remarquera qu'il est indifférent de multiplier $x^{r}dx$ par x^{q}, en divisant la grandeur sous le signe par $x^{\frac{q}{n}}$, ou de faire l'inverse de cette opération.

LXVIII.

Toutes ces choses supposées & bien entendues, je passe à l'intégration des différentielles binomes, trinomes, &c. La méthode pour intégrer ces différentielles a deux parties. La premiere renferme les binomes qui peuvent s'intégrer algébriquement, c'est-à-dire exactement. La seconde comprend celles qui ne s'integrent exactement qu'en supposant la quadrature ou la rectification d'une courbe.

CHAPITRE V.

Premiere partie de la Méthode pour intégrer les différentielles Binomes comprises dans la formule $gx^m dx(a+bx^n)^p$, *ou* $gx^{m+np}dx(b+ax^{-n})^p$, *dans laquelle* p *est un nombre quelconque.*

LXIX.

Elle contient les différentielles qui s'integrent algébriquement.

Procédé de la méthode.

POur trouver l'intégrale de $(A)\ gx^m dx(a+bx^n)^p$, il faut 1°. faire ensorte que l'exposant de la changeante x hors du signe soit moindre d'une unité que l'exposant de la plus haute puissance de x sous le signe. Or cela se fait de la maniere que nous avons enseigné (Art. LXVII.).

2°. Il faut supposer une nouvelle changeante z égale à la grandeur qui est sous le signe, & substituer les valeurs que donne cette transformation, de la maniere que nous avons enseigné (Art. XVI.). On a par ce moyen une transformée dont le premier terme est intégrable par notre regle fondamentale. Le second terme est le même qu'étoit la quantité avant la transformation, à l'exception qu'il a un coefficient différent, & que l'exposant de la changeante hors du signe est augmenté ou diminué en proportion arithmétique. On fait sur ce second terme la même opération que sur le premier, ainsi de suite.

LXX.

Détaillons cette méthode en l'appliquant à notre formule $(A)\ gx^m dx\ (a+bx^n)^p$. Appliquée à la formule $gx^m dx\ (a+bx^n)^p$.

1°. Elle devient par la premiere opération $(B)\ gx^{m+q} dx \left\{ax^{-\frac{q}{p}} + bx^{n-\frac{q}{p}}\right\}^p$, & suppofant $m+q+1=n-\frac{q}{p}$, on en tire $q=\frac{np-mp-p}{p+1}$. Je fubftitue cette valeur de q à fa place dans (B), on trouve $(A)=(C)\ gx^{\frac{m+np-p}{p+1}} dx.\left\{ax^{\frac{m-n+1}{p+1}} + bx^{\frac{m+np+1}{p+1}}\right\}^p$.

2°. Je fuppofe z égale à la grandeur fous le figne, c'eft-à-dire $(D)\ z=ax^{\frac{m-n+1}{p+1}} + bx^{\frac{m+np+1}{p+1}}$: ce qui donne $(E)\ z=x^{\frac{m-n+1}{p+1}} \times (a+bx^n)$. Donc on a $(F)\ z^{p+1} = x^{m-n+1} \times (a+bx^n)^{p+1}$, & $(*)\ z^p=\left\{ax^{\frac{m-n+1}{p+1}} + bx^{\frac{m+np+1}{p+1}}\right\}^p$. Différentiant (D) j'ai $(G)\ dz = \left\{\frac{m-n+1}{p+1}\right\} ax^{\frac{m-n-p}{p+1}} dx + \left\{\frac{m+np+1}{p+1}\right\} bx^{\frac{m+np-p}{p+1}} dx$. Et par conféquent $(H)\ x^{\frac{m+np-p}{p+1}} dx = (I) \left\{\frac{p+1}{m+np+1}\right\} \frac{1}{b} dz - \left\{\frac{m-n+1}{m+np+1}\right\} \frac{a}{b} x^{\frac{m-n-p}{p+1}} dx$.

3°. Je fubftitue dans le fecond membre de l'équation $A=C$, la valeur (I) de (H), & on a $A=(L) \left\{\frac{p+1}{m+np+1}\right\} \frac{g}{b} dz \times \left\{ax^{\frac{m-n+1}{p+1}} + bx^{\frac{m+np+1}{p+1}}\right\}^p - \left\{\frac{m-n+1}{m+np+1}\right\} \frac{ag}{b} x^{\frac{m-n-p}{p+1}} dx \times \left\{ax^{\frac{m-n+1}{p+1}} + bx^{\frac{m+np+1}{p+1}}\right\}^p$. Ou fubftituant encore dans le premier terme de (L) au lieu de

$\left\{ax^{\frac{m-n+1}{p+1}} + bx^{\frac{m+np+1}{p+1}}\right\}^p$ sa valeur z^p prise de (Φ), on aura $(A) = (M) \left\{\frac{p+1}{m+np+1}\right\} \frac{g}{b} z^p dz - (N) \left\{\frac{m-n+1}{m+np+1}\right\} \frac{ag}{b} x^{\frac{m-n-p}{p+1}} dx \times \left\{ax^{\frac{m-n+1}{p+1}} + bx^{\frac{m+np+1}{p+1}}\right\}^p = (M) \left\{\frac{p+1}{m+np+1}\right\} \frac{g}{b} z^p dz - (P) \left\{\frac{m-n+1}{m+np+1}\right\} \frac{ag}{b} x^{m-n} dx (a+bx^n)^p$.

4°. Je cherche l'intégrale de cette équation. Or je vois bien-tôt que la regle fondamentale me donne celle de la partie (M), je la prends & je trouve $\int (A)\, gx^m dx (a+bx^n)^p = (Q) \frac{1}{m+np+1} \times \frac{g}{b} z^{p+1} - (R) \left\{\frac{m-n+1}{m+np+1}\right\} \frac{ag}{b} \times \int x^{m-n} dx\, (a+bx^n)^p$. Je substitue dans (Q) la valeur de z^{p+1} prise de (F), & j'ai $\int (A)\, gx^m dx (a+bx^n)^p = (T) \frac{1}{m+np+1} \times \frac{1}{b} \times gx^{m-n+1} (a+bx^n)^{p+1} - (R) \left\{\frac{m-n+1}{m+np+1}\right\} \frac{a}{b} \int gx^{m-n} dx (a+bx^n)^p$.

LXXI.

Voilà le premier terme de l'intégrale qu'on cherche. L'on trouvera tous les suivans à l'infini par de simples substitutions. Le second, par exemple, se trouve en mettant dans (T), & dans (R), à la place de m, $m-n$, & multipliant par le coefficient de (R), ce que donne cette substitution. Ce second terme sera $(V) - \left\{\frac{m-n+1}{m+np+1}\right\} \times \frac{1}{m+np+1-n} \times \frac{a}{bb} gx^{m+1-2n} (a+bx^n)^{p+1} - (X) \left\{\frac{m-n+1}{m+np+1}\right\} \times \left\{\frac{m+1-2n}{m+np+1-n}\right\} \frac{aa}{bb} \int gx^{m-2n} dx \times (a+bx^n)^p$.

La raiſon de cette opération eſt évidente. Car nous venons de trouver l'intégrale de $(A)\ g x^m\, dx \times (a+bx^n)^p$; nous cherchons maintenant celle de $(R) - \left\{\frac{m-n+1}{m+np+1}\right\} \times \frac{a}{b} \times g x^{m-n}\, dx \times (a+bx^n)^p$. En quoi différent ces deux différentielles? Si nous les comparons enſemble, nous trouvons $-\left\{\frac{m-n+1}{m+np+1}\right\} \times \frac{a}{b} = 1$, $m-n = m$; donc pour avoir l'intégrale de R, il faudra ſubſtituer dans celle de A, $m-n$ à m; & multiplier chaque terme par $-\left\{\frac{m-n+1}{m+np+1}\right\} \times \frac{a}{b}$.

LXXII.

Le troiſieme terme ſe trouve par la même raiſon, en mettant dans T & dans R, $m-2n$ au lieu de m, & multipliant ce qui en vient par le coefficient de X.

De la même maniere on aura le quatrieme terme, & tant d'autres qu'on voudra de la ſuite qui eſt l'intégrale cherchée. Ils ſont chacun multipliés par $g(a+bx^n)^{p+1}$; ainſi il ſuffit d'écrire ce commun multiplicateur une ſeule fois au commencement de la ſuite.

LXXIII.

REMARQUE 1. On peut abréger l'expreſſion de cette intégrale. Pour cela, il faut 1°. diviſer le numérateur & le dénominateur du premier terme, chacun par n; ceux du ſecond terme par n^2; ceux du troiſieme par n^3, & ainſi de ſuite. Cette opération donne après la réduction $\int (A)$ *Moyen d'abréger l'expreſſion de l'intégrale de la formule.*

$$= \frac{g}{n}(a+bx^n)^{p+1} \times \left(\left\{ \frac{\frac{1}{m+np+1}}{n} \right\} \frac{1}{b} x^{m-n+1} \right.$$

$$\left. - \left\{ \frac{\frac{m+1-n}{n}}{\frac{(m+np+1)(m+np+1-n)}{nn}} \right\} \frac{a}{bb} x^{m-2n+1} + \&c. \right).$$

2°. Je suppose . . . . $\frac{m+1}{n} = r.$

ce qui donne . . . . $m+1 = rn.$

$\frac{m+1-n}{n} = r-1.$

$m+1-n = rn-n.$

$m+1-2n = rn-2n.$

Je suppose encore . . . . $\left. \begin{array}{r} r+p \\ \text{ou } \frac{m+np+1}{n} \end{array} \right\} = s.$

ce qui donne . . . . . . $\frac{m+np+1-n}{n} = s-1.$

& . . . . $\frac{m+np+1-2n}{n} = s-2.$

3°. Je substitue r, $r-1$, $r-2$, &c. s, $s-1$, $s-2$, &c. à la place de leurs valeurs dans la derniere expression de l'intégrale, & on aura la formule suivante.

Premiere formule (↓) de l'intégrale des différentielles binomes qu'on peut ramener à $gx^m dx (a+bx^n)^p$.

$$\int g x^m dx (a+bx^n)^p = \frac{g}{n}(a+bx^n)^{p+1} \times \left(\frac{1}{s \times b} x^{rn-n} - \left\{ \frac{r-1}{s(s-1)} \right\} \frac{a}{bb} x^{rn-2n} + \left\{ \frac{(r-1)(r-2)}{s(s-1)(s-2)} \right\} \frac{aa}{b^3} x^{rn-3n} - \&c. \right),$$

ou bien en mettant pour $rn-n$, $rn-2n$, & leurs valeurs $\int(A) = \frac{g}{n}(a+bx^n)^{p+1}$

$$\times \left(\frac{1}{s \times b} x^{m+1-n} - \left\{ \frac{r-1}{s(s-1)} \right\} \frac{a}{bb} x^{m+1-2n} + \left\{ \frac{(r-1).(r-2)}{s(s-1)(s-2)} \right\} \frac{aa}{b^3} x^{m+1-3n} - \&c. \right).$$

LXXIV.

LXXIV.

REMARQUE 2. Quand le ſecond terme bx^n du binome $\overline{a+bx^n}^p$ eſt négatif, il faut changer dans la formule les ſignes des termes dans leſquels b a une dimenſion impaire.

LXXV.

On peut avoir par la même méthode une formule d'intégrale de $gx^m dx\,(a+bx^n)^p$, où les puiſſances de la changeante x qui en diſtinguent les termes ayent pour expoſans la progreſſion arithmétique $m+1$, $m+1+n$, $m+1+2n$, au lieu que ces expoſans ſont dans la formule précédente $m+1-n$, $m+1-2n$; $m+1-3n$, &c. L'opération eſt abſolument la même, que celle que nous avons déja faite, excepté qu'il faut ſuppoſer $m+q+1 = -\frac{q}{p}$, & non pas $= n - \frac{q}{p}$; ce qui donnera $q = -\frac{mp-p}{p+1}$. Après les ſubſtitutions & transformations on aura $\int gx^m dx\,(a+bx^n)^p = (\gamma) \left\{\frac{1}{m+1}\right\} \times \frac{g}{a} \times x^{m+1} \times (a+bx^n)^{p+1} - \left\{\frac{m+1+np+n}{m+1}\right\} \frac{bg}{a} \int x^{m+n} dx \times (a+bx^n)^p$; on trouvera le ſecond, troiſieme, quatrieme, &c. terme de l'intégrale comme ci-deſſus (Art. LXXI.). L'intégrale eſt $g\,(a+bx^n)^{p+1} \times \left(\left\{\frac{1}{m+1}\right\} \frac{1}{a} x^{m+1} - \left\{\frac{m+1+np+n}{(m+1).(m+1+n)}\right\} \frac{b}{aa} x^{m+1+n} + \left\{\frac{(m+1+np+n).(m+1+np+2n)}{(m+1).(m+1+n).(m+1+2n)}\right\} \frac{bb}{a^3} \times x^{m+1+2n} - \&c.\right)$.

LXXVI.

On abrégera l'expreſſion de cette formule par le même moyen qui a ſervi pour la précédente. On diviſera le numérateur & le dénominateur du premier coefficient chacun par $-n$, ceux du ſecond par $-n \times -n$, ceux du troiſieme par $-n^3$, & ainſi de ſuite. Après on fera paſſer au dénominateur du multiplicateur commun une $-n$ du diviſeur de chaque terme des coefficiens. Enfin on ſuppoſera . . . . $\frac{m+1}{-n} = s$

$$\frac{m+1}{-n} - p = s - p = r$$

d'où l'on tire . . . . $\frac{m+1+n}{-n} = s - 1$,

$$\frac{m+1+2n}{-n} = s - 2, \text{ \&c.}$$

& encore . . . . $\frac{m+1+np}{-n} = r$

$$\frac{m+1+np+n}{-n} = r - 1$$

$$\frac{m+1+np+2n}{-n} = r - 2, \text{ \&c.}$$

Mettant ces valeurs à leurs places dans les coefficiens de l'intégrale, on aura cette ſeconde formule.

Seconde formule (ω) de l'intégrale de $\frac{g x^m dx}{(a+bx^n)^p}$.

$$\int g x^m dx\, (a+bx^n)^p = (\omega)\ \frac{g}{-n}\,(a+bx^n)^{p+1} \times \left(\frac{1}{as}\,x^{m+1} - \left\{\frac{r-1}{s.(s-1)}\right\}\frac{b}{aa}\,x^{m+1+n} + \left\{\frac{(r-1).(r-2)}{s.(s-1).(s-2)}\right\}\frac{bb}{a^3}\,x^{m+1+2n} - \text{\&c.}\right).$$

LXXVII.

Remarque 3. Si la différentielle binome étoit $x^m dx (ax^n + bx^{2n})^p$, il seroit aisé d'en trouver l'intégrale par notre méthode. Il suffiroit de préparer la différentielle, de maniere que la changeante x ne se trouvât qu'au second terme : c'est ce qu'on feroit par le moyen de la regle donnée, Article LX.

LXXVIII.

Remarque 4. La même méthode nous donneroit aussi deux formules d'intégration pour la seconde forme de la formule des binomes, $gx^{m+np} dx (b+ax^{-n})^p$; mais il est inutile de s'y arrêter, les deux que nous venons de trouver étant suffisantes.

La seconde forme $gx^{m+np} dx$ $(b+ax^{-n})^p$ de la formule des binomes donne aussi deux formules d'intégration.

═══════════════════════

CHAPITRE VI.

Observations sur les deux formules d'intégration (+)
& (ω) de la premiere partie de la méthode
des binomes.

LXXIX.

Dans nos deux formules, lorsque r, ou $\frac{m+1}{n}$ dans la premiere, & $\frac{m+1-p}{-n}$ dans la seconde, est un nombre entier positif, il est évident que la suite sera finie & exacte,

Cas dans lequel r est un nombre entier positif. N'a point de difficulté.

puiſque $r-1$, $r-2$, &c. étant coefficiens des termes de la ſuite, & r un nombre entier poſitif, un des coefficiens & tous les ſuivans ſeront $=0$. Donc la ſuite aura autant de termes, qu'il y aura d'unités dans le nombre entier r.

Cas plus difficile, quand s eſt un nombre entier poſitif.

Mais ſi s eſt un nombre entier poſitif, alors le cas eſt plus difficile : nous allons le développer.

Expliqué d'abord pour la premiere formule (♆).

Commençons par la premiere formule (♆).

LXXX.

1°. Lorſque s étant un nombre entier poſitif, r n'en eſt pas un.

1°. Il peut arriver que r ne ſoit pas un nombre entier poſitif, & que s en ſoit un; car ſoit, par exemple, $m=2$; $n=5$; $p=\frac{2}{5}$ ou $\frac{2}{5}+1$, ou $\frac{2}{5}+2$, ou &c. on a $s \left\{\frac{m+1}{n}+p\right\} = \frac{3}{5}+\frac{2}{5}$, ou $\frac{3}{5}+\frac{2}{5}+1$, ou $\frac{3}{5}+\frac{2}{5}+2$, &c. $=$ à un nombre entier poſitif, & en général ſi $p = \frac{n-m-1}{n}+q$, en prenant q pour un nombre entier poſitif, on aura $s\left\{\frac{m+1}{n}+p\right\} = q+1$.

Comme les termes dont le dénominateur eſt égal à zéro ſont infinis, on pourroit croire que dans ce cas l'intégrale eſt infinie : mais il y a une infinité de cas où cela n'eſt point, l'intégrale dépendant de la quadrature d'une courbe, dans laquelle tant que x eſt finie, l'aire de la courbe l'eſt auſſi. Car ſoit comme dans l'exemple précédent, $m=2$, $n=5$, $p=\frac{2}{5}$, on a $gx^m dx.(a+bx^n)^p = gx^2 dx.(a+bx^5)^{\frac{2}{5}}$, dont l'intégrale dépend de la quadrature d'une courbe dans laquelle (Art. XLVII.) l'abſciſſe étant x

l'ordonnée est $gx^2 . \overline{a+bx^5}^{\frac{2}{5}}$. Or il est visible que lorsque $x=0$, cette ordonnée est $=0$, & qu'elle n'est infinie que lorsque x elle-même est infinie. Donc tant que x est finie, l'aire de la courbe exprimée par $\int gx^2 dx \overline{a+bx^5}^{\frac{2}{5}}$ est aussi finie.

LXXXI.

Dans ce cas la premiere formule (✠) ne peut servir.

La formule ou serie (✠) ne pouvant donc servir dans ce cas, il faut avoir recours à la serie (W) ou formule $hx^k dx\,(e+cx^q)^\alpha$ de l'Art. XI. en faisant

$$\begin{aligned} g &= h \\ m &= k \\ a &= e \\ b &= c \\ n &= q \\ \alpha &= p \end{aligned}$$

& si dans cette serie le dénominateur de quelqu'un des termes devient $=0$, c'est-à-dire (Schol. art. XII.) si $\frac{k+1}{-q}$, ou sa valeur $\frac{m+1}{-n}$, est un nombre entier positif, on pourra trouver l'intégrale finie & exacte de la différentielle proposée. Car puisque dans notre formule (✠) $\frac{m+1}{n}+p$ est (hypoth.) un nombre entier positif, & que $\frac{m+1}{-n}$ est aussi supposé un nombre entier positif, il faut nécessairement pour que ces deux suppositions s'accordent que $p=\alpha$ soit un entier positif. Or cela posé on a (Article XI.) l'intégrale finie & exacte de notre différentielle.

Mais alors la seule regle fondamentale donne l'intégrale.

LXXXII.

2°. Lorsque r & s sont tous deux entiers positifs.

2°. Si $r\left\{\frac{m+1}{n}\right\}$ & $s\left\{\frac{m+1}{n}+p\right\}$ sont tous deux des nombres entiers poſitifs, il eſt viſible que p ſera néceſſairement ou un nombre entier poſitif, ou un nombre entier négatif $< \frac{m+1}{n}$.

Premier cas $r < s$ n'a aucune difficulté.

Dans le premier cas r eſt $< s$, alors la formule ($\dagger$) ne fait aucune difficulté; car r étant un nombre entier poſitif plus petit que s, la ſerie qui donne l'intégrale ſe trouve finie & exacte, avant qu'on ſoit arrivé au terme dont le dénominateur ſeroit égal à zéro.

D'ailleurs on peut réſoudre ce cas ſimplement par l'Article XI. que nous venons de citer.

LXXXIII.

Second cas $r > s$ plus difficile.

Mais ſi p eſt un nombre entier négatif, alors $r > s$, & le dénominateur des termes de la formule ($\dagger$) devenant $= 0$, avant que l'intégrale ſoit finie & exacte, cette formule ne fait rien connoître.

Le cas préſent peut être repréſenté par $(a)\ \frac{gx^m dx}{\overline{a+bx^n}^p}$, où à cauſe que p eſt négatif, j'ai mis $\overline{a+bx^n}^p$ au dénominateur. Parce que $\frac{m+1}{n} = r$, on a $(a) = \frac{gx^{rn-1}dx}{(a+bx^n)^p} = \frac{gx^{rn-n+n-1}dx}{(a+bx^n)^p} = \frac{gx^{rn-n} \times x^{n-1}dx}{(a+bx^n)^p}$. Soit maintenant (Art. XVI.) $a+bx^n = z$, on aura $x^n = \frac{z-a}{b}$; $x^{n-1}dx = \frac{dz}{nb}$; $x^{rn-n} = \left\{\frac{z-a}{b}\right\}^{r-1}$; & enfin $\frac{gx^{rn-n} \times x^{n-1}dx}{(a+bx^n)^p} = \frac{gdz}{nbz^p} \times \left\{\frac{z-a}{b}\right\}^{r-1} = \frac{g}{nb^r} \times \frac{\overline{z-a}^{r-1}dz}{z^p}$. Or comme

r est (hyp.) un nombre entier positif, $r - 1$ en sera un; par conséquent pour avoir l'intégrale de $\frac{\overline{z-a}^{r-1} dz}{z^p}$, il ne faut qu'élever $z - a$ à la puissance $r - 1$, & multiplier chaque terme par $\frac{dz}{z^p}$ pour en prendre ensuite l'intégrale.

Or comme p (hyp.) est $< r$, il s'ensuit que p ne sauroit être que tout au plus $= r - 1$; & comme la puissance $r - 1$ de $z - a$ doit contenir toutes les puissances de z depuis z^{r-1} jusqu'à z^0 inclusivement, il s'ensuit qu'il y aura quelqu'un de ces termes dont la multiplication par $\frac{dz}{z^p}$ réduira la différentielle à $\frac{dz}{z}$ que nous avons démontré dépendre de la quadrature de l'hyperbole.

L'intégrale de quelqu'un des termes dépendra de la quadrature de l'hyperbole.

LXXXIV.

Cas de s = un nombre entier positif, expliqué pour la seconde formule (ω) de l'intégrale des binomes.

Je passe à la seconde formule (ω).

Dans cette formule si $s \left\{\frac{m+1}{-n}\right\}$ est égale à un nombre entier positif, elle a le même inconvénient que nous venons de remarquer dans la serie (ψ) pour un cas semblable (Art. LXXX.). Dans ce cas au lieu de faire usage de cette formule (ω), on peut employer la serie (W) en se servant des remarques que nous avons faites sur cette serie (Article XII. & suiv.).

Ce qu'il faut faire alors.

On pourra aussi se servir de la formule (ψ) qui ne fera aucune difficulté, à moins que $\frac{m+1}{n} + p$ ne soit un nombre entier positif; mais en ce cas on remarquera que puisque (hyp.) $\frac{m+1}{-n}$ est un nombre entier positif, & que

1°. s étant un nombre entier positif, & r ne l'étant pas.

$\frac{m+1}{n}+p$ en eſt auſſi un, il faut que p ſoit entier poſitif, & alors il n'y a plus de difficulté pour trouver l'intégrale.

LXXXV.

2°. r & s étant tous deux entiers poſitifs.

Si dans cette même formule r & s ſont tous deux des nombres entiers poſitifs & que $r<s$, alors on peut fort bien ſe ſervir de la formule (ω). D'ailleurs p eſt alors un nombre entier poſitif, & l'intégrale par conſéquent ſe trouve aiſément ſans le ſecours de la formule. La preuve en eſt la même que pour le cas ſemblable de la formule (ψ) (Art. LXXXII.).

Mais ſi $s\left\{\frac{m+1}{-n}\right\}$ eſt $<r\left\{\frac{m+1}{-n}-p\right\}$, ce qui rend $p=$ à un nombre entier négatif, alors la formule (ω) ne fait rien connoître, & il faut avoir recours à une autre méthode pour trouver l'intégrale.

LXXXVI.

Puiſque $\frac{m+1}{-n}=s$ que je ſuppoſe être un nombre entier poſitif, & que p eſt (hyp.) un nombre entier négatif, il s'enſuit que la différentielle, $x^m dx.(a+bx^n)^p$ peut être repréſentée par $\frac{x^{-sn-1}dx}{(a+bx^n)^p}$. Or ſuppoſons (Art. XLIII.) $x^n=\frac{1}{u}$, on a $x^{-sn-1}dx=-\frac{u^{s-1}du}{n}$; & $\frac{x^{-sn-1}dx}{(a+bx^n)^p}$ $=-\frac{u^{s-1}du}{n}\times\frac{u^p}{(au+b)^p}=-\frac{u^{p+s-1}du}{n.(b+au)^p}$: comme p & s ſont des nombres entiers poſitifs, il eſt aiſé d'avoir l'intégrale en cette ſorte.

Soit

Soit $b + au = z$, on a $u = \frac{z-b}{a}$, & $-\frac{u^{p+s-1}du}{n.(b+au)^p}$ $= -\frac{\frac{1}{n}\left\{\frac{z-b}{a}\right\}^{p+s-1}\frac{dz}{a}}{z^p} = -\frac{\frac{1}{n}.(z-b)^{p+s-1}dz}{a^{p+s}z^p}$, différentielle dont l'intégrale eſt facile, parce que $p+s-1$ eſt un nombre entier poſitif ; & il eſt aiſé de prouver qu'il y aura quelques termes de cette intégrale qui dépendront de la quadrature de l'hyperbole.

CHAPITRE VII.

Seconde partie de la Méthode des différentielles binomes compriſes dans la formule $gx^m dx.(a+bx^n)^p$.

LXXXVII.

CEtte ſeconde partie renferme les différentielles dont l'intégrale ſuppoſe la quadrature ou la rectification d'une courbe.

Contient les différentielles qui s'intégrent en ſuppoſant la quadrature ou la rectification d'une courbe.

De la formation des deux formules précédentes, on peut en déduire deux autres pour trouver les intégrales finies des différentielles binomes que la premiere partie de la méthode ne donne point. Pour cela on ſuppoſe données les intégrales de quelques différentielles binomes, lorſqu'on n'en peut avoir d'exactes par les formules qui précédent.

Elle donne auſſi deux formules d'intégration.

Ces deux formules ſont aiſées à trouver par notre premiere transformation. On ſuppoſera pour abreger $u = g \times (a + bx^n)^{p+1}$, & on écrira dans chacune des formules (ψ) & (ω) de la premiere partie, non-ſeulement les termes qui ſont chacun une intégrale, mais on écrira auſſi en parentheſe pour les diſtinguer, chacun dans leur rang, les autres termes qui ont fait découvrir les précédens, & qui ne ſont marqués que par $\int$ qui veut dire ſomme. Ces termes affectés du ſigne $\int$ étant ſuppoſés donnés, l'intégrale ſera exacte.

LXXXVIII.

Ce procédé nous donne les deux formules ſuivantes.

Premiere formule (Δ) de la ſeconde partie de la Méthode.

Répondante à la formule (ψ) de la premiere partie de cette méthode.

Premier terme de l'intégrale.

$$\int g x^m dx.(a+bx^n)^p = (\Delta) \left\{\frac{1}{m+1+np}\right\} . \frac{1}{b} u x^{m+1-n}$$

A

$$\left(- \left\{\frac{m+1-n}{m+1+np}\right\} . \frac{a}{b} \int g x^{m-n} dx . (a+bx^n)^p \right) -$$

Second terme de l'intégrale.

$$\left\{\frac{m+1-n}{m+1+np}\right\} . \left\{\frac{1}{m+1+np-n}\right\} . \frac{a}{bb} u x^{m+1-2n}$$

B

$$\left(+ \left\{\frac{m+1-n}{m+1+np}\right\} . \left\{\frac{m+1-2n}{m+1+np-n}\right\} . \frac{aa}{bb} \int g x^{m-2n} dx \times \right.$$

Troiſieme terme de l'intégrale.

$$\left. (a+bx^n)^p \right) + \left\{\frac{(m+1-n).(m+1-2n)\times 1}{(m+1+np).(m+1+np-r).(m+1+np-2n)}\right\}$$

$$\frac{a^2}{b^3} u x^{m+1-3n} \left(- \left\{\frac{(m+1-n).(m+1-2n)}{(m+1+np).(m+1+np-n)}\right\} \right.$$

C

$$\left\{\frac{m+1-3n}{m+1+np-2n}\right\}\cdot\frac{a^3}{b^3}\int g x^{m-3n} dx \,.\, (a+bx^n)^p - \&c.$$

Seconde formule (x) de la seconde partie de la Méthode.

Premier terme de l'intégrale.

$$\int g x^m dx \,.\, (a+bx^n)^p = (x)\ \frac{1}{m+1}\cdot\frac{1}{a}\ u x^{m+1}$$

Répondante à la formule (ν) de la premiere partie.

a

$$\left\{-\frac{(m+1+np+n)}{m+1}\times\frac{b}{a}\int g x^{m+n} dx\,.\,\overline{a+bx^n}^p\right\} -$$

Second terme de l'intégrale.

$$\frac{(m+1+np+n)\times 1}{(m+1)\,.\,(m+1+n)}\times\frac{b}{aa}\ u x^{m+1+n}\ \{+$$

b

$$\frac{(m+1+np+n)\,.\,(m+1+np+2n)}{(m+1)\,.\,(m+1+n)}\times\frac{bb}{aa}\times\int g x^{m+2n} dx\,.$$

Troisieme terme de l'intégrale.

$$\overline{a+bx^n}^p\} + \frac{(m+1+np+n)\,.\,(m+1+np+2n)\times 1}{(m+1)\,.\,(m+1+n)\,.\,(m+1+2n}\times$$

$$\frac{b^2}{a^3}\times u x^{m+1+2n}\ \left\{-\frac{(m+1+np+n)\,.\,(m+1+np+2n)}{(m+1)\,.\,(m+1+n)}\right.$$

c

$$\left.\times\frac{(m+1+np+3n)}{m+1+2n}\times\frac{b^3}{a^3}\int g x^{m+3n} dx\times\overline{a+bx^n}^p\right\} - \&c.$$

On peut continuer ces deux formules tant qu'on voudra, les termes qu'on voit ici suffisent pour cela. On peut aussi abréger les coefficiens, en donnant à r & à s les mêmes valeurs que dans les deux formules de la premiere partie. Nous les avons laissés ici tels que la seconde partie de notre méthode les donne immédiatement, afin que les commençans vissent clairement la formation de ces deux formules.

Avant de faire voir l'usage de ces formules, il est nécessaire de donner quelques notions préparatoires.

Notions préparatoires à l'application des formules de la seconde partie de la Méthode.

LXXXIX.

On regarde une différentielle comme l'élément de la quadrature ou de la rectification d'une courbe.

Nous avons déja fait voir qu'une différentielle qui n'a qu'une changeante pouvoit être regardée comme l'élément de la quadrature d'une courbe ; c'est pour cela que dans le cas des deux dernieres formules on dit que l'intégrale dépend de la quadrature d'une courbe, & que cette quadrature étant supposée on a l'intégrale finie de la différentielle.

Et c'est d'ordinaire aux sections coniques qu'on les applique.

Comme le cercle & les sections coniques sont les plus simples des courbes, & qu'elles sont plus familieres, parce qu'on s'y est plus appliqué qu'aux autres, c'est d'ordinaire à leur quadrature ou à leur rectification, supposées connues, qu'on réduit les intégrales des différentielles qui ont pour intégrale quelques termes d'une intégrale exacte, & pour dernier terme l'expression de la quadrature ou de la rectification d'une courbe.

XC.

Les formules (Δ) & (X) indiquent les différentielles qui sont dans ce cas.

Les formules (Δ) & (X) font connoître quelles sont les différentielles qui sont dans ce cas, & font trouver les intégrales de ces différentielles. Pour le concevoir clairement, il faut avoir bien présens les élémens de la quadrature & de la rectification des sections coniques.

Nous allons donner ici une Table de ceux qui ſe rapportent à notre formule générale $gx^m dx . (a+bx^n)^p$, & la maniere de les trouver. Nous pourrions renvoyer à d'autres livres où elle eſt expliquée ; mais il ſera plus commode pour les lecteurs de l'avoir ici.

Méthode pour trouver les élémens des ſections coniques.

XCI.

PROBLEME I. Trouver les élémens de la rectification du cercle & des ſections coniques.

1°. Ceux de leur rectification.

SOLUTION. En nommant u l'arc de la courbe dont on cherche la longueur, du marquera chaque partie infiniment petite de cette courbe ; ſuppoſant de plus dans les courbes dont les ordonnées y ſont paralleles, qu'elles ſoient auſſi perpendiculaires aux coupées x, il eſt évident que chaque petit triangle dont du eſt l'hypothenuſe, dx & dy les côtés, eſt toujours rectangle ; par conſéquent on a pour la rectification du cercle & des ſections coniques cette formule générale :

$$du = \sqrt{dx^2 + dy^2}$$

Formule pour cette rectification.

XCII.

Lorſqu'on veut trouver la longueur d'une courbe ou d'une partie de cette courbe, il faut chercher par l'équation donnée de la courbe la valeur de dy^2 en x, dx, dx^2, ou la valeur de dx^2 en y, dy, dy^2 ; ſubſtituer l'une ou l'autre de ces valeurs dans la formule, & alors elle ſera changée en une quantité qui n'aura qu'une ſeule inconnue

Uſage de cette formule pour conſtruire une Table de ces élémens.

avec ses différences, & qui sera égale à du. Ce sera l'équation de la rectification de la courbe : si cette équation est intégrable, la courbe est rectifiable ; autrement elle ne l'est pas. Soit, par exemple, $xx - aa = \frac{aayy}{bb}$, équation aux diametres conjugués de l'hyperbole, on a $y = \sqrt{\frac{b^2x^2 - a^2b^2}{aa}}$, donc $dy = \frac{bxdx}{a\sqrt{(xx-aa)}}$; $dy^2 = \frac{bbxxdx^2}{a^2x^2 - a^4}$. Donc mettant dans la formule pour dy^2 cette valeur, on a $du = dx\sqrt{\left\{\frac{bbxx}{a^2x^2 - a^4} + 1\right\}}$. C'est l'équation pour la rectification de l'hyperbole. Il en est ainsi des autres.

Par cette regle on construit la Table suivante.

TABLE des élémens de la rectification du Cercle & de la Parabole.

1°. En supposant le rayon du cercle $= r$ & prenant l'origine des coordonnées x & y au centre du cercle, on a $y = \sqrt{rr - xx}$; donc $du = rdx \cdot (rr - xx)^{-\frac{1}{2}}$.

2°. En prenant l'origine des coordonnées au sommet, on a $y = \sqrt{2rx - xx}$; donc $du = rdx \cdot (2rx - xx)^{-\frac{1}{2}}$.

3°. Dans la Parabole on a, comme on le sait, $y = \sqrt{px}$; donc $du = \frac{x^{-1}dx}{2} \cdot (px + 4xx)^{\frac{1}{2}}$.

On trouve les autres par la même méthode ; mais comme nous l'avons déja remarqué, nous ne mettons ici que ceux qui se rapportent à la formule générale des binomes.

On pourroit joindre à cette Table les élémens des arcs de cercle par les Tangentes & par les Secantes que nous avons donnés dans l'Introduction, Articles XLI. & suivans.

XCIII.

PROBLEME 2. Trouver les élémens de la quadrature du cercle & des sections coniques.

2°. Ceux de leur quadrature.

SOLUTION. On doit rapporter à deux cas la connoissance de l'aire des courbes. Le premier comprend celles dont les ordonnées sont paralleles ; on les suppose perpendiculaires aux coupées, afin que les élémens de l'aire soient de petits rectangles. Le second cas renferme les courbes dont les ordonnées partent d'un même point, & leurs élémens sont de petits triangles, dont chacun est compris entre deux ordonnées infiniment proches, & a pour base une partie infiniment petite de la courbe.

Il faut distinguer deux cas.

Il y a des courbes qui peuvent appartenir aux deux cas, comme sont le cercle, l'ellipse & plusieurs autres semblables. Car en supposant dans un demi cercle & dans une demie ellipse les ordonnées infiniment proches perpendiculaires à l'axe, les élémens seront des rectangles ; & en concevant du centre dans le cercle & dans l'ellipse des rayons infiniment proches terminés à la courbe ; & encore dans l'ellipse concevant d'un des foyers des rayons tirés à l'ellipse, les élémens sont de petits secteurs. Cela posé.

Premier cas. En nommant les coupées AB, x, les ordonnées BC, y ; concevant une autre ordonnée bc infiniment proche de BC, la différence Bb (dx) de l'abscisse sera la largeur de $CBbc$ qui est l'élément de l'aire ACB ; l'ordonnée y sera la base de ce petit rectangle

1°. Courbes dont les ordonnées sont paralleles.

Figure 4.

Formule pour ce cas.

= par conſéquent ydx. Donc nommant l'aire entiere ACB, E, on aura $dE = ydx$. C'eſt la formule pour le premier cas.

2°. Courbes dont les ordonnées partent du même point.

Figure 5.

Second cas. Suppoſant que tous les rayons partent du même point B, les deux rayons BC, Bc étant tirés infiniment proches, formeront le petit triangle CBc qui eſt l'élément de l'aire de la courbe. Tirons du centre B avec le rayon BE un petit arc $Cd = dz$, qu'on pourra prendre pour une petite perpendiculaire menée du ſommet C ſur la baſe Bc (t) du petit triangle CBc, il eſt évident que $Cd \times \frac{1}{2} BC = \frac{1}{2} tdz$ ſera l'expreſſion du petit triangle CBc; nommant donc ϵ l'aire entiere, on a $d\epsilon = \frac{1}{2} tdz$ pour la formule du ſecond cas.

Formule pour ce ſecond cas.

Uſage de la premiere Formule $dE = ydx$.

Uſage des deux formules précédentes.

Par le moyen de l'équation de la courbe dont on cherche l'aire, il faut prendre la valeur de y en x, ou celle de x en y, ſubſtituer cette valeur dans la formule précédente, enſorte qu'elle ne contienne qu'une ſeule inconnue avec ſa différence. On aura alors l'élément de la courbe laquelle eſt quarrable, ſi la différentielle qui exprime cet élément eſt intégrable.

Uſage de la ſeconde Formule $d\epsilon = \frac{1}{2} tdz$.

Si on prend l'origine de x & de y, au point C; on aura BC ou $t = \sqrt{xx + yy}$; & $dz = \sqrt{du^2 - dt^2}$: or $du^2 =$ (Article XCI.) $dx^2 + dy^2$; donc $dz = \sqrt{dx^2 + dy^2 - dt^2}$. Donc mettant pour y ſa valeur en x, on on aura la valeur de t, en x, celle de dz en dx, & celle de $\frac{1}{2}tdz$, en x & en dx.

XCIV.

Par cette méthode on construit la Table suivante.

TABLE des élémens de l'aire du Cercle & des Sections coniques, qui se rapportent à la Formule $gx^m dx.(a+bx^n)^p$.

CERCLE.

Quand l'origine des co-ordonnées est au centre du cercle.

1°. D'un segment de cercle $dx(rr-xx)^{\frac{1}{2}}$.

2°. D'un secteur de cercle $\frac{rrdx}{2}.(rr-xx)^{-\frac{1}{2}}$.

Lorsque l'origine des coordonnées est au sommet de l'axe.

3°. D'un segment de cercle $dx.(2rx-xx)^{\frac{1}{2}}$.

4°. D'un secteur de cercle $\frac{rrdx}{2}.(2rx-xx)^{-\frac{1}{2}}$.

PARABOLE.

L'élément de l'aire de cette courbe est $dx.(px)^{\frac{1}{2}}$, dont on fait (Art. 11.) que l'intégrale est $\frac{2}{3}p^{\frac{1}{2}}x^{\frac{3}{2}}$. Donc la Parabole est quarrable.

ELLIPSE.

1°. D'un secteur d'Ellipse, les coordonnées ayant leur origine au sommet de l'axe.

$2a^{-\frac{1}{2}}dx.(2apx-pxx)^{\frac{1}{2}}$.

2°. D'un secteur d'Ellipse, les coordonnées ayant leur origine au centre de la courbe.

$\frac{1}{2}aapdx.(2a^3p-2apxx)^{-\frac{1}{2}}$.

HYPERBOLE.

Lorsque l'origine des coordonnées est au centre de la courbe.

1°. D'un segment d'hyperbole équilatere par rapport à son premier axe . . . . $dx.(xx-aa)^{\frac{1}{2}}$.

2°. De la même par rapport à son second axe. . . . . $dx.(xx+aa)^{\frac{1}{2}}$.

3°. D'un segment d'hyperbole non équilatere par rapport au premier axe. $2a^{-\frac{1}{2}}dx.(pxx-aap)^{\frac{1}{2}}$.

4°. De la même par rapport à son second axe. . . . . . . $2b^{-\frac{1}{2}}dx.(\pi xx+\pi bb)^{\frac{1}{2}}$.

5°. D'un secteur d'hyperbole équilatere pour le premier axe . . . . $\frac{1}{2}aadx.(xx-aa)^{-\frac{1}{2}}$.

6°. Par rapport au second axe. $\frac{1}{2}aadx.(aa+xx)^{-\frac{1}{2}}$.

7°. D'un secteur d'hyperbole non équilatere pour le premier axe . . $\frac{1}{2}aapdx.(2apxx-2a^3p)^{-\frac{1}{2}}$.

8°. Par rapport au second axe. . . . . $\frac{1}{2}bb\pi dx.(2b^3\pi+2b\pi xx)^{-\frac{1}{2}}$.

9°. D'un quadrilatere hyperbolique par rapport à l'asymptote . . . . $dx.(1\pm x)^{-1}$.

Lorsque les coordonnées ont leur origine au sommet.

10°. D'un segment hyperbolique. $dx.\left(\frac{apx+pxx}{a}\right)^{\frac{1}{2}}$.

11°. D'un secteur hyperbolique. $\frac{adx}{4}.(ax+4xx)^{-\frac{1}{2}}$

COROLLAIRE.

L'élément de la rectification de la parabole eſt, comme on l'a vu dans la Table précédente, $\frac{dx}{2x}\sqrt{px+4xx}$: multipliant haut & bas cette différentielle par $\sqrt{px+4xx}$, j'ai $\frac{pxdx+4xxdx}{2x\sqrt{(px+4xx)}} = \frac{\frac{pdx+2xdx}{2}}{\sqrt{(px+4xx)}}$, dont l'intégrale eſt $\frac{\sqrt{(px+4xx)}}{2} + \int \frac{pdx}{4\sqrt{(px+4xx)}}$. Or cette derniere différentielle dépend de la quadrature d'un ſecteur hyperbolique dans lequel les coordonnées ont leur origine au ſommet ; donc la rectification de la parabole & la quadrature de l'hyperbole ſont la même choſe.

XCV.

Obſervation ſur les Tables précédentes.

REMARQUE. On remarquera dans ces élémens pluſieurs ſortes de différentielles : les unes qui n'ont la changeante x qu'au ſecond terme du binome ſous le ſigne, ſont toutes réduites à la différentielle générale $gx^m dx \cdot (a+bx^n)^p$.

Les autres contiennent la changeante x, au premier terme de la grandeur ſous le ſigne, & ont beſoin de préparation pour être ramenées à l'expreſſion générale de notre formule. Nous avons appris (Article LXIV.) à faire cette préparation.

Toutes ces choſes entendues, nous allons faire voir l'uſage des formules (Δ) & (X) pour connoître les différentielles dont les intégrales deviennent finies en ſuppoſant les quadratures ou les rectifications des sections coniques, & pour trouver ces intégrales.

Application des Formules (Δ) & (χ) de la seconde partie de la Méthode.

XCVI.

1°. De la formule (Δ).

Premier exemple.

Pour avoir la différentielle la plus simple dont l'intégrale dépend de la rectification supposée d'un arc de cercle, marquée par (α) $\int r dx \times (rr - xx)^{-\frac{1}{2}}$, il faut supposer que dans la formule (Δ) (A) $\int g x^{m-n} dx . (a + bx^n)^p$ est (α) $\int r dx . (rr - xx)^{-\frac{1}{2}}$; mettre au lieu de g, a, b, n, p, leurs valeurs prises de (α), & ne laisser d'indéterminée que m, on aura (A) $= r x^{m-2} dx . (rr - xx)^{-\frac{1}{2}}$. $m - 2 = 0$ nous donnera $m = 2$. Il faut mettre à présent dans la différentielle générale $gx^m dx . (a + bx^n)^p$, les valeurs de toutes les lettres indéterminées, & on aura $\int r x^2 dx . (rr - xx)^{-\frac{1}{2}}$ pour la différentielle la plus simple que donne la formule (Δ) dont l'intégrale dépend de la rectification supposée $\int r x^0 dx . (rr - xx)^{-\frac{1}{2}}$.

Pour trouver à présent l'intégrale finie de la différentielle $r x^2 dx . (rr - xx)^{-\frac{1}{2}}$, il faut substituer dans le terme (1) & (A) de la formule (Δ) les valeurs des lettres indéterminées prises de $r x^2 dx . (rr - xx)^{-\frac{1}{2}}$: $g = r$, $m = 2$, $n = 2$, $a = rr$, $b = -1$, $p = -\frac{1}{2}$; on a donc $\int r x^2 dx . (rr - xx)^{-\frac{1}{2}} = -\frac{1}{2} r x^1 (rr - xx)^{\frac{1}{2}} +$

$\frac{1}{8} rr \int r dx . (rr - xx)^{-\frac{1}{2}}$. C'eſt l'intégrale de $rx^2 dx .$ $(rr - xx)^{-\frac{1}{2}}$.

XCVII.

Second exemple.

Pour avoir la différentielle plus compoſée d'un degré que la précédente, & dont l'intégrale finie dépend de la même rectification ſuppoſée d'un arc de circonférence, il faut ſuppoſer dans la formule (Δ) (B) $\int g x^{m-2n} dx .$ $(a + bx^n)^p = \int r x^0 dx . (rr - xx)^{-\frac{1}{2}}$; & faiſant les mêmes opérations que dans le précédent exemple, on trouvera que $m = 4$, & que la différentielle qui ſuit la plus ſimple, dont l'intégrale finie dépend de la même rectification, eſt $r x^4 dx . (rr - xx)^{-\frac{1}{2}}$; effaçant le terme (A) de la formule (Δ) & mettant dans les termes 1, 2, B les valeurs des lettres indéterminées priſes de $r x^4 dx (rr - xx)^{-\frac{1}{2}}$, on trouvera ſans peine que ſon intégrale finie eſt $-\frac{1}{4} r x^3 . (rr - xx)^{\frac{1}{2}} - \frac{3}{8} r^3 x^1 .$ $(rr - xx)^{\frac{1}{2}} + \frac{3}{8} r^4 \int r dx . (rr - xx)^{-\frac{1}{2}}$.

XCVIII.

Et en général, il eſt évident, 1°. que ſi on met dans $g x^m dx . (rr - xx)^{-\frac{1}{2}}$ ſucceſſivement 2, 4, 6 & les autres nombres pairs poſitifs à la place de m, on aura de ſuite toutes les différentielles que peut donner la formule (Δ), dont les intégrales finies dépendent de la rectification ſuppoſée donnée d'un arc de circonférence marqué par $\int r dx . (rr - xx)^{-\frac{1}{2}}$.

2°. Qu'on aura l'intégrale de chacune en prenant autant de termes d'intégrales de la formule ($\triangle$), que 2 se trouve de fois dans le nombre pair qu'on prend pour m, prenant de plus le terme qui les suit immédiatement & qui est marqué par l'une des lettres A, B, &c. avec son coefficient ; & enfin substituant dans tous ces termes les valeurs des indéterminées, prises dans $rx^m dx.(rr - xx)^{-\frac{1}{2}}$, où au lieu de m on aura mis le nombre pair donné.

Ce sera la même chose, quand $m = 0$.

XCIX.

2°. Application de la formule (X).

Si on vouloit, avec le Pere Reyneau, se servir de la seconde formule (x) de cette partie de la méthode, comme on a fait de la premiere ($\triangle$), on trouveroit en mettant successivement dans $rx^m dx.(rr - xx)^{-\frac{1}{2}}$, au lieu de m les nombres pairs négatifs -2, -4, -6, &c. toutes les différentielles que peut donner cette formule ($\triangle$) ; & on seroit porté à croire, comme le P. Reyneau l'a cru, que ces intégrales dépendroient de la rectification supposée donnée d'un arc de cercle exprimé par $\int rdx.(rr - xx)^{-\frac{1}{2}}$.

Défaut de la seconde partie de la méthode précédente.

Mais en suivant cette méthode sans restriction, on courroit risque de tomber dans l'erreur. Nous allons faire quelques réflexions qui apprendront à s'en garantir.

CHAPITRE VIII.

Examen des différentielles qui, suivant la seconde partie de la Méthode des Binomes, dépendent de la rectification, ou de la quadrature du Cercle.

C.

$x^m dx \cdot (rr - xx)^{-\frac{1}{2}}$, m étant un nombre pair négatif, est intégrable absolument.

LA Méthode précédente nous laisse croire que les différentielles représentées par $x^m dx \cdot (rr - xx)^{-\frac{1}{2}}$, m étant un nombre pair positif ou négatif, dépendent toutes de la rectification supposée donnée d'un arc de cercle. Cependant lorsque dans la quantité précédente m est un nombre pair négatif, ces différentielles ne dépendent point de la rectification du cercle, mais elles sont intégrables absolument.

Démonstration de cette proposition.

DÉM. Pour le prouver, soit $m = -2f$ (f est un nombre entier positif quelconque), on a $gx^m dx \cdot (rr - xx)^{-\frac{1}{2}} = \frac{g\,dx}{x^{2f}\sqrt{rr-xx}}$. Je fais suivant la transformation enseignée (Art. XLIII.) $x = \frac{rr}{u}$; j'aurai $dx = -\frac{rr\,du}{uu}$, $x^{2f} = \frac{r^{4f}}{u^{2f}}$, $\sqrt{rr - xx} = \sqrt{rr - \frac{r^4}{uu}} = \frac{r}{u}\sqrt{uu - rr}$; & par conséquent on a $\frac{g\,dx}{x^{2f}\sqrt{rr-xx}} = -\frac{grr}{uu}\,du \times \frac{u^{2f}}{r^{4f}} \left\{\frac{u}{r\sqrt{uu-rr}}\right\} = -\frac{gu^{2f-1}\,du}{r^{4f-1}\sqrt{uu-rr}}$, quantité qui est abſolument intégrable. Car en la rapportant à la formule (ψ), on a . . . . $m = 2f - 1$

$n = 2$

$p = -\frac{1}{2}$

donc $\frac{m+1}{n} = f$; or f eſt un nombre entier poſitif, donc (Art. LXXIX.) cette quantité eſt intégrable abſolument.

CI.

On peut encore s'en aſſurer autrement. Pour cela il n'y a qu'à ſe ſervir de notre premiere transformation. $\left\{ \frac{g}{r^{4f-1}} \right.$ étant des conſtantes, nous pouvons les laiſſer un inſtant pour rendre le calcul plus ſimple $\left. \right\}$. Afin de faire ſur $\frac{u^{2f-1}du}{\sqrt{uu-rr}}$ la premiere transformation, je la prépare ainſi: $\frac{u^{2f-1}du}{\sqrt{uu-rr}} = \frac{u^{2f-2+1}du}{\sqrt{uu-rr}} = \frac{u^{2f-2} \times udu}{\sqrt{uu-rr}}$ (on ſentira aiſément l'eſprit de cette préparation, en réfléchiſſant ſur les opérations que demande notre premiere transformation.) Soit à préſent $uu - rr = zz$, on a $uu = zz + rr$; $u^{2(f-1)} = (zz+rr)^{f-1}$, & $\sqrt{uu-rr} = z$. D'ailleurs $zdz = udu$: donc la transformée eſt $(zz+rr)^{f-1}dz$, qui eſt aiſément intégrable par la regle fondamentale (Art. XI.) en élevant $\overline{zz+rr}$ à la puiſſance $f-1$, & multipliant chaque terme par dz.

Autre maniere de s'en aſſurer.

CII.

Mais afin qu'il ne reſte aucune difficulté ſur cette propoſition, nous allons concilier une contradiction apparente

Contradiction apparente.

qui pourroit embarrasser les commençans dans la pratique de la méthode précédente.

En effet si on jette les yeux sur la formule (γ) de l'Art. LXXV. on trouve l'intégrale de $gx^m dx.(a+bx^n)^p$ exprimée en cette sorte.

$$\int gx^m dx.(a+bx^n)^p = \frac{1}{m+1}\times\frac{g}{a}x^{m+1}.(a+bx^n)^{p+1}$$
$$-\left\{\frac{m+1+np+n}{m+1}\right\}\frac{bg}{a}\int gx^{m+n}dx.(a+bx^n)^p - \&c.$$

Lorsque . . . . $a = rr$,

$b = -1$

$n = 2$

$p = -\frac{1}{2}$

& . . . . $m = -2f$

qui est le cas de notre différentielle $\frac{dx}{x^{2f}\sqrt{rr-xx}}$, cette intégrale devient celle-ci : $\int\frac{gdx}{x^{2f}\sqrt{rr-xx}} = \frac{1}{-2f+1}\times\frac{g}{rr}$
$x^{-2f+1}.(rr-xx)^{\frac{1}{2}} - \left\{\frac{-2f+2}{-2f+1}\right\} - \frac{g}{rr}\int\frac{gx^{-2f+2}dx}{\sqrt{rr-xx}}$.

Si $f=1$, ce qui rend $\frac{gdx}{x^{2f}\sqrt{rr-xx}} = \frac{gdx}{x^2\sqrt{rr-xx}}$, la quantité $\int\frac{gx^{-2f+2}dx}{\sqrt{rr-xx}}$ devient $\int\frac{gdx}{\sqrt{rr-xx}}$ qui, comme nous l'avons vu, dépend de la rectification du cercle. L'intégrale entiere de $\frac{gdx}{x^2\sqrt{rr-xx}}$ paroît donc dépendre de cette rectification, ce qui seroit contraire à ce que nous venons de dire.

CIII.

Maniere de lever cette contradiction.

Mais il faut observer qu'alors le coefficient $\frac{-2f+2}{-2f+1}$ qui multiplie

multiplie $\int \frac{g x^{-2f+2} dx}{\sqrt{rr-xx}}$ devient $= 0$, de façon que toute cette quantité s'évanouit : on a donc l'intégrale complete de $\frac{g\,dx}{x^2 \sqrt{rr-xx}}$ exprimée en cette sorte $\frac{-g}{rrx} \sqrt{rr-xx}$.

En effet, si on prend suivant les regles ordinaires la différentielle de $\frac{-g}{rrx} \sqrt{rr-xx}$, on trouvera que c'est précisément $\frac{g\,dx}{x^2 \sqrt{rr-xx}}$.

Ainsi cette quantité différentielle ne dépend point de la rectification du cercle, parce que les intégrales liées avec cette rectification, que l'intégrale de $\frac{g\,dx}{x^2 \sqrt{rr-xx}}$ paroît renfermer, sont multipliées par un coefficient qui est égal à zéro ; elles disparoissent par conséquent dans cette intégrale qui reste finie, exacte & indépendante de la rectification du cercle.

CIV.

Examen 1°. des quantités qui se rapportent à la quadrature du cercle exprimée par $\int dx \sqrt{rr-xx}$.

Si on se sert de la méthode précédente du P. Reyneau pour trouver les quantités différentielles qui se rapportent à la quadrature du cercle exprimée par $\int dx \sqrt{rr-xx}$, on trouvera sans peine que toutes les quantités $x^m dx \sqrt{rr-xx}$, & $\frac{dx \sqrt{rr-xx}}{x^m}$, dans lesquelles m est un nombre entier positif, se rapportent à cette quadrature. Examinons les cas dans lesquels cette méthode nous induiroit en erreur.

1°. Pour les quantités $x^m dx \sqrt{rr-xx}$, il n'y a aucune difficulté. Car on a $x^m dx \sqrt{rr-xx} = \frac{x^m dx (rr-xx)}{\sqrt{rr-xx}}$

$= \frac{rrx^m dx}{\sqrt{rr-xx}} - \frac{x^{m+2} dx}{\sqrt{rr-xx}}$ dont les deux parties dépendent de la rectification ou de la quadrature du cercle (Art. XCVIII.)

2°. A l'égard des quantités $\frac{dx\sqrt{rr-xx}}{x^m}$, on a $\frac{dx\sqrt{rr-xx}}{x^m}$ $= \frac{dx(rr-xx)}{x^m\sqrt{rr-xx}} = \frac{rrdx}{x^m\sqrt{rr-xx}} - \frac{dx}{x^{m-2}\sqrt{rr-xx}}$, dont la premiere partie est intégrable absolument, ainsi que nous l'avons prouvé (Art. C.) & la seconde partie l'est aussi, à moins que m ne soit $= 2$, auquel cas elle devient $\frac{-dx}{\sqrt{rr-xx}}$ qui dépend de la quadrature du cercle. D'où il suit que de toutes les quantités $\frac{dx\sqrt{rr-xx}}{x^m}$ il n'y a que la seule différentielle $x^{-2}dx\sqrt{rr-xx}$ dont l'intégration dépende de la quadrature du cercle; toutes les autres sont absolument intégrables.

C V.

2°. Des différentielles dépendantes de la quadrature du cercle exprimée par $\int\frac{dx}{\sqrt{ax-xx}}$.

Suivant la même méthode si on cherche les quantités dont l'intégration est liée avec la quadrature du cercle exprimée par $\int\frac{dx}{\sqrt{ax-xx}}$, on trouvera :

1°. Que les quantités $\frac{x^{f+\frac{1}{2}}dx}{\sqrt{a-x}}$ se rapportent à cette quadrature, si f est un nombre entier positif. En effet, si on prend $\frac{zz}{a} = x$, on aura après les substitutions & transformations ordinaires $\frac{x^{f+\frac{1}{2}}dx}{\sqrt{a-x}} = \frac{2.z^{2f+2}dz}{a^{f+1}\sqrt{a}} \times \frac{\sqrt{a}}{\sqrt{aa-zz}}$ $= \frac{2.z^{2f+2}dz}{a^{f+1}\sqrt{aa-zz}}$ qui dépend de la quadrature du cercle (Art. XCVIII.).

2°. On croiroit aussi à la premiere vue, que les différentielles $\frac{dx}{x^{f+\frac{1}{2}}\sqrt{a-x}}$ dépendent de cette quadrature.

Mais si on rapporte ces quantités avec la différentielle générale $gx^m dx \cdot (a+bx^n)^p$, on trouvera

$$n = 1$$
$$m = -f - \tfrac{1}{2}$$
$$p = -\tfrac{1}{2}$$

Donc .... $\frac{m+1}{-n} - p = \frac{f+\frac{1}{2}-1}{1} + \frac{1}{2} = f$.

Mais f est ici un nombre entier positif. Or par la formule (ω) quand $\frac{m+1}{-n} - p$ est égal à un nombre entier positif, la différentielle est absolument intégrable. Donc les quantités $\frac{dx}{x^{f+\frac{1}{2}}\sqrt{(a-x)}}$ paroissent en même temps intégrables & dépendantes de la quadrature du cercle.

Pour lever cette contradiction, soit $x = \frac{zz}{a}$, on a $\frac{dx}{x^{f+\frac{1}{2}}\sqrt{a-x}} = \frac{2zdz}{a} \times \frac{a^f\sqrt{a}}{z^{2f+1}} \times \frac{\sqrt{a}}{\sqrt{aa-zz}} = \frac{2a^f dz}{z^{2f}\sqrt{aa-zz}}$ quantité que nous venons de démontrer (Art. C.) être absolument intégrable. Solution d'une contradiction apparente.

CVI.

Il y a encore quelques différentielles qui se rapportent à la quadrature du cercle. Par exemple, $\frac{rrdx}{x\sqrt{xx-rr}}$ est l'élément d'un arc de cercle dont r est le rayon & x la secante.

3°. Des différentielles dont l'intégrale dépend de la quadrature du cercle exprimée par $\int\frac{rrdx}{x\sqrt{xx-rr}}$.

En suivant toujours la méthode du P. Reyneau on trouveroit que les quantités $\frac{x^m dx}{\sqrt{(xx-rr)}}$ & $\frac{dx}{x^m\sqrt{(xx-rr)}}$ dans lesquelles m est un nombre impair positif, se rapportent à la différentielle $\frac{rrdx}{x\sqrt{xx-rr}}$ & dépendent par conséquent de la quadrature du cercle.

1°. Les quantités $\frac{x^m dx}{\sqrt{(xx-rr)}}$, lorsque m est un nombre impair positif, sont absolument intégrables par la formule (ψ) de la premiere partie de la méthode ; puisque dans ce cas $\frac{m+1}{n}$ est égal à un nombre entier positif.

2°. Pour ce qui regarde les quantités $\frac{dx}{x^m\sqrt{(xx-rr)}}$, soit $x=\frac{rr}{z}$, on a $\frac{dx}{x^m\sqrt{xx-rr}}=\frac{-rrdz}{zz}\times\frac{z^m}{r^{2m}}\times\frac{z}{r\sqrt{rr-zz}}$ $=\frac{-z^{m-1}dz}{r^{2m-1}\sqrt{rr-zz}}$, différentielle qui dépend (Art. XCVII.) de la quadrature du cercle, à cause que $m-1$ est un nombre pair positif.

CVII.

4°. Enfin des différentielles dépendantes de la quadrature du cercle exprimée par $\int\frac{rrdx}{rr+xx}$.

On trouveroit enfin que les différentielles $\frac{x^m dx}{rr+xx}$, & $\frac{dx}{x^m\cdot(rr+xx)}$, dans lesquelles m est un nombre pair positif, se rapportent à la différentielle $\frac{rrdx}{rr+xx}$ que l'on peut voir (Probl. 2. Art. XCIII.) être l'élément d'un arc de cercle dont r est le rayon & x la tangente. Mais on peut encore s'assurer d'une autre maniere, que ces quantités dépendent de la quadrature du cercle.

1°. Pour réduire les quantités $\frac{x^m dx}{rr+xx}$ à la quadrature du cercle, je fais $rr+xx=zz$, & j'ai après les substitutions ordinaires $\frac{x^m dx}{rr+xx}=\frac{(zz-rr)^{\frac{m}{2}}zdz}{zz\sqrt{zz-rr}}$ qui dépend évidemment de la quadrature du cercle. Car soit, par exemple, $m = 2$, on a $\frac{(zz-rr)^{\frac{m}{2}} z\,dz}{z^2 \sqrt{zz-rr}} = \frac{z\,dz}{\sqrt{zz-rr}} - \frac{rr\,dz}{z\sqrt{zz-rr}}$ dont la premiere partie s'integre tout de suite par la regle fondamentale, son intégrale étant $\sqrt{zz-rr}$, & dont la seconde partie dépend de la quadrature du cercle, ainsi que nous venons de le voir dans l'article précédent.

2°. A l'égard des quantités $\frac{dx}{x^m \cdot (rr+xx)}$, si on fait $\frac{1}{x} = z$, après avoir pratiqué les différentes substitutions que donne cette transformation, on les changera en $\frac{-z^m\,dz}{rr(zz+rr)}$ qui dépend de la quadrature du cercle, comme on vient de le remarquer.

CVIII.

Reflexion importante sur l'usage qu'on doit faire de ce qui précede.

COROLLAIRE I. De tout ce que nous venons de dire dans les articles précédens, il s'ensuit qu'il ne faut employer la seconde partie de la méthode des binomes qu'avec précaution. Lorsque cette méthode donne quelques différentielles qui se rapportent à la quadrature ou à la rectification d'une courbe, pour s'assurer qu'elle n'induit point en erreur, il faut comparer la différentielle proposée avec les formules (ψ) & (ω) de la premiere partie de cette même méthode, & voir par le moyen des remarques que nous venons de faire, si son intégrale prise en suivant ces formules n'est pas finie & exacte. On remarquera aussi la grande facilité que donnent pour toutes ces opérations les transformations que nous avons détaillées dans le Chapitre second, par l'usage continuel que nous en avons fait dans celui-ci. Il eſt bon d'obſerver encore la maniere dont quelquefois nous préparons les quantités pour démêler plus aiſément ce qu'elles ſont, & les rendre plus ſuſceptibles du calcul.

C I X.

COROLLAIRE 2. Il n'eſt pas difficile d'appliquer la théorie précédente aux différentielles qui ſuppoſent la quadrature ou la rectification de l'hyperbole ou des autres ſections coniques. Nous verrons plus bas en parlant des différentielles logarithmiques & exponentielles, & des fractions rationelles, d'autres différentielles qui dépendent de la quadrature du cercle & de l'hyperbole. Nous traiterons auſſi ſéparément des différentielles qui ſe rapportent à la rectification de l'ellipſe & de l'hyperbole.

C X.

COROLLAIRE 3. La différentielle $\frac{x^{\theta}dx}{1 \pm x}$ dépend de $\frac{dx}{1 \pm x}$, θ étant un nombre entier poſitif ou négatif. Cette propoſition peut ſe prouver de la même maniere que les précédentes. Mais nous ne nous arrêterons pas à développer ici ce cas qui dépend de la quadrature de l'hyperbole. Nous le traiterons plus bas à l'article des fractions rationelles. Paſſons aux différentielles trinomes.

CHAPITRE IX.

Application de la Méthode des Binomes aux différentielles trinomes représentées par la formule $gx^m dx . (a + bx^n + cx^{2n})^p$ *ou* $gx^{m+2np} dx . (c + bx^{-n} + ax^{-2n})^p$.

CXI.

SOit d'abord pris la premiere forme de la formule dans laquelle les exposans de la changeante sous le signe sont positifs, on se conduira à peu près de la même façon que pour les binomes. On multipliera la partie hors du signe par x^q, & on divisera par la même quantité la partie sous le signe : cette opération donnera $gx^m dx . (a + bx^n + cx^{2n})^p = gx^{m+q} dx . (ax^{-\frac{q}{p}} + bx^{n-\frac{q}{p}} + cx^{2n-\frac{q}{p}})^p$. Ensuite l'on déterminera la valeur de q, en supposant $m + q = -\frac{q}{p} - 1$ & non pas $m + q = 2n - \frac{q}{p} - 1$, ni $m + q = n - \frac{q}{p} - 1$. Car ces deux dernieres suppositions pourroient former quelque embarras.

1°. Pour les différentielles qui s'integrent algébriquement.

Le procédé est à peu près le meme que pour les binomes.

Celle de $m + q = -\frac{q}{p} - 1$ donne $q = -\frac{mp - p}{p + 1}$, & substituant cette valeur de q dans l'équation précédente, elle devient $gx^m dx . (a + bx^n + cx^{2n})^p = gx^{\frac{m-p}{p+1}} dx . \left\{ax^{\frac{m+1}{p+1}} + bx^{\frac{m+np+n+1}{p+1}} + cx^{\frac{m+2np+2n+1}{p+1}}\right\}^p$.

A présent je suppose $z = a x^{\frac{m+1}{p+1}} + b x^{\frac{m+np+n+1}{p+1}} + c x^{\frac{m+2np+2n+1}{p+1}}$, je prends les valeurs de z^p, de dz, &c. je fais les mêmes substitutions que dans les binomes, & je trouve d'abord :

Premier terme de l'intégrale.

$$\int g x^m dx \,.\, (a + bx^n + cx^{2n})^p = \left\{\frac{1}{m+1}\right\} \times \frac{1}{a}.$$

$$g x^{m+1} \times (a + b x^n + c x^{2n})^{p+1} - \left\{\frac{m+1+np+n}{m+1}\right\}$$

$$\times \frac{b}{a} \int g \underset{A}{x^{m+n}} dx \times (a + b x^n + c x^{2n})^p -$$

$$\left\{\frac{m+1+2np+2n}{m+1}\right\} \times \frac{c}{a} \int g \underset{B}{x^{m+2n}} dx \times (a + bx^n + cx^{2n})^p.$$

Or dans cette expression j'ai déja le premier terme de la serie qui est la formule générale de l'intégrale des différentielles trinomes : j'ai de plus le moyen de trouver de suite tous les autres termes par de simples substitutions.

CXII.

Ainsi si je veux avoir le second terme, je substitue dans le premier terme $m+n$ à la place de m dans A & dans B & leurs coefficiens : il me vient par ces substitutions trois quantités que je multiplie par le coefficient de A. Cette opération me donne le second terme de l'intégrale.

Second terme de l'intégrale.

$$- \left\{\frac{(m+1+np+n) \times 1}{(m+1) \,.\, (m+1+n)}\right\} \frac{b}{aa} g x^{m+1+n} \times (a + b x^n +$$

$$c x^{2n})^{p+1} + \left\{\frac{(m+1+np+n) \,.\, (m+1+np+2n)}{(m+1) \,.\, (m+1+n)}\right\} \times \frac{bb}{aa}.$$

$\int g x$

$$\overset{C}{\int g x^{m+2n} dx \,.\, (a+bx^n+cx^{2n})^p} + \frac{(m+1+np+n)}{m+1} \,.$$

$$\left\{\frac{m+1+2np+3n}{m+1+n}\right\} \times \frac{bc}{aa} \overset{D}{\int g x^{m+3n} dx \,.\, (a+bx^n+cx^{2n})^p} \,.$$

CXIII.

Je passe au troisieme terme. Pour le trouver je n'en fais qu'un seul de B & de C, en réduisant le coefficient de B au dénominateur de C, ce qui donnera

$$-\left\{\frac{(m+1+2np+2n)\,.\,(m+1+n)}{(m+1)\,.\times(m+1+n)} \times \frac{ac}{aa} + \frac{(m+1+np+n)\,.\,(m+1+np+2n)}{(m+1)\,.\,(m+1+n)} \times \frac{bb}{aa}\right\} \times \overset{E}{\int g x^{m+2n}}$$

$dx \times (a+bx^n+cx^{2n})^p$. Je substitue maintenant dans le premier terme dans A & B, $m+2n$ à la place de m dans les exposans & les coefficiens : puis je multiplie les trois quantités que cette opération me donne par le coefficient de E; on aura en nommant pour abreger k le coefficient de E.

Troisieme terme de l'intégrale.

$$k\,.\left\{\frac{1}{m+1+2n}\right\} \frac{1}{a} \times g x^{m+1+2n} \times (a+bx^n+cx^{2n})^{p+1}$$

$$-k\,.\left\{\frac{m+1+np+3n}{m+1+2n}\right\} \times \frac{b}{a} \overset{F}{\int g x^{m+3n} dx \times (a+bx^n+} $$

$$\overset{}{cx^{2n})^p} - k\,.\left\{\frac{m+1+2np+4n}{m+1+2n}\right\} \times \frac{c}{a} \overset{G}{\int g x^{m+4n} dx \times}$$

$(a+bx^n+cx^{2n})^p$, & ainsi de suite pour le quatrieme, cinquieme, &c. termes de cette serie.

CXIV.

La même méthode nous donnera une formule pour la seconde forme de la formule des différentielles trinomes dans laquelle les exposans de *n* sont négatifs.

CXV.

2°. Pour les différentielles trinomes dépendantes de la quadrature ou de la rectification des sections coniques.

Nous avons vu comment on trouvoit les intégrales des différentielles binomes qui dépendent de la quadrature ou de la rectification des sections coniques ; on trouvera par la même méthode les intégrales des différentielles trinomes qui peuvent aussi s'y rapporter. Nous ne nous y arrêterons pas ici. Nous nous contenterons d'observer que de même que l'intégrale d'une différentielle binome se trouve en supposant celle d'une différentielle du même ordre, l'intégrale d'une trinome se trouvera en supposant celle de deux ; l'intégrale d'une quatrinome se trouvera en supposant celle de trois, & ainsi de suite.

CXVI.

On formeroit de même des formules pour les différentielles qui ont quatre, cinq, &c. tant de termes qu'on voudra avec les conditions précédentes. Les lecteurs sont à présent en état de les former eux-mêmes ; ils n'auront d'autre difficulté à essuyer que la longueur du calcul.

CHAPITRE X.

Regles du Calcul intégral des fractions rationelles.

CXVII.

AVant d'entrer dans la théorie du Calcul intégral des fractions rationelles, il faut se rappeller ce que nous avons trouvé (Introduction Art. XVIII.) que la différence du logarithme d'une quantité, est la différentielle de cette quantité, divisée par la quantité même : d'où il suit que *l'intégrale d'une différentielle logarithmique, est le logarithme de la quantité qui la divise.*

Regle générale pour trouver l'intégrale des différentielles logarithmiques.

Ainsi l'intégrale de $\frac{dx}{x}$ est $lx + P$; & si cette intégrale devient nulle, lorsque x est égale à une quantité constante, a par exemple, on aura $lx = la$, donc $P = -la$. Donc alors $\int \frac{dx}{x} = lx - la = l\frac{x}{a}$.

Application à des exemples.

En suivant la même regle on trouvera $\int \frac{-dx}{x} = - lx =$ (Art. IV.) $l\frac{1}{x}$ & $\int \frac{-dx}{1+x} = - l\,\overline{1+x} = l\frac{1}{1+x}$.

CXVIII.

En général toutes les fois que le numérateur d'une fraction est la différentielle même du dénominateur, ou multiple ou sous-multiple de cette différentielle, l'intégrale sera le logarithme du dénominateur ou un multiple ou un sous-multiple.

Ainsi l'intégrale de $\frac{\pm 2xdx}{aa \pm xx}$ est $l\,(aa \pm xx)$; celle de $\frac{\pm 3x^2dx}{a^3 \pm x^3}$ est $l\,(a^3 \pm x^3)$. De même $\int \frac{4xdx}{aa+xx} = 2\,l\,(aa+xx)$, c'est-à-dire $= l\,(aa+xx)^2$. $\int \frac{xdx}{aa+xx} = \frac{1}{2}\,l\,(aa+xx)$ ou $l\,(aa+xx)^{\frac{1}{2}}$. Enfin $\int \frac{\pm mx^{n-1}dx}{a^n \pm x^n} = \pm \frac{m}{n}\,l\,(a^n \pm x^n) = \pm\,l\,(a^n \pm x^n)^{\frac{m}{n}}$.

CXIX.

Addition de la constante pour completer l'intégrale.

AVERTISSEMENT. On doit se souvenir qu'en intégrant les différentielles logarithmiques, il faut quelquefois ajouter une constante à l'intégrale trouvée pour la rendre complette. Cette constante se déterminera par la méthode que nous avons donné (Chap. III.) pour les différentielles ordinaires.

CXX.

SCHOLIE. Il y a des cas dans lesquels l'intégrale des différentielles logarithmiques ne se présente pas aussi facilement que celle des précédentes : souvent même on a besoin d'art & de préparation pour reconnoître qu'une différentielle est logarithmique. Nous allons traiter de ces cas en donnant les méthodes par lesquelles on integre les fractions rationelles.

CXXI.

Définition des fractions rationelles.

On entend par fraction rationelle, celle dont le numérateur & le dénominateur sont des quantités sans radicaux. Telles sont, par exemple, celles-ci $\frac{xdx}{xx+2bx+aa}$; $\frac{bdx+cxdx}{ax^3+gx^2+hx+f}$.

CXXII.

Les plus ſimples des fractions rationelles ſont celles dont le dénominateur eſt x, enſuite celles dont le dénominateur eſt $x+a$: nous avons vu plus haut comment on les intégroit ; enfin celles dont le dénominateur eſt $xx+fx+g$: ſoit que les racines ſoient réelles ou imaginaires, ou en partie réelles & en partie imaginaires. Nous donnerons dans la ſuite des méthodes pour intégrer ces dernieres.

CXXIII.

La difficulté ſe réduit aux cas où la plus haute puiſſance du numérateur eſt moindre que celle du dénominateur : car lorſque l'expoſant eſt plus petit dans le dénominateur, on peut faire la diviſion juſqu'à ce qu'on ſoit arrivé à un reſte qui ſoit dans le premier cas.

En ſuppoſant cette diviſion faite, ſoit ce reſte repréſenté par $\frac{p}{q}dx$, M. Bernoulli a donné dans les Mémoires de l'Académie 1702, p. 289, une méthode pour intégrer ces fractions rationelles. Nous allons d'abord la rapporter telle que nous l'a donnée ce grand Géometre. Nous ajouterons enſuite ce qui eſt néceſſaire pour qu'elle ait la plus grande généralité poſſible.

Expoſition de la méthode de M. Bernoulli pour les intégrer.

CXXIV.

PROBLEME I. Intégrer les différentielles $\frac{p}{q}dx$ dans leſquelles p & q expriment des quantités rationelles compoſées comme on voudra d'une ſeule variable x & de conſtantes; ou du moins les réduire à la quadrature de l'hyperbole ou du cercle, l'un ou l'autre étant toujours poſſible.

SOLUTION. Soit p diviſé par q, juſqu'à ce qu'on ſoit arrivé à un reſte plus petit que q; cette opération réduit la différentielle en deux parties, dont la premiere ſera le quotient commenſurable venu de la diviſion, & la ſeconde ſera le reſte de la diviſion, chacune multipliée par dx. Il eſt évident qu'on peut toujours trouver l'intégrale de la premiere partie, puiſque ce quotient ne contiendra dans ſes différens termes que des puiſſances de x ſans aucune fraction. Il ne s'agit donc que de trouver l'intégrale du reſte qu'on ſuppoſe repréſenté par $\frac{r}{q}dx$ (ſi r & q avoient quelque diviſeur commun, il faudroit pour abreger les diviſer par ce diviſeur.)

Je ſuppoſe $\frac{r}{q}dx = \frac{a\,dx}{x+f} + \frac{b\,dx}{x+g} + \frac{c\,dx}{x+h} +$ &c. c'eſt-à-dire, $\frac{r}{q}dx$ égale à autant de différentielles logarithmiques que la plus grande dimenſion de x dans q a d'unités; a, b, c, de même que f, g, h, ſont des conſtantes indéterminées, telles que $x+f$, $x+g$, $x+h$ &c. ſoient les racines du dénominateur.

Pour avoir les valeurs de ces conſtantes indéterminées, il faut réduire la ſomme $\frac{a\,dx}{x+f} + \frac{b\,dx}{x+g} + \frac{c\,dx}{x+h}$ à un dénominateur commun le plus petit qu'il ſoit poſſible, & il eſt évident que la plus haute dimenſion de x ſera la même dans le dénominateur de cette ſomme & dans q; & ſi la plus haute dimenſion de x dans le numérateur ſurpaſſoit celle de x dans r, il faudroit ſuppoſer les termes qui manquent dans r chacuns multipliés par zéro. Par cette opération le numérateur & le dénominateur de la ſomme auront le même nombre de termes que $\frac{r}{q} dx$. Cela fait, il faut égaler entr'eux les termes correſpondans tant des numérateurs que des dénominateurs de la propoſée & de la ſomme, ce qui donnera autant d'équations qu'il y a de coefficiens indéterminés a, b, &c. Car pour les coefficiens f, g, h, ils ſeront connus en remarquant que ces coefficiens ſont les racines du dénominateur, & en déterminant ces racines à l'ordinaire par les regles que donne la Géométrie pour réſoudre les équations : nous en parlerons même plus au long dans la ſuite. A préſent il faut ſubſtituer ces valeurs à la place des indéterminées dans $\frac{adx}{x+f} + \frac{bdx}{x+g} +$ &c. & elles deviendront les différentielles logarithmiques dont on a beſoin.

On ſait (Art. CXVII.) que $\frac{dx}{x+f} + \frac{dx}{x+g} + \frac{dx}{x+h}$ ſont les différentielles des logarithmes de $x+f$, $x+g$, $x+h$. Ainſi $\int \frac{dx}{x+f} + \int \frac{dx}{x+g} + \int \frac{dx}{x+h} = l(x+f) + l(x+g) + l(x+h)$. Donc $\int \frac{adx}{x+f} + \frac{bdx}{x+g} + \frac{cdx}{x+h} = a \times l\,\overline{x+f} + b \times l\,\overline{x+g} + c \times l\,\overline{x+h} =$ (Art. VII. Introduct.) $l\,\overline{x+f}^{a} + l\,\overline{x+g}^{b} + l\,\overline{x+h}^{c}$. Donc parce que la ſomme des logarithmes de pluſieurs grandeurs eſt égale au ſeul logarithme du produit de ces grandeurs, on a $\int \frac{r}{q} dx = l(\overline{x+f}^{a} \times \overline{x+g}^{b} \times \overline{x+h}^{c})$.

CXXV.

COROLLAIRE. On voit par-là comment les équations différentielles rationelles, ou qui par les transformations du Chap. III. peuvent devenir rationelles, se réduisent à des équations exponentielles & quelquefois purement algébriques. En effet si on suppose $\frac{s\,dx}{t} = \frac{\sigma\,dy}{\theta}$, équation dont chaque membre est une différentielle semblable à celle dont on vient d'enseigner à trouver l'intégrale, mais dont le premier ne contient que la changeante x, & le second la changeante y, on peut en trouvant l'intégrale de chaque membre par la méthode précédente, réduire cette équation en une autre purement logarithmique. En effet, soit pris X & Y pour ce que les quotiens qui résultent de la division de s par t, & de σ par θ, ont d'absolument intégrable, c'est-à-dire pour les intégrales de ce que ces quotiens ont d'absolu & sans fraction, on aura en suivant ce qui est dit ci-dessus, $X + l\,\overline{x+f}^{a} \times \overline{x+g}^{b} \times \overline{x+h}^{c} = Y + l\,\overline{y+\varphi}^{\alpha} \times \overline{y+\gamma}^{\beta} \times \overline{y+\lambda}^{\kappa}$ &c. Si on prend à présent l'unité par laquelle on conçoit que X & Y sont multipliés, pour un logarithme constant $= l\,n$, la réduction des logarithmes aux puissances donnera (Art. 29 & 30 Introduction) cette équation exponentielle $n^{X} \times \overline{x+f}^{a} \times \overline{x+g}^{b} \times \overline{x+h}^{c} = n^{Y} \times \overline{y+\varphi}^{\alpha} \times \overline{y+\gamma}^{\beta} \times \overline{y+\lambda}^{\kappa}$ qui est l'équation exponentielle à laquelle se réduit la proposée. Or cette équation peut quelquefois devenir purement algébrique,

algébrique, par exemple, lorſque X & Y ſont nuls, & que a, b, c, auſſi-bien que α, β, κ ſont commenſurables.

CXXVI.

Examen de la méthode de M. Bernoulli.

Voilà la méthode telle que nous l'a donné M. Bernoulli. A examiner cette méthode en elle-même, on voit qu'elle n'apprend à intégrer les fractions rationelles qu'en les réduiſant à des logarithmes réels ou imaginaires. Or il eſt évident qu'il doit y avoir une infinité de fractions rationelles différentielles qui ſont intégrables abſolument, d'autres qui ſont en partie intégrables abſolument, & en partie intégrables par logarithmes. En effet, prenez une fraction rationelle finie telle que $\frac{1}{x+a}$, ſa différentielle $\frac{-dx}{(x+a)^2}$ eſt intégrable abſolument. De même ſoit priſe la différence de $\frac{1}{x+a}$ + $l(x+b)$, on aura $\frac{xxdx + 2axdx - xdx - bdx + aadx}{(x+a)^2 \times (x+b)}$, différentielle en partie intégrable abſolument & en partie intégrable par logarithmes.

Défauts de cette méthode.

D'où l'on voit en général qu'il peut y avoir pluſieurs cas qui ne ſauroient être réſolus par la méthode de M. Bernoulli, au moins ſi on l'employe de la façon que cet illuſtre Géometre l'a preſcrit. Pour mieux nous en convaincre, & ſuppléer en même temps à ce qui lui manque, faiſons la remarque ſuivante.

CXXVII.

Trois cas à diſtinguer dans l'intégration des fractions rationelles.

REMARQUE. Il faut diſtinguer trois cas dans l'intégration de toute fraction rationelle. Car le dénominateur de la fraction rationelle peut avoir ses racines toutes réelles ou toutes imaginaires, ou en partie réelles & en partie imaginaires. Examinons ces trois cas séparément.

CXXVIII.

Premier cas où le dénominateur a ses racines toutes réelles.

Dans le premier cas, lorsque le dénominateur a ses racines toutes réelles, elles peuvent être toutes égales, ou toutes inégales, ou en partie égales & en partie inégales.

1°. Racines réelles égales.

1°. Lorsqu'elles sont toutes égales, par exemple, quand on a $\frac{dx}{(x+a)^2} = \frac{dx}{(x+a).(x+a)}$, suivant la méthode précédente, on fera $\frac{dx}{(x+a)^2} = \frac{mdx}{x+a} + \frac{ndx}{x+a}$; en réduisant les deux membres de cette équation au même dénominateur, on a $\frac{dx}{(x+a)^2} = \frac{(m+n)xdx}{(x+a)^2} + (m+n) \times \frac{adx}{(x+a)^2}$. Donc en comparant les termes correspondans, $m+n=0$ & $ma+na=1$, ce qui se contredit.

Inconvénient de la méthode de M. Bernoulli dans ce cas.

On trouveroit la même contradiction si on représentoit les racines égales par x^m, ou par $(x+a)^m$. Il est donc évident que la méthode de M. Bernoulli ne peut servir, lorsque les racines du numérateur sont toutes réelles & égales. Il est aisé d'en substituer une autre.

CXXIX.

Car de ce que nous avons dit (Art. VII.) il suit que lorsque le dénominateur de la fraction est simplement x^m, la fraction a une intégrale exacte, & de même lorsque ce dénominateur est $(x+a)^m$, on en trouve aisément l'intégration exacte par notre premiere transformation; à moins que dans l'un & l'autre cas la plus haute puissance de x dans le numérateur ne fût $m-1$: car alors il y auroit une partie de la fraction intégrable par logarithmes. Quelquefois même la fraction entiere seroit intégrable par logarithmes, comme $\frac{xxdx + 2axdx + aadx}{(x+a)^3}$ qui se réduit à cette différentielle logarithmique $\frac{dx}{x+a}$.

CXXX.

2°. Racines réelles inégales.

2°. Lorsque les racines du dénominateur sont toutes réelles inégales, qui nous assurera que la méthode précédente ne donne pas la même contradiction que ci-dessus ? Il faut donc avoir recours à une autre méthode pour ne pas marcher en tâtonnant.

CXXXI.

3°. Racines réelles en partie égales & en partie inégales.

3°. Soit proposé d'intégrer $\frac{dx}{x^2.(x+a)}$: suivant la méthode de M. Bernoulli on supposera $\frac{dx}{x^2.(x+a)} = \frac{fdx}{x} + \frac{gdx}{x} + \frac{hdx}{x+a}$, ce qui donnera en comparant ensemble les deux membres de cette équation :

$$\left.\begin{array}{l} fxx + fax \\ + gxx + gax \\ + hxx \end{array}\right\} = 1 \text{. Donc } \left\{\begin{array}{l} fxx + fax \\ + gxx + gax \\ + hxx \end{array}\right\} - 1 = 0;$$

La méthode de M. Bernoulli est encore défectueuse dans ce cas.

d'où l'on tire 1°. $fxx + gxx + hxx = 0$, c'est-à-dire $f + g + h = 0$; 2°. $fax + gax = 0$, c'est-à-dire $f + g = 0$; 3°. $-1 = 0$, ce qui est absurde. On trouvera la même difficulté si on veut intégrer par la méthode de M. Bernoulli $\frac{dx}{(x+a)^2 \times (x+b)}$. Voilà donc le même inconvénient que dans le cas des racines réelles toutes égales.

CXXXII.

Nous allons faire voir d'abord que dans le cas des racines réelles toutes inégales, il eſt toujours poſſible de trouver chaque coefficient ; nous ferons voir enſuite ce qu'il faut faire dans le cas des racines réelles, en partie égales, & en partie inégales, & enfin nous donnerons la méthode pour trouver les coefficiens des numérateurs dans tous les cas.

CXXXIII.

Expoſition d'une autre méthode pour le cas des racines réelles inégales.

PROBLEME 2. Intégrer une fraction rationelle différentielle dont le dénominateur a toutes ſes racines réelles inégales.

SOLUTION. Soit $\frac{px^{m-n}dx \ldots\ldots + qdx}{(x+a).(x+b).(x+c).(x+e) \text{ \&c. } (m)}$ la fraction dont on cherche l'intégrale. (La quantité m miſe ici & ailleurs entre deux parentheſes, au bout du dénominateur, marque l'expoſant de la dimenſion du dénominateur ou le nombre de ſes racines). En ſuppoſant $x+a=y$, on a $x=y-a$: mettant à la place de x ſa valeur, on aura la transformée ſuivante, $\frac{(py^{m-n} \ldots\ldots + g)dy}{y.(y-a+b).(y-a+c).(y-a+e) \text{ \&c. } (m)}$ dans laquelle on remarquera qu'aucun des diviſeurs du dénominateur, excepté le premier, ne peut ſe réduire à y, puiſque par l'hypotheſe a, b, c, e, ſont des quantités différentes. Je remarque maintenant que la transformée

$$\frac{(p y^{m-n} \ldots\ldots\ldots + g)\, dy}{y \cdot (y-a+b) \cdot (y-a+c) \cdot (y-a+e) \text{ \&c. } (m)} = \frac{(p y^{m-n-1} \ldots\ldots + Q)\, dy}{(y-a+b) \cdot (y-a+c) \cdot (y-a+e) \text{ \&c. } (m-1)} + \frac{g\, dy}{y \cdot (y-a+b) \cdot (y-a+c) \cdot (y-a+e) \text{ \&c. } (m)}.$$

Le premier membre de cette quantité a déja, comme on voit, un facteur de moins à son dénominateur. Pour mettre le second membre dans le même cas je fais $\frac{1}{y} = u$, & ce second membre devient

$$\frac{-g\, du}{uu \cdot \frac{1}{u} \left\{\frac{1-au+bu}{u}\right\} \cdot \left\{\frac{1-au+cu}{u}\right\} \cdot \left\{\frac{1-au+eu}{u}\right\} (m)}$$

$$= \frac{\frac{-g u^{m-2}\, du}{(b-a) \cdot (c-a) \cdot (e-a) \text{ \&c.}}}{\left\{\frac{1}{b-a} + u\right\} \cdot \left\{\frac{1}{c-a} + u\right\} \cdot \left\{\frac{1}{e-a} + u\right\} \text{ \&c. } (m-1)}.$$

CXXXIV.

Il est donc évident que par cette méthode on transforme la différentielle donnée en deux autres dont le dénominateur de chacune a un exposant moindre d'une unité que celui de la fraction proposée, & qu'ainsi pour intégrer une fraction rationelle quelconque dont les facteurs du dénominateur sont des quantités réelles & inégales, il ne faut que savoir intégrer la fraction précédente ; c'est-à-dire celle dont le dénominateur a une dimension & par conséquent un facteur de moins ; allant toujours ainsi en remontant de fraction en fraction, il est visible qu'on réduira l'intégration d'une fraction rationelle quelconque dont le dénominateur a ſes racines réelles & inégales, à celle de la fraction ſimple $\frac{n\,dx}{x+a}$. Donc puiſque cette différentielle eſt une différentielle logarithmique, il s'enſuit que toute fraction rationelle dont le dénominateur n'a que des racines réelles & inégales peut toujours être intégrée par logarithmes.

CXXXV.

COROLLAIRE. Par la méthode que nous venons d'expoſer dans le Problême précédent, il eſt clair que l'intégration de $\frac{n\,dx}{x+a}$ donne très-promptement celle de $\frac{fx\,dx + g\,dx}{(x+a).(x+b)}$: celle-ci donne de même celle de $\frac{fx^2\,dx + gx\,dx + h\,dx}{(x+a).(x+b).(x+c)}$. Il eſt donc facile de former par ce moyen une table pour l'intégration de toutes les fractions rationelles dont le dénominateur a ſes racines réelles & inégales.

Pour intégrer une fraction rationelle particuliere la méthode de M. Bernoulli paroîtra plus courte, mais celle que nous expoſons ici a deux uſages : 1°. elle donne très-promptement une table qui dans le beſoin ſeroit très-commode ; 2°. on peut, ce ſemble, par ſon moyen démontrer très-clairement la méthode de M. Bernoulli.

Effectivement nous avons déja vu que toutes les fractions rationelles dont le dénominateur a ſes racines réelles & inégales ſont intégrables par logarithmes ; mais il reſte à prouver que ces fractions peuvent être réduites en autant de différentielles logarithmiques que leur dénominateur a de facteurs différens. C'eſt ce que M. Bernoulli s'eſt contenté de suppofer fans le prouver, & la preuve néanmoins en paroît d'autant plus néceffaire, qu'on a vu des exemples auxquels la méthode de cet illuftre Géometre ne doit être appliquée qu'avec précaution.

CXXXVI.

Démonftration de la méthode de M. Bernoulli.

Pour faire cette démonftration nous nous contenterons d'un exemple. Soit $\frac{fx\,dx + g\,dx}{(x+a).(x+b)}$ la quantité à intégrer : faifant par la méthode du Problême précédent $x + a = z$, elle fe réduit à $\frac{f\,dz}{z-a+b}$ $\frac{(-fa+g)\,dz}{z.(z-a+b)}$ dont on voit que le premier membre a déja un facteur de moins. J'opere fur le fecond, je fais $\frac{aa}{z} = u$, donc $z = \frac{aa}{u}$, & $dz = -\frac{aa\,du}{uu}$. Subftituant pour z & dz ces valeurs en u & du, le fecond membre devient $\frac{(fa-g).\frac{aa\,du}{uu}}{\frac{aa}{u}.\left\{\frac{aa}{u}-a+b\right\}} = \frac{(fa-g)\frac{aa\,du}{uu}}{\frac{a^4}{uu}-\frac{a^3+aab}{u}}$, & en divifant haut & bas par aa, $= \frac{(fa-g)\frac{du}{uu}}{\frac{aa}{uu}-\frac{a+b}{u}} =$, en multipliant haut & bas par uu, $\frac{(fa-g)\,du}{aa+(b-a)\,u}$, & enfin en divifant le numérateur & le dénominateur par $b-a$, cette différentielle fe réduit à $\frac{\frac{(fa-g)\,du}{b-a}}{\frac{aa}{b-a}+u}$, laquelle quantité a, comme on voit, un facteur de moins que plus haut. La fraction entiere réduite eft donc $\frac{f\,dz}{z-a+b} + \frac{\frac{(fa-g)\,du}{b-a}}{\frac{aa}{b-a}+u}$ dont l'intégrale eft $f\,l\,(z-$

$a+b) + \frac{fa-g}{b-a}\, l\left\{\frac{aa}{b-a} + u\right\} = \Big\{$ en mettant pour z & pour u leurs valeurs $x+a$ & $\frac{aa}{x+a}\Big\}\, f\, l\,(x+b) + \frac{fa-g}{b-a}\, l\,(x+b) \times \frac{aa}{(x+a)\,.\,(b-a)}$. Or la différence de cette intégrale est $\int \frac{fa-g)}{b-a} \,.\, \frac{dx}{x+b} - \frac{fa+g}{b-a} \times \frac{dx}{x+a}$. Donc la différentielle $\frac{fx\,dx + g\,dx}{(x+a)\,.\,x+b)}$ peut être représentée par $\frac{p\,dx}{x+a} + \frac{q\,dx}{x+b}$. Il est évident par la nature de notre méthode, que la démonstration que nous venons de donner pour la différentielle simple $\frac{fx\,dx + g\,dx}{(x+a)\,.\,(x+b)}$ s'appliquera aisément à toutes les autres différentielles plus composées. Donc &c.

CXXXVII.

Application de notre derniere méthode au cas des racines réelles en partie égales & en partie inégales.

A présent je passe au cas où les racines du dénominateur étant toutes réelles, sont en partie égales & en partie inégales.

Ce cas peut être représenté par $\frac{dx}{x^m\,.\,(x+a)\,.\,(x+b)\ \&c.}$, ou $\frac{dx}{(x+a)^m\,.\,(x+b)\,.\,(x+c)\ \&c.}$, car cette derniere différentielle se réduit à la premiere par la simple transformation de $x+a$ en z.

CXXXVIII.

PROBLEME 3. Intégrer une fraction rationelle différentielle comme $\frac{(Ax^p \ldots\ldots + Q)\,dx}{x^m\,.\,(x+a)\,.\,(x+b)\ \&c.}$ ou $\frac{(Ax^p \ldots\ldots\ldots\ldots + Q)\,dx}{(x+a)^m\,.\,(x+b)\,.\,(x+c)\ \&c.}$ dont le dénominateur a ses racines réelles en partie égales & en partie inégales.

SOLUTION. Si la proposée est $\frac{(Ax^p \ldots\ldots\ldots + Q)\,.\,dx}{(x+a)^m\,.\,(x+b)\,.\,(x+c)\ \&c.}$ on on la ramene au ſimple cas de $\frac{(Ax^p \ldots\ldots + Q)\,dx}{x^m.(x+a).(x+b)\,\&c.}$ par la ſeule transformation de $x+a$ en z, deſorte que toute la difficulté ſe réduit à trouver l'intégrale de cette derniere quantité.

Pour y parvenir on diviſera le numérateur par x^m tant qu'il ſera poſſible de le faire, c'eſt-à-dire juſqu'à ce qu'on arrive à un reſte où l'expoſant de x ſoit plus petit que m, & la propoſée deviendra par conſéquent égale à $\frac{(Ax^{p-m}\ldots\ldots+K)\,dx}{(x+a).(x+b).(x+c)\,\&c.\,(n)} + \frac{(Hx^{m-1}\ldots\ldots+Q)\,dx}{x^m.(x+a).(x+b).(x+c)\,\&c.\,(m+n)}$, ou en général à cauſe que H peut être $= 0$, $\frac{(Ax^{p-m}\ldots\ldots+K)\,dx}{(x+a).(x+b).(x+c)\,\&c.\,(n)} + \frac{(Lx^r\ldots\ldots+S)\,dx}{x^m.(x+a).(x+b).(x+c)\,\&c.\,(m+n)}$ où l'on obſervera que $r < m$. Soit maintenant $\frac{1}{x} = u$, on aura $x = \frac{1}{u}$, $dx = -\frac{du}{uu}$: ſubſtituons ces valeurs de x & de dx dans le ſecond membre : (car le premier dans lequel les racines ſont toutes inégales, s'intégre aiſément par les articles précédens :) ce ſecond membre deviendra $\frac{(Su^r\ldots\ldots+L)-du}{uu.u^r.\frac{1}{u^m}\times\frac{(1+au).(1+bu).(1+cu)\,\&c.}{u^n}} = \frac{(-Su^r\ldots\ldots-L)\,u^{m+n}\,du}{u^{r+2}.(1+au).(1+bu).(1+cu)\,\&c.\,(n)}$; or à cauſe que (hyp.) $m > r$ & que n eſt au moins $= 1$, il s'enſuit que u^{m+n} ſe diviſe par u^{r+2} & que la quantité entiere ſe réduit à $\frac{(-Su^{m+n-2}\ldots-Lu^{m+n-r-2})\,du}{(1+bu).(1+cu).(1+au)\,\&c.\,(n)}$ où la plus haute dimenſion du dénominateur eſt n, & $m+n-2$ celle du numérateur. Or $m+n-2$ eſt au moins $= n$, puiſque m eſt au moins $= 2$: donc le numérateur peut se diviser par le dénominateur, ce qui produira un quotient intégrable. Donc la proposée peut être intégrée en partie.

CXXXIX.

COROLLAIRE 1. Il est évident qu'il y a autant de termes dans le quotient qu'il y a d'unités dans $(m+n-2) - (n) + 1 = m-1$; desorte que la différentielle donnée peut être représentée dans son entier par $\frac{(Ax^{p-m} \ldots\ldots + K)\,dx}{(x+a).(x+b).(x+c)\,\&c.\,(n)} + Fu^{m-2}\,du. + \ldots\ldots + G\,du + \frac{(Mu^{n-1} \ldots\ldots + P)\,du}{(1+au).(1+bu).(1+cu)\,\&c.}$, ou en mettant pour u sa valeur $\frac{1}{x}$, $\frac{(Ax^{p-m} \ldots\ldots + K)\,dx}{(x+a).(x+b).(x+c)\,\&c.\,(n)} - \frac{F\,dx}{x^m} - \frac{Q\,dx}{x^{m-1}} \ldots\ldots - \frac{G\,dx}{xx} + \frac{S\,du}{1+au} + \frac{R\,du}{1+bu}$ &c. $= \frac{B\,dx}{x+a} + \frac{C\,dx}{x+b} + \frac{D\,dx}{x+c}$ &c. $- \frac{F\,dx}{x^m} \ldots\ldots - \frac{G\,dx}{xx} - \frac{S\,dx}{x.(x+a)} - \frac{R\,dx}{x.(x+b)}$ &c. & à cause que $\frac{S\,dx}{x.(x+a)} + \frac{R\,dx}{x.(x+b)} =$ (Art. CXXXV.) $\frac{O\,dx}{x} + \frac{V\,dx}{x+b}$ &c. il s'ensuit que la différentielle proposée peut être représentée par $-\frac{O\,dx}{x} - \frac{G\,dx}{xx} \ldots\ldots - \frac{F\,dx}{x^m} \ldots\ldots + \frac{E\,dx}{x+a} + \frac{L\,dx}{x+b} + \frac{N\,dx}{x+c}$ &c. ou plus simplement enfin par $\frac{(-Ox^{m-1} - Gx^{m-2} \ldots\ldots - F)\,dx}{x^m} + \frac{E\,dx}{x+a} + \frac{L\,dx}{x+b} + \frac{N\,dx}{x+c}$ &c.

CXL.

COROLLAIRE 2. Donc si on veut intégrer la fraction $\frac{dx}{x^2.(x+a)}$ par notre derniere méthode, on supposera $\frac{1}{x}$

$= u$, & elle se changera en $\frac{-udu}{1+au} = -\frac{\frac{udu}{a}}{\frac{1}{a}+u} =$

$$-\frac{\frac{udu}{a}}{\frac{1}{a}+u} - \frac{\frac{1}{aa}du}{\frac{1}{a}+u} + \frac{\frac{1}{aa}du}{\frac{1}{a}+u} = -\frac{du}{a} \times \left\{\frac{u+\frac{1}{a}}{\frac{1}{a}+u}\right\}$$

$+\frac{\frac{1}{aa}du}{\frac{1}{a}+u} = -\frac{du}{a} + \frac{\frac{1}{aa}du}{\frac{1}{a}+u}$ dont l'intégrale est $-\frac{u}{a}$

$+\int\frac{\frac{1}{aa}du}{\frac{1}{a}+u} = -\frac{u}{a} + \frac{1}{aa}\, l\left\{\frac{1}{a}+u\right\}$. Mais si on veut se servir de la méthode de M. Bernoulli, il faudra supposer $\frac{dx}{x^2.(x+a)} = \frac{Adx}{x+a} + \frac{Bxdx+Cdx}{xx}$; on déterminera les coefficiens de la maniere que nous enseignerons bien-tôt ; ensuite on intégrera.

CXLI.

COROLLAIRE 3. Il suit de ce qui a été dit dans le Problême & dans ses Corollaires, que la fraction est en partie intégrable absolument & en partie intégrable par logarithmes, lorsque le dénominateur a ses racines en partie égales & en partie inégales. Ceci peut servir d'éclaircissement à un endroit du Traité de la quadrature des Courbes de M. Newton, où ce grand Géometre s'exprime ainsi : *Si ordinata est fractio rationalis irreducibilis cum denominatore ex duobus vel pluribus terminis composito, resolvendus est denominator in divisores suos omnes primos ; & si divisor sit* aliquis cui nullus alius est æqualis , *curva quadrari nequit.*

Explication d'un passage de Newton.

En effet nous venons de voir que quand les racines ſont en partie égales & en partie inégales, ou quand elles ſont toutes inégales, l'intégration dépend des logarithmes ou de la quadrature de l'hyperbole, & que par conſéquent ſi la différentielle propoſée repréſente l'élément de l'aire d'une courbe, cette courbe ne ſera point quarrable abſolument.

CXLII.

COROLLAIRE 4. Si la propoſée eſt $\frac{(Ax^p \ldots\ldots\ldots\ldots + K)\,dx}{(x+a)^m \cdot (x+b)^n \cdot (x+c) \cdot (x+e)\ \&c.}$, on pourra prendre $\frac{(Fx^{m-1} \ldots + G)\,dx}{(x+a)^m} + \frac{(Qx^{n-1} \ldots + P)\,dx}{(x+b)^n} + \frac{R\,dx}{x+c} + \frac{S\,dx}{x+e} + \&c.$ ou $\frac{(Bx^{m+n-1} \ldots + D)\,dx}{(x+a)^m \cdot (x+b)^n} + \frac{R\,dx}{x+c} + \frac{S\,dx}{x+e}\ \&c.$ pour la différentielle qui doit repréſenter la propoſée. On déterminera les coefficiens par la méthode de l'article CL. que nous donnerons plus bas. Voyons à préſent ce qu'il faut faire pour trouver dans chaque cas la valeur des coefficiens du numérateur. Nous ſuppoſerons dans le Problême ſuivant ſur la détermination des coefficiens du numérateur, la fraction débarraſſée de dx, il eſt aiſé de la remettre après l'opération.

CXLIII.

Expoſition de la méthode de M. Cotes pour déterminer les coefficiens du numérateur des fractions rationelles.

PROBLEME 4. Déterminer les coefficiens des numérateurs des fractions ſimples dans leſquelles ſe décompoſe une fraction rationelle dans le cas où les racines du dénominateur ſont toutes réelles & inégales.

SOLUTION. Soit cette fraction rationelle représentée par $\frac{x^\theta}{L + Mx + Nx^2 + Px^3 \ldots\ldots + Ux^\lambda}$ l'exposant θ est supposé moindre que λ, & L, M, N &c. sont des quantités données.

1°. Lorsque les racines du dénominateur sont réelles & toutes inégales.

Je suppose $L + Mx + Nxx + Px^3 \ldots\ldots + Ux^\lambda = 0$: je cherche les racines de cette équation qui dans le cas précédent sont inégales. Soient ces racines représentées par $e + fx = 0$, $g + hx = 0$, $k + lx = 0$ &c. on aura donc $L + Mx + Nx^2 + Px^3 \ldots\ldots + Ux^\lambda = \overline{e+fx} \,.\, \overline{g+hx} \,.\, \overline{k+lx}$ &c. Je suppose ensuite $\frac{x^\theta}{\overline{e+fx} \cdot \overline{g+hx} \cdot \overline{k+lx} \text{ \&c.}} = \frac{A}{e+fx} + \frac{B}{g+hx} + \frac{C}{k+lx} +$ &c. ce qui donnera, comme tout le monde sait, $x^\theta = A \times \overline{g+hx} \times \overline{k+lx} + B \times \overline{e+fx} \times \overline{k+lx} + C \times \overline{e+fx} \times \overline{g+hx} +$ &c. Pour abréger soit $\overline{g+hx} \times \overline{k+lx} = Q$; $\overline{e+fx} \times \overline{k+lx} = R$; $\overline{e+fx} \times \overline{g+hx} = S$, & $L + Mx + Nx^2 + Px^3 \ldots\ldots + Ux^\lambda = K$; on aura $x^\theta = AQ + BR + CS +$ &c. mais la supposition de $e + fx = 0$, donne $x = -\frac{e}{f}$; $x^\theta = -\frac{e^\theta}{f^\theta}$; & $R = 0$; $S = 0$; d'où l'on tire dans ce cas $-\frac{e^\theta}{f^\theta} = AQ$ & $A = -\frac{\frac{e^\theta}{f^\theta}}{Q}$. Mais $\overline{e+fx} \times Q = K$; prenant les différences de part & d'autre, K & Q étant variables, on a $fdx \times Q + dQ \times \overline{e+fx} = dK$: ou plutôt parce que $e + fx = 0$, on a $fdx \times Q = dK$, & ainsi $Q = \frac{dK}{fdx}$. Prenons à présent la différence de $L + Mx +$

$Nx^2 + Px^3 \ldots + Ux^\lambda$, & mettons pour x sa valeur $-\frac{e}{f}$, nous aurons $Q = \frac{M - 2N \times \frac{e}{f} + 3P \times \frac{ee}{ff} \ldots - \lambda U \times \frac{e^{\lambda-1}}{f^{\lambda-1}}}{f}$.

Donc en mettant cette valeur dans l'équation $A = -\frac{\frac{e^\theta}{f^\theta}}{Q}$, on aura $A = \frac{-\frac{e^\theta}{f^\theta} \times f}{M - 2N \times \frac{e}{f} + 3P \times \frac{ee}{ff} \ldots\ldots - \lambda U \times \frac{e^{\lambda-1}}{f^{\lambda-1}}}$.

Pareillement si on suppose $g + hx = 0$, on aura $x = -\frac{g}{h}$; $x^\theta = -\frac{g^\theta}{h^\theta}$ & $Q = 0$ & $S = 0$: par conséquent $-\frac{g^\theta}{h^\theta} = BR$; & $B = -\frac{\frac{g^\theta}{h^\theta}}{R}$. Mais puisque $K = \overline{g + hx} \times R$, on aura $dK = hdx \times R + dR \times \overline{g + hx}$; & dans ce cas $dK = hdx \times R$; ce qui donne $R = \frac{dK}{hdx}$, d'où l'on tire $R = \frac{M - 2N \times \frac{g}{h} + 3P \times \frac{gg}{hh} \ldots\ldots - \lambda U \times \frac{g^{\lambda-1}}{h^{\lambda-1}}}{h}$

& par conséquent à cause que $B = -\frac{\frac{g^\theta}{h^\theta}}{R}$ on aura

$$B = \frac{-\frac{g^\theta}{h^\theta} \times h}{M - 2N \times \frac{g}{h} + 3P \times \frac{gg}{hh} \ldots\ldots - \lambda U \times \frac{g^{\lambda-1}}{h^{\lambda-1}}}.$$

L'on trouvera de la même maniere

$$C = \frac{-\frac{k^\theta}{l^\theta} \times l}{M - 2N \times \frac{k}{l} + 3P \times \frac{kk}{ll} \ldots\ldots - \lambda U \times \frac{k^{\lambda-1}}{l^{\lambda-1}}},$$ & ainsi

des autres. Mettant donc ces valeurs de A, B, C &c. dans les numérateurs des fractions, les coefficiens en sont déterminés. *C. Q. F. T.*

CXLIV.

COROLLAIRE. Il est donc clair que puisque les valeurs de A, B, C, &c. sont toutes semblables, on peut avoir une regle générale pour déterminer les coefficiens indéterminés des numérateurs des fractions dans lesquelles se résout, suivant la méthode de M. Bernoulli, une fraction rationelle qui a ses racines réelles & inégales. Car on voit que la valeur d'une de ces indéterminées quelconques, de B par exemple, est une fraction dont le numérateur est égal à x^θ. multipliée par la fonction de x qui est dans le dénominateur de B; & dont le dénominateur est égal à la différence du dénominateur de la fraction proposée divisée par dx, en mettant dans ce numérateur & ce dénominateur de la valeur de B, la valeur de x tirée de l'équation respective du dénominateur de B, égal à zéro. On doit observer que les numérateurs des valeurs de A, B, C, &c. ont le signe $+$, lorsque θ est un nombre pair en y comprenant le zéro; ils ont aussi ce même signe, lorsque les valeurs de x sont positives, par exemple si les diviseurs du dénominateur de la proposée étoient $e - fx$, $g - hx$ &c. car les valeurs de x seroient dans ce cas, comme on le voit aisément, $+\frac{e}{f}$, $+\frac{g}{h}$ &c. Aussi dans ce même cas le dénominateur de la proposée auroit cette forme

$L - Mx + Nx^2 - Px^3 +$ &c. puisque toutes ses racines étant positives, les termes doivent avoir successivement les signes + & — suivant les principes de la formation des équations, connus par tous les Algébristes.

CXLV.

Application de cette méthode à quelques exemples.
Premier exemple.

Cette méthode se développera encore davantage en l'appliquant à quelques exemples. Soit la fraction $\frac{dx}{\overline{e+fx} \times \overline{g+hx}}$, changée suivant la méthode de M. Bernoulli en ces deux autres $\frac{A dx}{e+fx} + \frac{B dx}{g+hx}$; il s'agit de déterminer la valeur de A & de B. Je suppose d'abord qu'on ait $\frac{1}{(e+fx).(g+hx)} = \frac{A}{e+fx} + \frac{B}{g+hx}$, dans ce cas on a $x^\theta = 1$, donc $\theta = 0$, & supposant $e+fx = 0$ on en tire $x = -\frac{e}{f}$; donc par la regle donnée dans le précédent Corollaire, le numérateur de la fraction égale à A est $-\frac{e^\theta}{f^\theta} \times f = f$, à cause que $\theta = 0$; & le dénominateur est égal à la différence de $(e+fx) \times (g+hx)$; cette différence est $fgdx + fhxdx + ehdx + fhxdx$; laquelle à cause de $e+fx = 0$, se réduit à $fgdx + fhxdx$. Je divise par dx, & je mets pour x sa valeur $-\frac{e}{f}$. Cette différence devient $= fg - eh$. Donc on aura $A = \frac{f}{fg-eh}$.

De la même maniere en supposant $g+hx = 0$, on trouvera $B = \frac{h}{eh-fg}$. Donc $\frac{1}{(e+fx).(g+hx)} = \frac{f}{fg-eh} \times \frac{1}{e+fx} - \frac{h}{fg-eh} \times \frac{1}{g+hx}$; donc $\frac{dx}{(e+fx).(g+hx)} = \frac{fdx}{e+fx}$

×

$\times \frac{1}{fg-eh} - \frac{hdx}{g+hx} \times \frac{1}{fg-eh}$, qu'on voit évidemment être deux différentielles logarithmiques. Pour être mieux convaincu de la bonté de la méthode, voyons ſi ces deux différentielles ſont identiques avec la fraction propoſée $\frac{dx}{(e+fx)\cdot(g+hx)}$. Ces deux différentielles ſont $\frac{fdx}{(fg-eh)\cdot(e+fx)}$ $- \frac{hdx}{(fg-eh)\cdot(g+hx)}$. Je les réduis au même dénominateur, j'ai $\frac{fgdx+fhxdx-ehdx-fhxdx}{(fg-eh)\cdot(e+fx)\cdot(g+hx)} = \frac{(fg-eh)\cdot dx}{(fg-eh)\cdot(e+fx)\cdot(g+hx)}$ $= \frac{dx}{(e+fx)\cdot(g+hx)}$.

CXLVI.

Si l'on avoit à intégrer $\frac{xxdx}{ax^3-bx^2+cx-\delta}$, en ſuppoſant que les diviſeurs du dénominateur ſoient $ex-f$, $gx-h$, $ix-l$, & que par conſéquent $\frac{xxdx}{ax^3-bx^2+cx-\delta} = \frac{Adx}{ex-f}$ $+ \frac{Bdx}{gx-h} + \frac{Cdx}{ix-l}$; on trouvera $\theta = 2$, & la ſuppoſition de $ex-f=0$ donnera $x=\frac{f}{e}$. Continuant l'opération comme dans l'exemple précédent, on aura la valeur de A. En ſuppoſant enſuite ſucceſſivement $gx-h=0$, & $ix-l=0$, on trouvera les valeurs de B & de C: ſubſtituant ces valeurs dans les fractions ſimples énoncées ci-deſſus, elles deviendront $\frac{ff}{3aff+2bef+cee} \times \frac{edx}{ex-f}$ $+ \frac{hh}{3ahh+2bgh+cgg} \times \frac{gdx}{gx-h} + \frac{ll}{3all+2bil+cii} \times \frac{idx}{ix-l}$ qui ſont trois différentielles logarithmiques. Second exemple.

CXLVII.

Enfin ſi la fraction rationelle avoit cette forme $\frac{a+bx+cx^2+\delta x^3+\&c.}{L+Mx+Nx^2+Px^3\ldots+Ux^\lambda}$, ($\lambda$ eſt plus grand que Troiſieme exemple.

l'expoſant de x dans le numérateur), la méthode qu'on a donnée dans le Problême précédent ſerviroit encore pour réſoudre cette fraction en pluſieurs fractions ſimples $\frac{A}{e+fx} + \frac{B}{g+hx} + \frac{C}{k+lx}$ + &c. (λ). Car ſuppoſant $L + Mx + Nx^2 + Px^3 \ldots\ldots + Ux^\lambda = (e+fx).(g+hx).(k+lx)$ &c. $= K$, donnant ici les mêmes valeurs que dans le Problême 4. à Q, R, S, on aura $a + bx + cx^2 + \delta x^3 +$ &c. $= AQ + BR + CS +$ &c. & lorſque $e + fx = 0$, ou $x = -\frac{e}{f}$, on a $a - b \times \frac{e}{f} + c \times \frac{ee}{ff} - \delta \times \frac{e^3}{f^3} +$ &c. $= AQ$; & puiſque $Q = \frac{dK}{fdx} = \ldots$ $\frac{M - 2N \times \frac{e}{f} + 3P \times \frac{ee}{ff} \ldots\ldots - \lambda U \times \frac{e^{\lambda-1}}{f^{\lambda-1}}}{f}$ on aura $A =$

$$\frac{a - b \times \frac{e}{f} + c \times \frac{e^2}{f^2} - \delta \times \frac{e^3}{f^3} + \&c.}{Q} = \frac{(a - b \times \frac{e}{f} + c \times \frac{ee}{ff} - \delta \times \frac{e^3}{f^3} + \&c.) \times f}{M - 2N \times \frac{e}{f} + 3P \times \frac{ee}{ff} \ldots - \lambda U \times \frac{e^{\lambda-1}}{f^{\lambda-1}}}.$$

De la même maniere en ſuppoſant $g + hx = 0$, on trouvera la valeur de B, & celle de C en ſuppoſant $k + lx = 0$; d'où l'on conclura que les valeurs de A, B, C, dans ce cas ſont ſemblables à celles qu'on a trouvées dans le cas du Problême 4. La différence n'eſt que dans les numérateurs qui changent ſuivant les numérateurs des fractions propoſées.

CXLVIII.

2°. Lorſque les racines du dénominateur ſont en partie égales & en partie inégales.

PROBLEME 5. Déterminer les coefficiens du numérateur des fractions ſimples dans leſquelles ſe réſout une fraction rationelle différentielle en ſuppoſant les racines du dénominateur en partie égales & en partie inégales.

SOLUTION. Soit cette fraction représentée par la suivante $\frac{x^{\theta}}{(e+fx)^{\delta}.(g+hx)^{\lambda}.(k+lx)^{\mu}\ \&c.}$, (la somme des quantités $\delta+\lambda+\mu+$ &c. est censée plus grande que l'exposant θ). Supposons cette fraction égale à

$$\frac{A+Bx+Cx^2 \ldots\ldots + Fx^{\delta-1}}{(e+fx)^{\delta}} + \frac{G+Hx+Ix^2 \ldots + Mx^{\lambda-1}}{(g+hx)^{\lambda}}$$

$+ \frac{N+Px+Qx^2 \ldots\ldots + Tx^{\mu-1}}{(k+lx)^{\mu}} +$ &c. cette supposition donnera $x^{\theta} = (A+Bx+Cx^2 \ldots\ldots + Fx^{\delta-1}) \times (g+hx)^{\lambda} \times (k+lx)^{\mu} + (G+Hx+Ix^2 \ldots\ldots + Mx^{\lambda-1}) \times (e+fx)^{\delta} \times (k+lx)^{\mu} + (N+Px+Qx^2 \ldots + Tx^{\mu-1}) \times (e+fx)^{\delta} \times (g+hx)^{\lambda}$ &c. On égalera à zéro la somme de tous les termes qui sont multipliés par la grandeur x élevée à une autre puissance que θ, & on égalera à x^{θ} la somme des autres termes qui sont multipliés par x^{θ}. De cette maniere on aura autant d'équations qu'il y a de quantités indéterminées A, B, C &c. dont on trouvera les valeurs par le moyen de ces équations.

Cette derniere méthode n'est autre chose que celle de M. Bernoulli appliquée à ce cas particulier, avec les précautions que nous avons indiquées ci-dessus, & qui empêchent cette méthode d'être fautive. On peut en effet s'assurer par les moyens que nous avons exposés plus haut, que les coefficiens A, B, C &c. seront ou tous réels, ou tout au plus quelques-uns égaux à zéro ; & qu'ainsi on pourra toujours les déterminer par la méthode de M. Bernoulli.

CXXIX.

Application à un exemple.

Soit proposé d'intégrer la fraction $\frac{xxdx}{(e+fx)^2 \cdot (g+hx)^2}$, je la suppose égale à $\frac{Adx + Bxdx}{(e+fx)^2} + \frac{Cdx + Dxdx}{(g+hx)^2}$, ce qui donnera en pratiquant ce qui est prescrit dans le Problême précédent, & en ôtant dx qu'on remettra après l'opération,

$$xx = \begin{cases} Agg + 2Aghx + Ahhxx \\ \quad + Bggx + 2Bghxx + Bhhx^3 \\ + Cee + 2Cefx + Cffxx \\ \quad + Deex + 2Defxx + Dffx^3. \end{cases}$$

La seconde opération que nous avons dit qu'il falloit faire, c'est de supposer $Agg + Cee = 0$

$$2Aghx + Bggx + 2Cefx + Deex = 0$$
$$Ahhxx + 2Bghxx + Cffxx + 2Defxx = xx$$
$$Bhhx^3 + Dffx^3 = 0.$$

Ensuite on résoudra ces quatre équations par les méthodes algébriques ordinaires ; leur résolution nous donnera les valeurs de A, B, C, D ; après quoi on intégrera aisément.

C L.

Cas où l'on peut abréger la méthode du Problême précédent.

REMARQUE. On peut quelquefois abréger la méthode du Problême précédent : par exemple, lorsque la fraction rationelle différentielle a cette forme $\frac{x^\theta dx}{(e+fx) \cdot (g+hx)^\lambda}$.

Car ſuppoſant $\frac{x^{\theta}}{(e+fx)\,.\,(g+hx)^{\lambda}} = \frac{A}{e+fx} + \frac{B+Cx+Dx^{2}\,\ldots\ldots+Gx^{\lambda-1}}{(g+hx)^{\lambda}}$, on aura $x^{\theta} = A\,.\,(g+hx)^{\lambda} + (B+Cx+Dxx\,\ldots\ldots+Gx^{\lambda-1}) \times (e+fx)$. Mais la ſuppoſition de $e+fx=0$ donne $x^{\theta}=A\,.\,(g+hx)^{\lambda}$; $x=-\frac{e}{f}$; $x^{\theta}=\pm\frac{e^{\theta}}{f^{\theta}}$: donc $\pm\frac{e^{\theta}}{f^{\theta}} = A\times\left(g-\frac{he}{f}\right)^{\lambda}$, & $A=\frac{\pm\frac{e^{\theta}}{f^{\theta}}\times f^{\lambda}}{(fg-eh)^{\lambda}}$, en prenant le ſigne $+$, lorſque $\theta=0$, ou un nombre pair, & le ſigne $-$ lorſque θ eſt un nombre impair.

La valeur de A étant ainſi trouvée, on aura facilement celles de B, C, D par la méthode du dernier Problême. Car, comme on y a vu, on aura $Ag^{\lambda}+Be=0$, lorſque θ eſt un nombre entier poſitif; donc $B=-\frac{g^{\lambda}}{e}\times A=\frac{\mp g^{\lambda}e^{\theta-1}f^{\lambda-\theta}}{(fg-eh)^{\lambda}}$. De même puiſque $\lambda g^{\lambda-1}hx$ eſt le ſecond terme de la quantité $g+hx$ élevée à la puiſſance λ, on aura $\lambda g^{\lambda-1}hA+Bf+Ce=0$, lorſque θ eſt plus grand que l'unité, ou $\lambda g^{\lambda-1}hA+Bf+Ce=1$, lorſque $\theta=1$; on trouvera par cette équation la valeur de C, & ainſi des autres.

CLI.

La fraction $\frac{a+bx+cxx\ \&c.}{(e+fx)\,.\,(g+hx)^{\lambda}}$ ſe réſoudra par la même méthode. Car on fera $\frac{a+bx+cxx\ \&c.}{(e+fx)\,.\,(g+hx)^{\lambda}} = \frac{A}{e+fx} +$ Autre exemple.

$\frac{B + Cx + Dx^2 \ldots + Gx^{\lambda-1}}{(g+hx)^\lambda}$; ainſi on trouvera $A = \frac{af^\lambda - bef^{\lambda-1} + cef^{\lambda-2} - \&c.}{(fg-eh)^\lambda}$. On aura enſuite $Ag^\lambda + Be = a$, ce qui donne $B = \frac{a - Ag^\lambda}{e}$ = (en mettant pour A ſa valeur) $\frac{a}{e} \frac{-af^\lambda g^\lambda + beg^\lambda f^{\lambda-1} - ceg\lambda f^{\lambda-2} + \&c.}{e \times (fg-eh)^\lambda}$. On trouvera de la même maniere les valeurs de C, D, &c.

CLII.

Il eſt viſible que les termes les plus difficiles à intégrer dans la fraction rationelle ainſi transformée ſeront de cette forme $\frac{Ax^m dx}{(x+B)^n}$. (A & B étant des conſtantes, & m, n des nombres entiers poſitifs). Or ces termes peuvent s'intégrer aiſément ſoit en entier, ſoit par logarithmes (Art. XVI.) en faiſant $x + B = z$.

SCHOLIE. Par le moyen de ces regles pour déterminer les coefficiens des numérateurs des fractions rationelles, on peut ſe ſervir de la méthode de M. Bernoulli ſans craindre aucune erreur. Paſſons au cas des racines imaginaires.

CLIII.

2°. Cas où le dénominateur a ſes racines imaginaires.

Inconvénient de la méthode de M. Bernoulli dans ce cas.

Dans le cas où le dénominateur a ſes racines toutes imaginaires, ſi on ſuivoit la méthode de M. Bernoulli, on auroit une expreſſion chargée d'imaginaires auſſi impoſſible à conſtruire ſous cette forme que le ſeroit une équation du troiſieme degré dans le cas irréductible, ſi on la conſtruiſoit en ſuivant la forme de la racine. Il faut donc chercher par une autre voie l'intégration de ces quantités.

Prenons d'abord le cas le plus ſimple, lorſque le dénominateur a deux racines imaginaires.

CLIV.

PROBLEME 6. Intégrer une fraction rationelle dont le dénominateur eſt le produit de deux racines imaginaires. Dans ce cas on y ſubſtitue notre méthode du Probleme 2.

SOLUTION. Soit la fraction repréſentée dans ce cas par $\frac{l\,dx + mx\,dx}{xx + fx + g}$. Je fais d'abord évanouir le ſecond terme du dénominateur en ſuppoſant ſelon la regle connue par tous les Algébriſtes $x + \frac{f}{2} = z$, ce qui donne après les ſubſtitutions ordinaires $\frac{l\,dx + mx\,dx}{xx + fx + g} = \frac{l\,dz + mz\,dz - \frac{mf}{2}dz}{zz + \frac{ff}{4} + g}$, & en faiſant $l - \frac{mf}{2} = n$ & (ſi g eſt $> \frac{ff}{4}$), $\frac{ff}{4} + g = pp$, cette quantité devient $\frac{n\,dz}{zz + pp} + \frac{mz\,dz}{zz + pp}$, dont la premiere partie eſt l'élément d'un arc de cercle dont z eſt la tangente, & la ſeconde eſt une différentielle logarithmique.

CLV.

REMARQUE 1. Quand $xx + fx + g$ eſt le produit de deux racines imaginaires, xx & g ſont toujours de même ſigne ; d'où il ſuit que s'ils ſont tous deux négatifs, on peut leur donner à l'un & à l'autre le ſigne + en changeant les ſignes haut & bas. Car ſi g avoit le ſigne —, on trouveroit les deux racines réelles.

CLVI.

REMARQUE 2. Lorſque xx n'eſt point délivré de coefficiens, mais qu'il en a un, C par exemple, on diviſera haut & bas par C. Ainſi on peut toujours ſuppoſer dans le cas des racines imaginaires que xx a le ſigne $+$, & eſt ſans coefficiens.

Il ne nous reſte donc plus que deux choſes à ſavoir, 1°. ſi on peut toujours repréſenter les racines imaginaires par des facteurs trinomes réels; or nous avons démontré dans l'Introduction Art. LXXXII. que cela eſt toujours poſſible. 2°. Il faut trouver la méthode de déterminer les coefficiens n & m du numérateur. Nous allons la donner dans le Problême ſuivant.

CLVII.

Uſage de la méthode de M. Cotes dans le cas des racines imaginaires, pour déterminer les coefficiens du numérateur.

PROBLEME 7. Déterminer les coefficiens du numérateur des fractions partielles dans leſquelles ſe réſout une fraction rationelle, en ſuppoſant que les racines du dénominateur ſont toutes imaginaires.

SOLUTION. Soit cette fraction rationelle repréſentée par $\frac{x^{\theta}}{L+Mx+Nx^2+Px^3 \ldots\ldots + Ux^{\lambda}}$ (on ſuppoſe toujours $\theta < \lambda$) $= \frac{A+Bx}{a+bx+cxx} \; \frac{+C+Dx}{e+fx+gxx} \; \frac{+E+Fx}{h+kx+lxx}$. Soit pour abréger le calcul $\overline{e+fx+gxx} \times \overline{h+kx+lxx} = Q$; $\overline{a+bx+cxx} \times \overline{h+kx+lxx} = R$; $\overline{a+bx+cxx} \times \overline{e+fx+gxx} = S$; on aura, comme dans les Problêmes précédens

précédens, $x^\theta = \overline{A + Bx} \times Q + \overline{C + Dx} \times R + \overline{E + Fx} \times S +$ &c. Maintenant si on suppose $a + bx + cxx = 0$, on aura $R = 0$, $S = 0$, donc $x^\theta = \overline{A + Bx} \times Q$; & si les racines de l'équation $a + bx + cxx = 0$ sont $m + nx = 0$, $p + qx = 0$, on aura $x = -\frac{m}{n}$, & $x = -\frac{p}{q}$. Lorsque $x = -\frac{m}{n}$, on a $Q = \overline{e - f \times \frac{m}{n} + g \times \frac{m^2}{n^2}} \times \overline{h - k \times \frac{m}{n} + l \times \frac{m^2}{n^2}} \times$ &c. & lorsque $x = -\frac{p}{q}$, $Q = \overline{e - f \times \frac{p}{q} + g \times \frac{p^2}{q^2}} \times \overline{h - k \times \frac{p}{q} + l \times \frac{p^2}{q^2}} \times$ &c. Pour distinguer cette derniere valeur de Q de la premiere nous la marquerons par Q''. Ainsi pour les deux différentes valeurs de x, l'équation $x^\theta = \overline{A + Bx} \times Q$ se résout dans les deux suivantes $-\frac{m^\theta}{n^\theta} = \overline{A - B \times \frac{m}{n}} \times Q$; & $-\frac{p^\theta}{q^\theta} = \overline{A - B \times \frac{p}{q}} \times Q'$; donc on a $A = \frac{-\frac{m^\theta}{n^\theta}}{Q} + B\frac{m}{n}$ & $A = \frac{-\frac{p^\theta}{q^\theta}}{Q''} + B\frac{p}{q}$.

Comparant ces deux valeurs de A, on trouve celle de $B = \frac{Q' \times \frac{q m^{\theta - 1}}{p n^{\theta - 1}} - Q \times \frac{n p^{\theta - 1}}{m q^{\theta - 1}}}{\overline{\frac{q}{p} - \frac{n}{m}} \times QQ''}$. Prenant de même les deux valeurs de B dans les deux équations $-\frac{m^\theta}{n^\theta} = \overline{A - B \times \frac{m}{n}} \times Q$, $-\frac{p^\theta}{q^\theta} = \overline{A - B \times \frac{p}{q}} \times Q'$, & comparant ensemble ces deux valeurs, on en tire $A = \frac{Q' \times \frac{m^{\theta - 1}}{n^{\theta - 1}} - Q \times \frac{p^{\theta - 1}}{q^{\theta - 1}}}{\overline{\frac{q}{p} - \frac{n}{m}} \times QQ'}$. Ces valeurs supposent que θ est un nombre impair : mais lorſque $\theta = 0$, ou un nombre pair, on aura alors les valeurs ſuivantes $A = \frac{Q \times \frac{p^{\theta-1}}{q^{\theta-1}} - Q'' \times \frac{m^{\theta-1}}{n^{\theta-1}}}{\overline{\frac{q}{p} - \frac{n}{m}} \times QQ''}$ & $B = \frac{Q \times \frac{np^{\theta-1}}{mq^{\theta-1}} - Q'' \times \frac{qm^{\theta-1}}{pn^{\theta-1}}}{\overline{\frac{q}{p} - \frac{n}{m}} \cdot QQ''}$.

Pareillement en ſuppoſant $e + fx + gxx = 0$, on a $Q = 0$, $S = 0$, &c. & $x^\theta = \overline{C + Dx} \times R$; & ſi $r + sx = 0$, $t + vx = 0$ ſont les racines de l'équation $e + fx + gxx = 0$, on aura $x = -\frac{r}{s}$, & $x = -\frac{t}{v}$, d'où par un calcul ſemblable à celui que nous venons de faire pour A & pour B, on trouvera $C = \frac{\pm R \times \frac{t^{\theta-1}}{v^{\theta-1}} \mp R'' \times \frac{r^{\theta-1}}{s^{\theta-1}}}{\overline{\frac{v}{t} - \frac{s}{r}} \times RR''}$ & $D = \frac{\pm R \times \frac{st^{\theta-1}}{rv^{\theta-1}} \mp R \times \frac{vr^{\theta-1}}{ts^{\theta-1}}}{\overline{\frac{v}{t} - \frac{s}{r}} \times RR''}$.

Il faut ſe ſervir des ſignes $+ -$, lorſque θ eſt un nombre pair ou zéro, & des ſignes $- +$, lorſque c'eſt un nombre impair. On trouvera de même les valeurs de E, F, &c.

CLVIII.

COROLLAIRE 1. Si la fraction étoit $\frac{dx}{(e+fx+gxx)^\delta \cdot (h+kx+lxx)^\lambda}$ il la faudroit ſuppoſer égale à $\frac{(Rx^{2\delta-1} \ldots + Q) \cdot dx}{(e+fx+gxx)^\delta} + \frac{(Sx^{2\lambda-1} \ldots + P) \cdot dx}{(h+kx+lxx)^\lambda}$ & déterminer les coefficiens par la méthode du Problême 5.

COROLLAIRE 2. Si la propoſée étoit $\frac{dx}{(e+fx+gxx) \cdot (h+kx+lxx)^\lambda}$, on la feroit $= \frac{Adx + Bxdx}{e+fx+gxx} + \frac{C + Dx + Exx \ldots + Hx^{\lambda-1}}{(h+kx+lxx)^\lambda}$,

& on détermineroit les coefficiens comme on a fait dans la remarque qui suit le Problême 5.

CLIX.

La difficulté se réduit donc à savoir intégrer une fraction de cette forme $\frac{Ax^m dx}{(B + Cx + Fxx)^n}$; ($A, B, C, F$ étant des coefficiens quelconques, & m, n étant des nombres entiers positifs) : or par la méthode exposée dans les articles CLIV. CLV. CLVI. on réduira d'abord l'intégration à celle de différentes quantités dont chacune sera de cette forme $\frac{Gz^r dx}{(zz + pp)^n}$; r étant un nombre entier impair ou pair. Dans le premier cas soit $zz + pp = uu$, on aura une transformée composée d'une suite de termes tous de cette forme $Hu^q du$ (q étant positif ou négatif) : ainsi l'intégration n'aura aucune difficulté. Dans le second cas où r est un nombre pair, on fera $zz + pp = uu$, & on trouvera que la transformée sera composée de termes de cette forme $\frac{Lu^s du}{\sqrt{(uu - pp)}}$, ($s$ étant un nombre pair positif ou négatif) : & cette quantité s'integre ou absolument, quand s est négative (Art. C.), ou par la quadrature du cercle (Art. XCVI.) lorsque s est positive.

CLX.

Soit cherchée l'intégrale de cette fraction $\frac{x^3 dx}{(a + bx + cxx) \cdot (e + fx + gxx)}$ dont le dénominateur a ses racines imaginaires.

Application des formules du Problême 7. à un exemple.

Pour la trouver nous supposerons d'abord la fraction sans dx, il sera facile de la remettre après l'opération. Cela posé je l'égale à la somme des deux suivantes $\frac{A+Bx}{a+bx+cxx}+\frac{C+Dx}{e+fx+gxx}$, ce qui donne $x^{\theta}=(A+Bx)\times(e+fx+gxx)+(C+Dx)\times(a+bx+cxx)$; donc $Q=e+fx+gxx$, $R=a+bx+cxx$; donc $x^{\theta}=(A+Bx)\times Q+(C+Dx)\times R$. Si on suppose $a+bx+cxx=0$, on a $R=0$; & en continuant l'opération comme dans le Problême 7, à cause que $\theta=3$ est un nombre impair, on trouvera

$$A=\frac{Q''\times\frac{m^{\theta-1}}{n^{\theta-1}}-Q\times\frac{p^{\theta-1}}{q^{\theta-1}}}{\left\{\frac{q}{p}-\frac{n}{m}\right\}.QQ''}=\frac{Q''\times\frac{m^2}{n^2}-Q\times\frac{p^2}{q^2}}{\left\{\frac{q}{p}-\frac{n}{m}\right\}QQ''}.$$

Si on suppose $a+bx+cxx=(m+nx)\times(p+qx)=mp+mqx+npx+nqxx$, on aura $mp=a$; $mq+np=b$; $nq=c$; $\frac{m}{n}+\frac{p}{q}=\frac{b}{c}$, & $\frac{mm}{nn}+\frac{2mp}{nq}+\frac{pp}{qq}=\frac{bb}{cc}$; & mettant pour $\frac{2mp}{nq}$ sa valeur $\frac{2a}{c}$, on a $\frac{mm}{nn}+\frac{pp}{qq}=\frac{bb}{cc}-\frac{2a}{c}$. On aura aussi $Q=e-f\times\frac{m}{n}+g\times\frac{mm}{nn}$; $Q''=e-f\times\frac{p}{q}+g\times\frac{pp}{qq}$: d'où on déduit $Q''\times\frac{mm}{nn}-Q\times\frac{pp}{qq}=\frac{m^2}{n^2}\times e-\frac{m^2p}{n^2q}\times f+\frac{m^2p^2}{n^2q^2}\times g-\frac{p^2}{q^2}\times e+\frac{mp^2}{nq^2}\times f-\frac{m^2p^2}{n^2q^2}\times g=\left\{\frac{m^2q^2-n^2p^2}{n^2q^2}\right\}\times e-\left\{\frac{m^2pq-mnp^2}{n^2q^2}\right\}\times f$: & si on divise cette derniere quantité par $\frac{q}{p}-\frac{n}{m}=\frac{mq-np}{mp}$, le quotient est $\frac{mp\times(mq+np)}{n^2q^2}\times e-\frac{m^2p^2}{n^2q^2}\times f=\frac{ab}{cc}\times e-\frac{aa}{cc}\times f$.

Si on cherche de même la valeur de QQ'', on trouve

$A = \frac{ahe - aaf}{ccee - becf + bbeg - 2aceg + acff - abfg + aagg} =$ $\frac{abe - aaf}{(ec - ag)^2 + (bg - cf) \times (be - af)}$. Pareillement en substituant ces valeurs dans l'équation $B = \frac{Q'' \times \frac{qm^{\theta-1}}{pn^{\theta-1}} - Q \times \frac{np^{\theta-1}}{mq^{\theta-1}}}{\left\{\frac{q}{p} - \frac{n}{m}\right\} \cdot QQ''}$, on trouve $B = \frac{bbe - ace - abf + aag}{(ec - ag)^2 + (bg - cf) \times (be - af)}$.

Pour trouver les valeurs de C & D, il est inutile de faire un calcul semblable à celui qu'on vient de faire pour A & B. Car en comparant ensemble les formules, on voit que la formule qui donne la valeur de C est semblable à celle de A, & la formule de D à celle de B & que tout le changement nécessaire consiste à substituer a, b, c, à la place de e, f, g; par conséquent on aura $C = \frac{aef - bee}{(ec - ag)^2 + (bg - cf) \times (be - af)}$ & $D = \frac{aff - bef - aeg + eec}{(ec - ag)^2 + (bg - cf) \times (be - af)}$. On a donc toutes les valeurs des indéterminées. Substituant donc ces valeurs à la place de A, B, C, D, & remettant dx dans les fractions partielles $\frac{Adx + Bxdx}{a + bx + cxx} + \frac{Cdx + Dxdx}{e + fx + gxx}$, délivrant xx de ses coefficiens de la maniere qu'il est dit (Art. CLVI.), il est aisé de voir qu'on aura deux fractions de la forme de $\frac{ldx + mxdx}{xx + fx + g}$, qu'on intégrera séparément par la méthode du Problême 6.

Nous n'avons plus à examiner que le cas où les racines du dénominateur sont en partie réelles & en partie imaginaires.

CLXI.

3e. Cas. Lorsque les racines du dénominateur sont en partie réelles & en partie imaginaires.

Probleme 8. Déterminer les coefficiens du numérateur, lorsque les racines du dénominateur sont en partie réelles & en partie imaginaires.

Usage de la méthode de M. Cotes dans ce cas.

SOLUTION. Dans ce cas on supposera la fraction représentée par $\frac{x^\theta}{L+Mx+Nx^2+Px^3 \ldots +Ux^\lambda} = \frac{A+Bx}{a+bx+cxx}$ $+ \frac{C+Dx}{e+fx+gxx} + \frac{H}{k+lx}$: alors comparant avec les formules du Problême 7, on aura $Q=(e+fx+gxx) \times (k+lx)$: $R=(a+bx+cxx) \times (k+lx)$: $S=(a+bx+cxx) \times (e+fx+gxx)$. Or en examinant ces différentes valeurs il est aisé d'appercevoir la similitude des formules qui expriment les quantités A, B, C, D avec celles du Problême 7. La supposition de $k+lx=0$ nous donne

$$Q=0$$

$$R=0$$

& . . . . $-\frac{k}{l}=x$

& . . . . $-\frac{k^\theta}{l^\theta}=H\times S$

& . . . . $H=-\frac{k^\theta}{l^\theta}\times\frac{1}{S}$

S étant $=(a-b\times\frac{k}{l}+c\times\frac{kk}{ll})\times(e-f\times\frac{k}{l}+g\times\frac{kk}{ll})$; C'est la même chose soit que λ soit pair ou impair.

CLXII.

Application à un exemple.

Soit proposé d'intégrer la fraction $\frac{1}{L+Mx+Nx^2+Px^3}$ à Je suppose que le dénominateur de cette fraction est $(e+fx+gxx) \times (k+lx)$. Cela posé je fais la fraction entiere égale à la somme des deux suivantes $\frac{A+Bx}{e+fx+gxx}$ $+\frac{C}{k+lx}$. Je suppose ensuite $e+fx+gxx=0$: si les racines de cette équation sont $(m+nx) \times (p+qx) =$

$mp + mqx + npx + nqxx$, on a . . . . $mp = e$

$$mq + np = f$$

$$nq = g,$$

d'où l'on tire . . . . $\frac{m}{n} + \frac{p}{q} = \frac{f}{g}$.

A présent comparant la proposée avec les formules du Problême 7, on voit que $\theta = 0$ & par conséquent

$$A = \frac{Q \times \frac{p^{\theta-1}}{q^{\theta-1}} - Q'' \times \frac{m^{\theta-1}}{n^{\theta-1}}}{\left\{\frac{q}{p} - \frac{n}{m}\right\} . QQ''} = \frac{Q \times \frac{q}{p} - Q'' \times \frac{n}{m}}{\left\{\frac{q}{p} - \frac{n}{m}\right\} . QQ''}.$$

Mais le cas présent donne . . . . $Q = k - l\frac{m}{n}$

& . . . . $Q'' = k - l\frac{p}{q}$

& $Q \times \frac{q}{p} - Q'' \times \frac{n}{m} = k . \left\{\frac{q}{p} - \frac{n}{m}\right\} - \left\{\frac{m^2 q^2 - n^2 p^2}{mq . np}\right\} l$.

Divisons cette quantité par $\frac{q}{p} - \frac{n}{m} = \frac{mq - np}{mp}$, on aura pour quotient $k - \left\{\frac{mq + np}{nq}\right\} \times l = k - l \times \frac{f}{g}$: & parce que $QQ'' = kk - kl \times \left\{\frac{m}{n} + \frac{p}{q}\right\} + \frac{mp}{nq} \times ll$ $= kk - \frac{fkl}{g} + \frac{ell}{g}$, il vient enfin $A = \frac{gk - fl}{gkk - fkl + ell}$.

Par un calcul semblable on trouve $B = \frac{-gl}{gkk - fkl + ell}$.

Pour trouver la valeur de C, il faut se servir de la formule du Problême 8, H qui est la même que C ici $= \frac{k^\theta}{l^\theta} \times \frac{1}{S}$. Dans l'exemple présent $\frac{k^\theta}{l^\theta} = 1$, & $S =$ $e - f \times \frac{k}{l} + g \times \frac{kk}{ll}$, ce qui donne $C = \frac{ll}{gkk - fkl + ell}$.

On a donc les valeurs de toutes les indéterminées. Substituant ces valeurs & remettant dx, on aura deux fractions partielles dont l'une s'intégrera comme dans le Problême 6, & l'autre sera une différentielle logarithmique.

CLXIII.

Corollaire général. Donc si le dénominateur d'une fraction rationelle est ou peut être supposé $(a+bx) \cdot (g+hx) \ldots$ &c. $\times (e+fx)^{\alpha} \cdot (k+lx)^{\beta} \ldots$ &c. $\times (i+mx+nxx)^{\gamma} \cdot (p+qx+rxx)^{\nu}$, il faudra supposer cette fraction égale à une suite d'autres fractions dont les dénominateurs soient $a+bx$; $g+hx$; $\ldots\ldots$ $(e+fx)^{\alpha}$; $(k+lx)^{\beta}$; $\ldots\ldots$ $(i+mx+nxx)^{\gamma}$; $(p+qx+rxx)^{\nu}$ &c. & appliquer ensuite les méthodes exposées ci-dessus, tant pour trouver les numérateurs que pour intégrer ces sortes de fractions ; au moyen de quoi il ne doit plus rester de difficulté sur quelque espece de fractions rationelles que ce puisse être.

CLXIV.

Les numérateurs des fractions rationelles étant déterminés par les méthodes précédentes, comment on trouve les dénominateurs?

Scholie I. général. Dans tout ce qui précede nous avons supposé qu'on connoissoit les dénominateurs des fractions rationelles différentielles, & nous avons enseigné la méthode générale de trouver les numérateurs. Mais ces dénominateurs ne sont pas effectivement connus : il faut donc les trouver. Or nous savons que les racines de ces dénominateurs sont toutes réelles, ou toutes imaginaires, ou en partie réelles & en partie imaginaires.

1°. Lorsqu'elles sont toutes réelles, il est aisé de les avoir en résolvant l'équation par les régles ordinaires de l'Algebre, ou en la construisant géométriquement.

2°.

2°. Lorsqu'elles sont toutes imaginaires on les trouvera par la méthode enseignée dans l'Introd. Art. LXXXIX. & suiv.

3°. Enfin dans le troisieme cas on cherchera d'abord les réelles & les imaginaires ensuite.

CLXV.

SCHOLIE 2. Il est évident qu'au moyen de tout ce que nous avons dit dans ce Chapitre on peut intégrer ou absolument, ou par la quadrature du cercle, ou par celle de l'hyperbole, toute fraction rationelle différentielle quelconque. Mais la méthode générale étant très-pénible par elle-même, les Géometres ont cherché des moyens de la simplifier. Ils y ont réussi dans quelques cas, & ces cas sont ceux où le dénominateur a une des deux formes suivantes, $bx^{2m} + gx^m + f$, ou $x^n \pm a^n$. Nous allons les examiner dans le Chapitre suivant.

CHAPITRE XI.

Examen des cas où le dénominateur est $bx^{2m} + gx^m + f$, *ou* $x^n \pm a^n$, *dans lesquels on abrege la méthode générale.*

CLXVI.

SOit $bx^{2m} + gx^m + f$ le dénominateur de la fraction; 1°. on peut diviser le haut & le bas de la fraction par le coefficient b du terme bx^{2m} : ainsi on peut supposer 1°. Comment on a le dénominateur de ces sortes de fractions.

ce terme ſans coefficient. 2°. On peut toujours donner à x^{2m} le ſigne $+$, puiſque s'il avoit le ſigne $-$ il n'y auroit qu'à changer les ſignes de tous les termes du numérateur & du dénominateur, ce qui ne change pas la valeur de la fraction. Dans cet état le premier terme x^{2m} ayant le ſigne $+$, le dernier terme qui ſera $\frac{f}{b}$ & que j'appelle q, doit auſſi avoir le ſigne $+$. Car s'il avoit le ſigne $-$, on trouveroit, en regardant $x^{2m}+\frac{gx^m}{b}-\frac{f}{b}$ comme une équation du ſecond degré, que ſes facteurs ſeroient $x^m+\frac{g}{2b}+\sqrt{\frac{gg}{4bb}+\frac{f}{b}}$ & $x^m+\frac{g}{2b}-\sqrt{\frac{gg}{4bb}+\frac{f}{b}}$: c'eſt-à-dire qu'on pourroit réſoudre la fraction rationnelle propoſée en deux autres qui auroient pour dénominateur $x^m \pm k$, $x^m \pm l$: or chacune de ces fractions ſe réduiroit au cas de $x^n \pm a^n$ dont nous allons parler plus bas.

3°. Enfin dans le dénominateur $x^{2m}+\frac{g}{b}x^m+q$, on peut toujours regarder q comme égale à une quantité a élevée à la puiſſance $2m$; & prenant a pour le rayon d'un cercle égal à l'unité, on pourra ſuppoſer $a^{2m}=1$.

Donc toute la difficulté ſe réduit 1°. à intégrer les fractions dont le dénominateur eſt de cette forme $x^{2\lambda} \pm 2tx^{\lambda}+1$; 2°. à intégrer celles dont le dénominateur eſt $x^n \pm a^n$, n étant un nombre impair. Car s'il étoit pair, & qu'il y eût $+a^n$, ce cas ſe réduiroit au premier en faiſant $t=0$. S'il étoit pair, & qu'il y eût $-a^n$, il ſe réduiroit en deux autres facteurs $x^{\frac{n}{2}}+a^{\frac{n}{2}}$, & $x^{\frac{n}{2}}-a^{\frac{n}{2}}$.

Nous allons expofer les méthodes que les Géometres ont trouvées pour intégrer ces fortes de fractions.

CLXVII.

PROBLEME. Trouver les facteurs de $x^{2\lambda} \pm 2tx^{\lambda} + 1$, & de $x^n \pm a^n$.

Nous avons réfolu ce Problême par le moyen de la divifion d'un arc de cercle en parties égales dans l'Introduction, Articles LXI. & LXII. pour le premier cas, & Art. LXIII. & LXVI. pour le fecond.

Il ne nous refte donc plus qu'à trouver les numérateurs. On les auroit par la méthode générale ; mais il y en a une plus fimple que voici.

CLXVIII.

2°. Comment on trouve les numérateurs.

1°. Quand le dénominateur eft $1+x^{\lambda}$.

Suppofons d'abord que la fraction propofée ait cette forme $\frac{x^{\theta}}{1+x^{\lambda}}$, ($\lambda$ eft un nombre impair) enforte que $1 + x^{\lambda} = L + Mx + Nx^2 + Px^3 \ldots + Ux^{\lambda}$; on aura $L = 1$, $M = 0$, $N = 0$, $P = 0$, $U = 1$, & fi on fuppofe (Introduction Art. LXIII.) $1 + x^{\lambda} = (1 - 2ax + xx) \times (1 - 2bx + xx) \times (1 + x)$, &c. on aura $\frac{x^{\theta}}{1+x^{\lambda}} = \frac{A + Bx}{1 - 2ax + xx} + \frac{C + Dx}{1 - 2bx + xx} + \frac{H}{1+x}$ &c. Soit $(1 - 2bx + xx) \times (1 + x) = Q$, $(1 - 2ax + xx) \times (1 + x) = R$ & $(1 - 2ax + xx) \times (1 - 2bx + xx) = S$, voici comment on s'y prendra pour abreger les formules du Problême 7. Soit fuppofé $1 - 2ax + xx = 0$, on en déduira $x = a \pm \sqrt{aa-1}$. Soit $a + \sqrt{aa-1} = l$, & $a - \sqrt{aa-1} = m$; les deux racines de l'équation $1 - 2ax + xx = 0$ feront $x - l = 0$, & $x - m = 0$; donc $Q = (1 - 2bl + ll) \times (1 + l)$, & $Q'' = (1 - 2bm + m^2) \times (1 + m)$. On aura aussi $l + m = 2a$, & $lm = 1$.

Or par le Problême 7. $l^\theta = \overline{A + Bl} \times Q$, & $m^\theta = A + Bm \times Q''$; de ces deux équations je tire la valeur de A & celle de B. Car j'ai $\frac{l^\theta}{Ql} - \frac{A}{l} = B$, & $\frac{m^\theta}{Q''m} - \frac{A}{m} = B$. Donc $\frac{l^{\theta-1}}{Q} - \frac{m^{\theta-1}}{Q''} = \frac{A}{l} - \frac{A}{m} = \frac{Am - Al}{lm} =$ (à cause que $lm = 1$) $A \times (m - l)$. Donc enfin $A = \frac{l^{\theta-1}}{Q.(m-l)} - \frac{m^{\theta-1}}{Q''.(m-l)}$. En suivant le même procédé on trouvera $B = \frac{l^\theta}{Q.(l-m)} - \frac{m^\theta}{Q''.(l-m)}$. Mais puisque $1 + x^\lambda = Q \times (1 - 2ax + xx)$, on aura $\lambda x^{\lambda-1} dx = dQ \times (1 - 2ax + xx) + Q \times \overline{2xdx - 2adx}$; & dans la supposition de $1 - 2ax + xx = 0$ & de $x = l$, on a en mettant pour x sa valeur l, retranchant $dQ \times \overline{1 - 2ax + xx}$, & divisant les deux membres de l'équation par dx, on a, dis-je, $\lambda l^{\lambda-1} = Q \times (2l - 2a)$.

De même lorsque $x = m$, il viendra en faisant les mêmes opérations que ci-dessus, $\lambda m^{\lambda-1} = Q'' \times (2m - 2a)$. Or de ce que $l + m = 2a$, on a $2l - 2a = l - m$, & $2m - 2a = m - l$; donc $\lambda l^{\lambda-1} = Q \times \overline{l - m}$, & $\lambda m^{\lambda-1} = Q'' \times \overline{m - l}$: de plus la supposition de $1 - 2ax + xx = 0$ donne aussi $1 + x^\lambda = 0$; on aura donc $x^\lambda = -1$, ou $l^\lambda = -1$, & $m^\lambda = -1$, & par conséquent $Q \times \overline{l-m} = \lambda l^{\lambda-1} = -\frac{\lambda}{l}$, & $Q'' \times \overline{m-l} = \lambda m^{\lambda-1} = -\frac{\lambda}{m}$; mettons ces valeurs dans les formules de A & de B, on trouvera $A = \frac{l^\theta + m^\theta}{\lambda}$, $B = -\frac{(l^{\theta+1} + m^{\theta+1})}{\lambda}$.

Par les mêmes opérations, en supposant que p & q sont les racines de $1 - 2bx + xx = 0$, on trouvera $C = \frac{p^\theta + q^\theta}{\lambda}$, $D = -\frac{(p^{\theta+1} + q^{(+1})}{\lambda}$.

Pour trouver la valeur de H, on suivra la méthode précédente : car selon ce qui est dit dans le Problême 8. $x^\theta = H \times S$; & supposant $1 + x = 0$ ou $x = -1$, on a $1 = H \times S$, lorsque θ est $= 0$ ou un nombre pair, & $-1 = H \times S$ lorsque θ est un nombre impair. Mais puisque, comme on sait, $1 + x^\lambda = S \times (1 + x)$, on a $\lambda x^{\lambda-1} dx = dS \times \overline{1+x} + S dx$, ce qui donne $S = \lambda$, lorsque $1 + x = 0$: d'où on déduit $H = \frac{1}{\lambda}$, lorsque θ est un nombre pair en y comprenant le zéro, & $H = -\frac{1}{\lambda}$, lorsque θ est un nombre impair.

CLXIX.

Si le dénominateur de la proposée a cette forme $1 - x^\lambda$, on aura $\frac{x^\theta}{1-x^\lambda} = \frac{A + Bx}{1 - 2ax + xx} + \frac{C + Dx}{1 - 2bx + xx} + \frac{G}{1-x}$; & en faisant le calcul comme plus haut, on trouve encore $A = \frac{l^\theta + m^\theta}{\lambda}$, $B = -\frac{(l^{\theta+1} + m^{\theta+1})}{\lambda}$, $C = \frac{p^\theta + q^\theta}{\lambda}$, $D = -\frac{(p^{\theta+1} + q^{\theta+1})}{\lambda}$, & $G = \frac{1}{\lambda}$, θ étant un nombre pair ou impair.

CLXX.

REMARQUE. Si on avoit eu $\frac{A+Bx}{1+2ax+xx}$ &c. en supposant encore $x=l$, $x=m$, $x=p$, $x=q$ &c. on auroit eu les mêmes valeurs de A, B, C, D &c.

CLXXI.

2°. Lorsque le dénominateur est $1-2tx^{\lambda}+x^{2\lambda}$.

Lorsque la fraction est $\frac{x^{\theta}}{1-2tx^{\lambda}+x^{2\lambda}}$, on supposera $1-2tx^{\lambda}+x^{2\lambda}=\overline{1-2ax+xx}\times\overline{1-2bx+xx}\times\overline{1-2cx+xx}$ &c. & par conséquent $\frac{x^{\theta}}{1-2tx^{\lambda}+x^{2\lambda}}=\frac{A+Bx}{1-2ax+xx}+\frac{C+Dx}{1-2bx+xx}+\frac{E+Fx}{1-2cx+xx}$ &c. Il est aisé de voir qu'on auroit ici comme dans le cas que nous venons de traiter, $A=\frac{l^{\theta-1}}{Q.\overline{m-l}}-\frac{m^{\theta-1}}{Q''.\overline{m-l}}$, $B=\frac{l^{\theta}}{Q.\overline{l-m}}-\frac{m^{\theta}}{Q''.\overline{l-m}}$. Mais parce que $1-2tx^{\lambda}+x^{2\lambda}=Q\times(1-2ax+xx)$, on aura en différentiant cette équation $-2t\lambda x^{\lambda-1}dx+2\lambda x^{2\lambda-1}dx=dQ\times(1-2ax+xx)+Q\times\ldots\ldots\overline{2xdx-2adx}$. Faisant les mêmes calculs que dans l'Article CLXVIII, cette équation, lorsque $1-2ax+xx=0$, & $x=l$, se change en $\lambda l^{\lambda-1}\times(-2t+2l^{\lambda})=Q\times(2l-2a)=$ (à cause de ce qu'on a vu ci-dessus Art. CLXVIII.) $Q\times\overline{l-m}$; & lorsque $x=m$, on a $\lambda m^{\lambda-1}\times(-2t+2m^{\lambda})=Q''\times\overline{2m-2a}=Q''\times\overline{m-l}$: mais puisque la supposition de $1-2ax+xx=0$ donne aussi $1-2tx^{\lambda}+x^{2\lambda}=0$, on en tire $2t=x^{\lambda}+\frac{1}{x^{\lambda}}=l^{\lambda}+\frac{1}{l^{\lambda}}, =l^{\lambda}+m^{\lambda}$,

& $2t = x^{\lambda} + \frac{1}{x^{\lambda}} = m^{\lambda} + \frac{1}{m^{\lambda}} = m^{\lambda} + l^{\lambda}$, parce que $lm = 1$ (Art. CLXVIII.), & par conséquent $l^{\lambda} = \frac{1}{m^{\lambda}}$, & $m^{\lambda} = \frac{1}{l^{\lambda}}$. Mettons cette valeur de $2t$, dans les deux équations ci-dessus, on a $\lambda l^{\lambda-1} \times \overline{l^{\lambda} - m^{\lambda}} = Q \times \overline{l - m}$, & $\lambda m^{\lambda-1} \times \overline{m^{\lambda} - l^{\lambda}} = Q'' \times \overline{m - l}$; ce qui donne $A = \frac{l^{\theta-1}}{\lambda . l^{\lambda-1} \times (m^{\lambda} - l^{\lambda})} - \frac{m^{\theta-1}}{\lambda . m^{\lambda-1} \times (m^{\lambda} - l^{\lambda})} = \frac{l^{\theta-\lambda}}{\lambda \times (m^{\lambda} - l^{\lambda})} - \frac{m^{\theta-\lambda}}{\lambda \times (m^{\lambda} - l^{\lambda})}$; & $B = \frac{l^{\theta-\lambda+1}}{\lambda \times (l^{\lambda} - m^{\lambda})} - \frac{m^{\theta-\lambda+1}}{\lambda . (l^{\lambda} - m^{\lambda})}$. Le calcul pour trouver C, D &c. est le même.

Si on avoit $1 + 2tx^{\lambda} + x^{2\lambda}$, on trouveroit les mêmes valeurs pour A, B, C &c.

CHAPITRE XII.

Maniere de trouver algébriquement dans certains cas les facteurs de $x^n + a^n$ *&* *de* $x^{2m} + px^m + q$.

CLXXII.

NOus avons vu (Art. CLXVII.) comment on trouve les facteurs de $x^n + a^n$ & de $x^{2m} + px^m + q$, par la division d'un arc de cercle en parties égales. Mais lorsque la circonférence se divise en un nombre de parties représentées par un des nombres de la progression géométrique, 1, 2, 4, 8, 16, on fait qu'une telle division peut toujours se faire géométriquement. Dans ces cas on peut assigner non-seulement par la division de la circonférence, mais même algébriquement les valeurs des facteurs. Quoique cette recherche ne soit pas ici absolument nécessaire, puisque la division de la circonférence est plus commode que la construction algébrique, nous croyons cependant qu'elle fera plaisir à nos lecteurs.

CLXXIII.

Recherche des facteurs de $x^n + a^n$.

PROBLEME. Trouver algébriquement les facteurs de $x^n + a^n$, n étant un nombre de la progression géométrique 2, 4, 8, 16, &c.

1°. Lorsque n est un nombre de la progression géométrique 1, 2, 4, 8, 16 &c.

Pour résoudre ce Problême il faut trouver des facteurs $xx + fx + g$, $xx + hx + i$ &c. où les coefficiens f, g, h, i &c. soient des quantités réelles, & qui multipliées l'une par l'autre rendent la quantité $x^n + a^n$. Soit par exemple $x^4 + a^4$, on aura

$$x^4 \left.\begin{matrix} +f \\ +h \end{matrix}\right\} x^3 \left.\begin{matrix} +g \\ +fh \\ +i \end{matrix}\right\} x^2 \left.\begin{matrix} +hg \\ +if \end{matrix}\right\} x + gi = x^4 + a^4$$

en multipliant l'un par l'autre les deux trinomes. On tire de cette équation en la comparant avec la donnée $x^4 + a^4$ 1°. $f + h = 0$, 2°. $g + i + fh = 0$, 3°. $hg + if$, ou (à cause de $f = -h$) $hg - ih = 0$, 4°. $gi = a^4$. L'équation $hg - ih = 0$ donne ou $g = i$, ou $h = 0$: en supposant $h = 0$, on a $f = 0$, $g = -i$, $i = \pm\sqrt{-a^4}$; & les facteurs sont $xx + \sqrt{-a^4}$, $xx - \sqrt{-a^4}$; ce qui

qui étant imaginaire ne fait rien connoître. Mais en supposant $g=i$, on trouve $g=aa$, $i=aa$, $f=a\sqrt{2}$, $h=-a\sqrt{2}$, de sorte que les facteurs sont $xx+ax\sqrt{2}+aa$, $xx-ax\sqrt{2}+aa$ qui ont la condition qu'on demande. On trouvera les composans de ces facteurs par la méthode générale de l'Article suivant.

CLXXIV.

En général x^n+a^n (n étant un nombre de la progression géométrique 1, 2, 4, 8, 16 &c.) $=(x^{\frac{n}{2}}+a^{\frac{n}{4}}x^{\frac{n}{4}}\sqrt{2}+a^{\frac{n}{2}})\times(x^{\frac{n}{2}}-a^{\frac{n}{4}}x^{\frac{n}{4}}\sqrt{2}+a^{\frac{n}{2}})$, comme il est aisé de s'en assurer en multipliant ces deux quantités l'une par l'autre. Mais il faut outre cela savoir subdiviser ces deux derniers facteurs en deux autres, & ainsi de suite, jusqu'à ce que l'exposant de x le plus haut soit $=2$; c'est ce qui se fera de la maniere suivante.

Je prends une quantité comme $x^m+qx^{\frac{m}{2}}+a^m$ dans laquelle m soit divisible par 4. Je cherche les facteurs $x^{\frac{m}{2}}+gx^{\frac{m}{4}}+a^{\frac{m}{2}}$, $x^{\frac{m}{2}}-gx^{\frac{m}{4}}+a^{\frac{m}{2}}$ qui peuvent la composer. Multipliant l'un par l'autre ces deux facteurs, il me vient $x^m+2a^{\frac{m}{2}}x^{\frac{m}{2}}+a^m$: je compare cette

$$-ggx^{\frac{m}{2}}$$

quantité avec $x^m+qx^{\frac{m}{2}}+a^m$: cette comparaison me donne $2a^{\frac{m}{2}}-gg=+q$, donc $g=\pm\sqrt{2a^{\frac{m}{2}}-q}$. Par où l'on voit, 1°. que si q est une quantité négative,

g est toujours une quantité réelle ; 2°. que si q est positif & $< 2a^{\frac{m}{2}}$, g sera encore une quantité réelle. On voit à présent que les facteurs de $x^{\frac{n}{2}} + a^{\frac{n}{4}} x^{\frac{n}{4}} \sqrt{2} + a^{\frac{n}{2}}$, $x^{\frac{n}{2}} - a^{\frac{n}{4}} x^{\frac{n}{4}} \sqrt{2} + a^{\frac{n}{2}}$ sont $x^{\frac{n}{4}} \pm a^{\frac{n}{8}} x^{\frac{n}{8}} \sqrt{2-\sqrt{2}} + a^{\frac{n}{4}}$, & $x^{\frac{n}{4}} \mp a^{\frac{n}{8}} x^{\frac{n}{8}} \sqrt{2+\sqrt{2}} + a^{\frac{n}{4}}$: car comparant les deux quantités $x^{\frac{n}{2}} + a^{\frac{n}{4}} x^{\frac{n}{4}} \sqrt{2} + a^{\frac{n}{2}}$, $x^{\frac{n}{2}} - a^{\frac{n}{4}} x^{\frac{n}{4}} \sqrt{2} + a^{\frac{n}{2}}$ avec $x^m + q x^{\frac{m}{2}} + a^m$,

on a 1°. . . . . $m = \frac{n}{2}$

donc . . . . $\frac{m}{2} = \frac{n}{4}$

& . . . . $\frac{m}{4} = \frac{n}{8}$

2°. on a . . . . $q = \pm a^{\frac{n}{4}} \sqrt{2}$

mettant cette valeur de m & de q à leur place dans l'équation trouvée plus haut $g = \pm \sqrt{(2a^{\frac{m}{2}} - q)}$, elle devient $g = \pm \sqrt{(2a^{\frac{n}{4}} \mp a^{\frac{n}{4}} \sqrt{2})} = \pm \sqrt{a^{\frac{n}{4}}} \times \sqrt{(2 \mp \sqrt{2})} = \pm a^{\frac{n}{8}} \sqrt{(2 \mp \sqrt{2})}$. Donc les facteurs $x^{\frac{m}{2}} + g x^{\frac{m}{4}} + a^{\frac{m}{2}}$ & $x^{\frac{m}{2}} - g x^{\frac{m}{4}} + a^{\frac{m}{2}}$ deviennent $x^{\frac{n}{4}} \pm a^{\frac{n}{8}} x^{\frac{n}{8}} \sqrt{(2-\sqrt{2})} + a^{\frac{n}{4}}$ & $x^{\frac{n}{4}} \mp a^{\frac{n}{8}} x^{\frac{n}{8}} \sqrt{(2+\sqrt{2})} + a^{\frac{n}{4}}$, qui sont les facteurs de $x^n + a^n$.

On trouvera de même les produisans de ces quatre facteurs. Car g sera toujours ou négatif ou $< 2a^{\frac{m}{2}}$, puisque $\sqrt{2 \pm \sqrt{2 \pm \sqrt{2 \pm \sqrt{2}}}}$ &c. à l'infini est < 2.

Application à un exemple.

Si, par exemple, $x^8 + a^8$ est le dénominateur de la fraction, les composans seront $x^2 + ax\sqrt{2+\sqrt{2}} + aa$,

$x^2 - ax\sqrt{2+\sqrt{2}} + aa$, $x^2 + ax\sqrt{2-\sqrt{2}} + aa$, $x^2 - ax\sqrt{2-\sqrt{2}} + aa$.

CLXXV.

Si au lieu de $x^n + a^n$ on avoit $x^n + qx^{\frac{n}{2}} + a^n$, alors 1°. ou q est $> 2a^{\frac{n}{2}}$, auquel cas les facteurs seront $x^{\frac{n}{2}} + \frac{q}{2} + \sqrt{\frac{qq}{4} - a^n}$, $x^{\frac{n}{2}} + \frac{q}{2} - \sqrt{\frac{qq}{4} - a^n}$, que l'on divisera ensuite en leurs facteurs trinomes par la méthode de l'Article précédent; ou bien 2°. q sera $< 2a^{\frac{n}{2}}$: alors les deux facteurs seront $x^{\frac{n}{2}} + x^{\frac{n}{4}}\sqrt{2a^{\frac{n}{2}} - q} + a^{\frac{n}{2}}$, & $x^{\frac{n}{2}} - x^{\frac{n}{4}}\sqrt{2a^{\frac{n}{2}} - q} + a^{\frac{n}{2}}$ qui se diviseront de même en leurs facteurs trinomes, & ainsi de suite.

CLXXVI.

C'est une chose assez singuliere que dans le cas où la résolution de $x^n + qx^{\frac{n}{2}} + a^n$ en ses facteurs par la regle ordinaire donne un binome composé de $x^{\frac{n}{2}} +$ & $-$ une quantité imaginaire, la recherche de ces mêmes facteurs supposés des trinomes donne des quantités dans lesquelles il n'entre point de coefficiens imaginaires, & au contraire que lorsqu'il y en a dans les trinomes il n'y en ait point dans les binomes. Cette remarque a déja été faite par M. Gabriel Manfredi dans un Mémoire imprimé parmi ceux de l'Académie de l'Institut de Bologne, tome 1.

CLXXVII.

En considérant $x^n + qx^{\frac{n}{2}} + a^n = 0$ comme une équation, si on veut prendre les racines à l'ordinaire, on aura $x^n + qx^{\frac{n}{2}} + \frac{1}{4}qq = \frac{1}{4}qq - a^n$; donc $x^{\frac{n}{2}} = -\frac{q}{2} \pm \sqrt{\frac{qq}{4} - a^n}$, ou bien $x^{\frac{n}{4}} = \pm\sqrt{-\frac{q}{2} \pm \sqrt{\frac{qq}{4} - a^n}}$: & les racines tirées des deux facteurs $x^{\frac{n}{2}} \pm x^{\frac{n}{4}}\sqrt{2a^{\frac{n}{2}} - q} + a^{\frac{n}{2}}$, sont $x^{\frac{n}{4}} = \frac{-\sqrt{2a^{\frac{n}{2}} - q} \pm \sqrt{-2a^{\frac{n}{2}} - q}}{2}$ & $x^{\frac{n}{4}} = \frac{+\sqrt{2a^{\frac{n}{2}} - q} \pm \sqrt{-2a^{\frac{n}{2}} - q}}{2}$. Les deux racines précédentes représentent les racines $\pm\sqrt{-\frac{q}{2} \pm \sqrt{\frac{qq}{4} - a^n}}$.

On voit par-là les $\sqrt[4]{}$ imaginaires réduites à des $\sqrt[2]{}$: on voit aussi comment il peut arriver quelquefois que des racines réelles se présentent sous une forme imaginaire.

CLXXVIII.

2°. Lorsque n est un nombre simplement pair.

Toute la difficulté de trouver algébriquement les diviseurs trinomes de $x^n + a^n$, lorsque n est un nombre simplement pair, c'est-à-dire, divisible par 2 & non par 4, se réduit à celle de trouver les facteurs trinomes de $x^{\frac{n}{2}} + a^{\frac{n}{2}}$.

CLXXIX.

Soit $x^6 + a^6$ le dénominateur de la fraction dont on demande les facteurs. Comme l'on sait que les diviseurs de $x^3 + a^3$, sont $x + a$, $xx - ax + aa$, ce qu'il est aisé de vérifier en multipliant l'un par l'autre ces deux facteurs, on verra que les diviseurs de $x^6 + a^6$ sont $xx + aa$ & $x^4 - aaxx + a^4$. A présent les diviseurs trinomes de $x^4 - aaxx + a^4$ sont $xx + ax\sqrt{3} + aa$, $xx - ax\sqrt{3} + aa$. Car supposant que ces diviseurs sont $xx + fx + aa$, $xx + gx + aa$; les multipliant l'un par l'autre, on trouve

Application à plusieurs exemples.

Premier exemple.

$$\left.\begin{matrix} x^4 + gx^3 + 2a^2x^2 + a^2fx + a^4 \\ + fx^3 + fgx^2 + a^2gx \end{matrix}\right\} = 0$$

D'où l'on tire en comparant cette équation avec $x^4 - aaxx + a^4$

1°. . . . . $g + f = 0$

donc . . . . $g = -f$

2°. on a . . . . $2aa + fg = -aa$

Donc en réduisant & mettant pour g sa valeur, on a $3aa - ff = 0$

Donc . . . . $f = a\sqrt{3}$

& . . . . $g = -a\sqrt{3}$

Donc &c.

CLXXX.

De même les facteurs de $x^{10} + a^{10}$ dépendent de ceux de $x^5 + a^5$ qui sont $x + a$, & $x^4 - ax^3 + aaxx -$

Second exemple.

$a^3 x + a^4$. Si on suppose maintenant que les diviseurs trinomes de $x^4 - ax^3 + aaxx - a^3 x + a^4$ sont $xx + fx + aa$, $xx + gx + aa$, faisant les mêmes opérations que dans l'exemple précédent, on trouvera

1°. . . . . $g + f = -a$

donc . . . . $g = -a - f$

2°. . . . . $2aa + fg = aa$,

donc en réduisant & mettant pour g sa valeur, on a

$$ff + af - aa = 0$$

Donc . . . . . $ff + af + \frac{1}{4} aa = a^2 + \frac{1}{4} a^2$

Donc . . . . $f + \frac{1}{2} a = \frac{a\sqrt{5}}{2}$

Donc enfin . . . . $f = -\frac{a}{2} + \frac{a\sqrt{5}}{2}$

& . . . . $g = -\frac{a}{2} - \frac{a\sqrt{5}}{2}$.

Donc les facteurs trinomes de $x^4 - ax^3 + a^2 x^2 - a^3 x + a^4$ sont $xx - \left\{\frac{a}{2} - \frac{a\sqrt{5}}{2}\right\} x + aa$ & $xx - \left\{\frac{a}{2} + \frac{a\sqrt{5}}{2}\right\} x + aa$; lesquels étant multipliés ensuite par $x + a$, rendent $x^5 + a^5$. On peut observer en passant, qu'en multipliant l'une par l'autre les deux quantités $-\frac{a}{2} + \frac{a\sqrt{5}}{2}$, & $-\frac{a}{2} - \frac{a\sqrt{5}}{2}$, le produit est aa. On trouve le même résultat en mettant dans l'équation $ff + af - aa = 0$ les valeurs de ff & de f en g, à leur place : donc f & g sont les racines de l'équation $ff + af - aa = 0$.

CLXXXI.

On peut encore, si l'on veut, faire la division de $x^4 -$

$ax^3 + aaxx - a^3x + a^4$ par $xx + fx + aa$, & on aura au quotient $xx - (a+f)x + af + ff$, & pour reſte on trouve $-f^3x - af^2x + a^2fx - a^2f^2 - a^3f + a^4$. Suppoſant ce reſte $= 0$, nous avons l'équation $ff + af - aa = 0$ la même qu'on vient de trouver; ſon autre facteur eſt $-aa - fx$.

CLXXXII.

REMARQUE 1. En ſe ſervant des méthodes que nous venons de donner pour trouver algébriquement les facteurs trinomes de $x^n \pm a^n$, on trouveroit ceux de $x^{2m} \pm px^m + q$.

Les facteurs de $x^{2m} \pm px^m + q$ ſe trouvent par les mêmes procédés que ceux de $x^n \pm a^n$.

CLXXXIII.

REMARQUE 2. La circonférence du cercle pouvant être diviſée géométriquement, c'eſt-à-dire par la regle & le compas, non-ſeulement en 2, 4, 8, &c. mais encore en 3, 5, 15 parties égales, il s'enſuit qu'on pourra aſſigner algébriquement les facteurs de $x^{2m} + px^m + q$ & de $x^n + a^n$ non-ſeulement lorſque m, ou $n = 1, 2, 4, 8$, comme nous l'avons vu plus haut, mais encore toutes les fois que m ou n ſeront des nombres égaux à 3, 5, 15 multipliés par quelqu'un des termes de la progreſſion géométrique 1, 2, 4, 8, 16, &c.

Obſervations particulieres ſur ce qui précede.

CLXXXIV.

REMARQUE 3. Tout facteur $x^{3m} + bx^{2m} + gx^m + q$ pourra toujours ſe réduire au cas général. Car on pourra toujours regarder ce facteur comme une équation du troisieme degré composée des deux suivantes $x^m + g$, & $x^{2m} + hx^m + l$: g, h, & l étant des quantités réelles.

De même tout facteur $x^{4m} + bx^{3m} + cx^{2m} + ex^m + f$ peut être regardé comme composé de ces deux facteurs trinomes $x^{2m} + kx^m + q$, $x^{2m} + ix^m + p$, dans lesquels les coefficiens seront réels (Art. LXXXIII. Introduct.). Enfin $x^{5m} \ldots\ldots + S$ peut se réduire en deux facteurs l'un quatrinome, l'autre simple où tous les coefficiens seront réels.

CHAPITRE XIII.

Des différentielles qui peuvent se ramener à des fractions rationelles.

CLXXXV.

IL est évident par les Chapitres précédens que toute fraction rationelle différentielle non intégrable algébriquement, dépend pour son intégration de la quadrature du cercle ou de l'hyperbole, ou, ce qui revient au même, de la rectification du cercle ou de la parabole. Donc toute différentielle qui par transformation pourra se réduire à des fractions rationelles, s'intégrera ou absolument, ou par les mêmes quadratures ou rectifications.

Nous allons examiner ici les cas généraux dans lesquels cette transformation peut se faire avec succès.

CLXXXVI.

CLXXXVI.

1°. $\frac{x^{\frac{m}{r}}dx}{e+fx^n}$ deviendra rationelle en ſuppoſant $x^{\frac{1}{r}} = z$. Car on aura $x = z^r$, $dx = rz^{r-1}dz$, & $x^n = z^{rn}$. Donc en ſubſtituant dans la propoſée pour x & dx, leurs valeurs en z & en dz, on aura la transformée ſuivante $\frac{rz^{m+r-1}dz}{e+fz^{rn}}$, qu'on voit bien être une fraction rationelle, m, r, & n étant des nombres entiers.

Examen des différentielles les plus générales qui peuvent ſe transformer en fractions rationelles.

CLXXXVII.

2°. La transformation réuſſira dans les différentielles qui contiendront tant de puiſſances $x^{\frac{\delta}{\lambda}}$, $x^{\frac{m}{n}}$, &c. qu'on voudra ſans aucun autre radical. Par exemple, ſi j'avois $\frac{x^{\frac{m}{n}} \cdot x^{\frac{\delta}{\lambda}} \cdot x^{\frac{\tau}{\varphi}} \cdot dx}{e+fx^k}$, je donnerois à la propoſée la forme ſuivante $\frac{x^{\frac{m}{n}+\frac{\delta}{\lambda}+\frac{\tau}{\varphi}}dx}{e+fx^k}$: je réduis enſuite tous les expoſans fractionaires au même dénominateur q, & je fais $x^{\frac{1}{q}} = z$, & par conſéquent $x = z^q$, $dx = qz^{q-1}dz$. Par ce moyen tous les radicaux diſparoiſſent, & la fraction propoſée devient rationelle.

CLXXXVIII.

3°. Que la fraction propoſée contienne au numérateur $\left\{\frac{\alpha+\beta x}{\delta+\gamma x}\right\}^{\frac{\tau}{\lambda}}$, $\left\{\frac{\alpha+\beta x}{\delta+\gamma x}\right\}^{\frac{\mu}{\upsilon}}$, ſans autres radicaux, le dénominateur étant toujours $e + fx^k$, on la réduiroit au cas précédent en faisant $\frac{\alpha + \epsilon x}{\delta + \gamma x} = z$.

CLXXXIX.

4°. A plus forte raison si elle contenoit simplement $(\alpha + \epsilon x)^{\frac{\tau}{\lambda}}$.

CXC.

5°. Si j'ai à intégrer $\frac{x^{\frac{p}{q}} dx}{(a + bx)^{\frac{n}{r}}}$, je mets d'abord cette fraction sous la forme suivante $\frac{x^{\frac{pr}{qr}} dx}{(a + bx)^{\frac{nq}{qr}}}$. Je la multiplie ensuite haut & bas par $x^{\frac{nq}{qr}}$, ou par $(a + bx)^{\frac{pr}{qr}}$. Soit à présent $\frac{x}{a + bx}$ ou $\frac{a + bx}{x} = z$, pratiquant le reste de l'opération; on parvient à une transformée rationelle si $\frac{pr \mp nq}{qr}$ est un nombre entier.

CXCI.

6°. En faisant $x^n = z$, on ramenera au troisieme cas la fraction suivante $\frac{dx}{x . (a + bx^n)^q}$, n & q étant tout ce qu'on voudra.

CXCII.

7°. Si la différentielle ne contient point d'autre radical que $(a + bx \pm cxx)^{\frac{m}{2}}$, m étant un nombre impair, alors on la pourra réduire en fraction rationelle. Car pour dégager de dessous le signe radical ce qui en peut être ôté, on changera le radical en $\sqrt{\left\{\frac{a}{c}+\frac{bx}{c}\pm xx\right\}}$. Or on connoît plusieurs façons de faire évanouir ce radical. 1°. Si on a $+xx$, on supposera $x+z=\sqrt{\frac{a}{c}+\frac{bx}{c}+xx}$, ce qui donne en quarrant $xx+2xz+zz=\frac{a}{c}+\frac{bx}{c}+xx$, & en réduisant $x=\frac{czz-a}{b-2cz}$. 2°. Si on a $-xx$ on supposera le radical $\sqrt{\frac{a}{c}+\frac{bx}{c}-xx}=\sqrt{f+x}\times\sqrt{g-x}$, ou $\sqrt{-f+x}\times\sqrt{g-x}$. Je fais à présent $\sqrt{\pm f+x}\times\sqrt{g-x}=(g-x)z$, ou $(\sqrt{g-x}\times\sqrt{g-x})z$, j'en tirerai $\sqrt{\pm f+x}=z\sqrt{g-x}$; donc $\pm f+x=(g-x)zz$; donc $x+xzz=gzz\mp f$, & enfin $x=\frac{gzz\mp f}{zz+1}$.

CXCIII.

8°. Que l'on ait dans la fraction différentielle proposée $(a+bx)^{\frac{n}{2}}$ & $(c+fx)^{\frac{m}{2}}$ sans autres expressions radicales, m & n représentant des nombres impairs, on la réduira à la précédente, en faisant $c+fx=zz$, ce qui donnera $(c+fx)^{\frac{m}{2}}=z^m$ &c.

CXCIV.

9°. Si la fraction a pour numérateur $X.(a+bx)^{\frac{n}{2}}$, & pour dénominateur $X'(f+gx)^{\frac{m}{2}}+X''(c+hx)^{\frac{r}{2}}$ (X, X', X'' désignant des fonctions rationelles quelconques de x), on multipliera le haut & le bas de la fraction par $X'(f+gx)^{\frac{m}{2}}-X''(c+hx)^{\frac{r}{2}}$. On voit que par cette opération le dénominateur devient $X' \times X' (f+gx)^m - X'' X'' (c+bx)^r$ quantité qui n'a plus de radicaux, & le numérateur se réduit au cas du N°. 3.

CXCV.

10°. Si la fraction proposée a pour numérateur une fonction rationelle de x, & pour dénominateur $X + X'. (a+bx)^{\frac{n}{2}} + X'' (f+gx)^{\frac{m}{2}}$, on la réduira à la précédente en multipliant haut & bas par $X + X' (a+bx)^{\frac{n}{2}} - X''. (f+gx)^{\frac{m}{2}}$.

CXCVI.

11°. Quand la fraction aura pour dénominateur $X. (c+fx+gxx)^{\frac{m}{2}} + X' (a+bx+cxx)^{\frac{n}{2}}$, on la réduira à celle du N°. 7 en multipliant le numérateur & le dénominateur par $X. (c+fx+gxx)^{\frac{m}{2}} - X' (a+bx+cxx)^{\frac{n}{2}}$.

CXCVII.

Enfin si la proposée contient $\sqrt[m]{\left\{a+b\sqrt[n]{c}+e\sqrt[f]{r} + \&c. \left(\frac{g+hx}{l+mx}\right)^{\frac{1}{\delta}}\right\}}$ δ étant un nombre entier positif ou négatif, a, b, c, &c. des constantes, & m, n, f, &c. des nombres entiers positifs ou négatifs, on pourra faire disparoître tous les radicaux l'un après l'autre, en supposant la quantité $\sqrt[m]{(a+b\sqrt[n]{c}+ \&c.)}$ égale à une quantité simple z, ce qui donnera une valeur rationelle de x en z, par le moyen de laquelle la différentielle donnée pourra être changée en fraction rationelle.

CXCVIII.

REMARQUE. On pourra simplifier quelquefois la transformation. Car $x^{n-1}dx$ multiplié par une fonction rationelle de x^n, n étant quelconque, se réduit à une fraction rationelle, en faisant $x^n = z$.

Et en général si ci-dessus on met par-tout $x^{n-1}dx$ pour dx, & x^n pour x, il n'y aura qu'à faire $x^n = z$, & on retombera dans les mêmes cas.

CXCIX.

Conclusion de ce qui regarde les fractions rationelles.

Quels sont les Auteurs qui ont écrit sur cette matiere.

Voilà ce qu'il est important de savoir sur les fractions rationelles différentielles, & ce qu'on peut regarder comme le résultat de ce qu'ont écrit sur cette matiere Mrs Bernoulli, Cotes, & plusieurs autres. Voyez Mém. Acad. Berlin 1746. Au reste l'article des fractions rationelles est un des plus importans & des plus étendus de tout le Calcul intégral, & la maniere dont on l'a traité ici pourra être fort utile aux commençans.

CHAPITRE XIV.

Des différentielles qui se rapportent à la rectification de l'ellipse ou de l'hyperbole.

CC.

Quels sont les Géometres qui ont travaillé sur cette matiere.

Mr. Maclaurin dans son *Traité des Fluxions* second volume, page 225. a donné quelques recherches sur les différentielles réductibles à la rectification de l'ellipse & de l'hyperbole ; mais son travail sur cette matiere n'étant pas complet, M. d'Alembert l'a continué dans la seconde partie d'un Mémoire sur le Calcul intégral imprimé parmi ceux de l'Académie de Berlin, tome 4. C'est d'après ces deux grands Géometres que nous allons exposer ici ce qu'on sait sur cette matiere.

CCI.

1°. Elément de la rectification d'une Ellipse dont le grand axe est $2a$, & le parametre p.

Figure 6.

LEMME 1. Soit une ellipse dont le grand axe $Aa' = 2a$, le parametre $= p$, supposons que les coupées KB, $K\varepsilon$ &c. prises depuis le centre K sont x, les ordonnées BC, εx, y, l'équation de l'ellipse sera $\frac{2a}{p} yy = aa - xx$, ou $2ayy = aap - pxx$. Prenant les différences il vient $4aydy = -2pxdx$ ou $\frac{2a}{p} ydy = -xdx$, d'où l'on tire $dy = -\frac{pxdx}{2ay}$ & $dy^2 = \frac{ppxx}{4aayy} dx^2 = \frac{ppxx}{2a \times 2ayy} dx^2$, $=$ (en mettant pour $2ayy$ sa valeur) $\frac{pxx}{2a^3 - 2axx} dx^2$. Substituant cette valeur de dy^2 dans la formule (de l'Art. 91.) $du = \sqrt{dx^2 + dy^2}$, on trouve $du = \sqrt{dx^2 + \frac{pxxdx^2}{2a^3 - 2axx}} = dx$ $\sqrt{1 + \frac{pxx}{2a^3 - 2axx}} = dx \sqrt{\frac{px^2 - 2ax^2 + 2a^3}{2a^3 - 2axx}}$, & en divisant haut & bas par $2a$, on a $dx \frac{\sqrt{aa + \frac{p-2a}{2a} xx}}{\sqrt{aa - xx}}$ $= dx \frac{\sqrt{aa + \frac{(p-1)}{2a} \cdot xx}}{\sqrt{aa - xx}}$ pour l'élément de l'ellipse en question. Par la propriété connue de l'ellipse on aura $2pa$ égal au quarré du demi-axe conjugué. Donc si l'on fait $\frac{p}{2a} = q$, le quarré du même demi-axe conjugué sera $4qaa$. Soit à présent $aa + (q-1) \times xx = az$, on aura $xx = \frac{az - aa}{q-1}$, $2xdx = \frac{adz}{q-1}$, $dx = \frac{adz}{q-1 \cdot 2\frac{\sqrt{az-aa}}{\sqrt{q-1}}} = \frac{adz}{\sqrt{q-1} \cdot 2\sqrt{az-aa}}$: substituant cette valeur dans l'équation $du = dx \frac{\sqrt{(aa + (q-1)xx)}}{\sqrt{(aa - xx)}}$, on aura $du =$

$$\frac{adz\sqrt{az}}{\sqrt{q-1} \cdot 2\sqrt{az-aa} \cdot \sqrt{\frac{aa - az + aa}{\sqrt{(q-1)}}}} = \frac{adz\sqrt{az}}{2\sqrt{az-aa} \cdot \sqrt{qaa - az}}$$

$$= \frac{dz\sqrt{az}}{2\sqrt{z-a} \cdot \sqrt{qa-z}} = \frac{dz\sqrt{az}}{2\sqrt{(qa+a)z - zz - qaa}}.$$

CCII.

D'où il suit qu'en général $\frac{dz\sqrt{z}}{\sqrt{fz - zz - gg}}$ dépend de la rectification d'une ellipse dont g est un des demi-axes, & dont l'autre demi-axe que je nomme r doit être tel

Différentielle qui en dépend immédiatement.

que $fr - rr = gg$. En effet, en comparant les deux dernieres différentielles entre elles terme à terme, on a $qaa = gg$; $qa + a = f$, ou $qaa = fa - aa$; donc $fa - aa = gg$, ou à cause que a (hyp.) $= r$, $gg = fr - rr$, le second axe est donc $\frac{f}{2} \pm \sqrt{\frac{ff}{4} - gg}$. Car si on multiplie cette quantité par f, & si on lui ajoute son quarré, on trouvera gg après avoir effacé les termes qui se détruisent. Il suit aussi de là que les abscisses x prises depuis le centre doivent être telles que $rz = rr + \overline{\frac{gg}{rr} - 1} . xx$: car nous avons plus haut $aa + (q-1)xx = az$: or $a = r$, $aa = rr$, $qaa = gg$; donc $q = \frac{gg}{aa} = \frac{gg}{rr}$, donc &c.

CCIII.

REMARQUE 1. Si ff étoit $< 4gg$, la valeur de r seroit imaginaire, par conséquent l'ellipse le seroit aussi. Mais alors la différentielle proposée seroit imaginaire & sans intégrale; ce qui est évident, puisque dans ce cas $\sqrt{fz - zz - gg}$ seroit imaginaire, cette quantité étant la même que celle-ci $\sqrt{\frac{f^2}{4} - gg - \left\{\frac{f}{2} - z\right\}^2}$.

CCIV.

REMARQUE 2. Il est clair que $\frac{ff}{4} - gg = \frac{ff}{4} - fr + rr = \overline{\frac{f}{2} - r}^2$. Or comme par la remarque précédente $\sqrt{\frac{ff}{4} - gg - \left\{\frac{f}{2} - z\right\}^2}$ doit toujours être réelle, il s'ensuit que $\sqrt{\left\{\frac{f}{2} - r\right\}^2 - \left\{\frac{f}{2} - z\right\}^2}$

ou

ou $\sqrt{\left\{r-\frac{f}{2}\right\}^2-\left\{z-\frac{f}{2}\right\}^2}$, selon que r & z sont $<$ ou $>\frac{f}{2}$, doit être aussi réel : mais suivant ce qui est dit ci-dessus, $fr-rr=gg$ ou $\frac{fr}{2}-\frac{rr}{2}=\frac{gg}{2}$, ou $\frac{f}{2}-\frac{r}{2}=\frac{gg}{2r}$, ou $\frac{f}{2}=\frac{gg}{2r}+\frac{r}{2}$. Donc si $r<\frac{f}{2}$, on a $r<\frac{gg}{2r}+\frac{r}{2}$, ce qui donne $rr<gg$ & $\frac{gg}{rr}>1$; $\frac{gg}{rr}-1$ est donc une quantité positive. Dans ce cas l'équation $rz=rr+\left\{\frac{gg}{rr}-1\right\}xx$ peut se changer en $rz=rr+hxx$, ou $z=r+\frac{hxx}{r}$, d'où il suit que $z>r$ ce qui est d'ailleurs évident, puisque dans ce cas on a $\sqrt{\left\{\frac{f}{2}-r\right\}^2-\left\{\frac{f}{2}-z\right\}^2}$. La valeur $\frac{rz-rr}{h}$ de xx sera donc positive, donc x sera réelle. Si $r>\frac{f}{2}$, on aura $r>\frac{gg}{2r}+\frac{r}{2}$, ce qui donnera $rr>gg$ & $\frac{gg}{rr}<1$; donc $\frac{gg}{rr}-1$ sera une quantité négative : on aura donc $rz=rr-hxx$, ou $z=r-\frac{hxx}{r}$, donc $z<r$, ce qui suit encore de ce qu'alors on a $\sqrt{\left\{r-\frac{f}{2}\right\}^2-\left\{z-\frac{f}{2}\right\}^2}$. La valeur $\frac{rz-rr}{-h}$, ou $\frac{rr-rz}{h}$ de xx sera donc encore positive, la valeur de x par conséquent sera encore réelle.

CCV.

REMARQUE 3. Nous avons vu (Art. CCII.) que la valeur du second axe r de l'ellipse étoit $\frac{f}{2}\pm\sqrt{\frac{ff}{4}-gg}$. On peut donc prendre pour r l'une ou l'autre des deux valeurs $\frac{f}{2}+\sqrt{\frac{ff}{4}-gg}$ ou $\frac{f}{2}-\sqrt{\frac{ff}{4}-gg}$. Mais cela ne réduit-il pas la différentielle proposée à la rectification de deux ellipses différentes ? D'abord on seroit tenté de le croire, & par ce moyen on trouveroit un arc d'ellipſe égal à un autre arc d'ellipſe. Ce qui rend encore la choſe plus vraiſemblable, c'eſt que ces ellipſes ont un axe commun g. Mais en y faiſant attention on reconnoîtra que ces deux ellipſes ſont ſemblables, g eſt le grand axe de l'une, & le petit axe de l'autre. Et en effet l'équation $gg = \left\{\frac{f}{2} + \sqrt{\frac{ff}{4} - gg}\right\} \times \left\{\frac{f}{2} - \sqrt{\frac{ff}{4} - gg}\right\}$ donne cette proportion $\frac{f}{2} + \sqrt{\frac{ff}{4} - gg} : g :: g : \frac{f}{2} - \sqrt{\frac{ff}{4} - gg}$; donc &c.

CCVI.

Figure 7.

2°. Elément de la rectification d'une hyperbole dont le premier axe eſt $2a$, & le parametre p.

LEMME 2. Soit une hyperbole dont le grand axe $2KA = 2a$, le parametre $= p$, les abſciſſes x étant priſes depuis le centre. Soit l'équation de cette hyperbole $\frac{2a}{p} yy = xx - aa$, ou $2ayy = pxx - aap$. Différentiant cette équation, il vient $4ay\,dy = 2px\,dx$, d'où l'on tire $dy = \frac{p}{2ay} x dx$, & $dy^2 = \frac{ppxxdx^2}{4aayy} = \frac{ppxxdx^2}{2apxx - 2a^3p} = \frac{pxxdx^2}{2axx - 2a^3}$: ſubſtituant cette valeur de dy^2 dans la formule de l'Article XCI. $du = \sqrt{dx^2 + dy^2}$, on a $\sqrt{dx^2 + \frac{pxxdx^2}{2axx - 2a^3}}$, ou $dx \frac{\sqrt{2axx + pxx - 2a^3}}{\sqrt{(2axx - 2a^3)}}$, ou enfin $dx \frac{\sqrt{\frac{(p+1)}{2a} xx - a^2}}{\sqrt{xx - aa}}$ pour l'élément d'une hyperbole dont $2a$ eſt le premier axe, & p le parametre de cet axe.

Faisant comme plus haut $\frac{p}{2a} = q$, & $(q+1) \times xx - aa = az$, on changera par les mêmes opérations que celles qui ont été faites pour l'ellipse, la différentielle proposée en celle-ci $\frac{dz\sqrt{az}}{2\sqrt{(zz + \overline{a-qa} \times z - qaa)}}$.

Différentielle qui en dépend immédiatement.

On trouvera de même que $\frac{dz\sqrt{z}}{\sqrt{(zz - gg \pm fz)}}$ dépend de la rectification d'une hyperbole dont le second axe $= 2g$, & dont le premier axe $2r$ doit être tel que $rr - gg = \pm fr$. Les deux demi-axes sont donc g, & $r = \pm \frac{f}{2} + \sqrt{\frac{ff}{4} + gg}$. Les abscisses x prises depuis le centre, à cause de $q = \frac{gg}{rr}$, sont égales à $\pm \frac{\sqrt{(aa+az)}}{\sqrt{(\frac{gg}{rr}+1)}}$.

CCVII.

Elément de l'hyperbole par rapport à son second axe.

REMARQUE. Si on prend l'hyperbole par rapport à son second axe DKd, nommant ce second axe $2b$, le parametre de cet axe π, l'abscisse prise sur le second axe x, l'ordonnée parallele au premier axe y, l'équation de l'hyperbole par rapport à ce second axe sera $\frac{2b}{\pi} yy = xx + bb$; & en faisant les mêmes opérations que pour le premier axe, on trouvera $du = dx \frac{\sqrt{\left\{\frac{\pi}{2b} + 1\right\} xx + bb}}{\sqrt{xx+bb}}$: faisant $\frac{\pi}{2b} = q$, & $(q+1) \times xx + bb = bz$, on trouvera la même transformée que ci-dessus ; on n'auroit donc par ce moyen aucune nouvelle différentielle réductible à la rectification de l'hyperbole.

Donne la même différentielle que la précédente.

CCVIII.

Différentielle qui dépend de la rectification de l'hyperbole équilatere.

COROLLAIRE. Si la différentielle proposée étoit $\frac{dz\sqrt{z}}{\sqrt{zz-gg}}$, en comparant cette différentielle avec $\frac{dz\sqrt{z}}{\sqrt{zz-gg\pm fz}}$ on voit que $f=0$, on aura donc $rr-gg=0$ ou $rr=gg$, c'est-à-dire que les deux axes sont égaux ; la proposée se rapporte donc à la rectification d'une hyperbole dont $2g$ est l'axe.

CCIX.

Autre différentielle qui se ramene à la rectification de l'hyperbole.

Pour trouver l'intégrale de $\frac{dz\sqrt{z}}{\sqrt{bb\pm fz-zz}}$,

Je fais $z=\frac{bb}{u}$, ce qui donne $dz=-\frac{bbdu}{uu}$; $\sqrt{z}=\sqrt{\frac{bb}{u}}$, ou $\frac{b}{\sqrt{u}}$; $zz=\frac{b^4}{uu}$. Mettant à la place de z, dz, zz leurs valeurs en u, on a $\frac{dz\sqrt{z}}{\sqrt{bb\pm fz-zz}}=\frac{-\frac{bbdu}{uu}\times\frac{b}{\sqrt{u}}}{\sqrt{bb+\frac{fbb}{u}-\frac{b^4}{uu}}}=\frac{-\frac{bbdu}{uu}\times\frac{b}{\sqrt{v}}}{\frac{b}{u}\sqrt{uu\pm fu-bb}}=$ enfin $\frac{-bbdu}{u\sqrt{u}.\sqrt{uu\pm fu-bb}}$. Cette différentielle est la même que la suivante $\frac{-u^2du-bbdu}{u\sqrt{u}.\sqrt{uu\pm fu-bb}}+\frac{du\sqrt{u}}{\sqrt{uu\pm fu-bb}}$.

La premiere partie de cette différentielle s'integre sans peine. Car on a $\frac{-u^2du-bbdu}{u\sqrt{u}.\sqrt{uu\pm fu-bb}}=\frac{-u^2du-bbdu}{\frac{u^2\sqrt{uu+fu-bb}}{\sqrt{u}}}$ $=\frac{-du-\frac{bbdu}{u^2}}{\frac{\sqrt{uu+fu-bb}}{\sqrt{u}}}=\frac{-du-\frac{bbdu}{uu}}{\sqrt{u\pm f-\frac{bb}{u}}}$, dont il est aisé de trouver l'intégrale. Car faisant $u \pm f - \frac{bb}{u} = z$, on a $du + \frac{bbdu}{uu} = dz$; donc il vient $-\frac{dz}{\sqrt{z}}$ dont l'intégrale est $-2\sqrt{z}$; donc en remettant pour z & dz leurs valeurs, l'intégrale est $-\frac{2\sqrt{uu \pm fu - bb}}{\sqrt{u}}$. L'intégrale entiere cherchée est donc $-\frac{2\sqrt{uu \pm fu - bb}}{\sqrt{u}} + \int \frac{du\sqrt{u}}{\sqrt{uu \pm fu - bb}}$. Or ce dernier membre qui est sous le signe $\int$ est réductible (Art. CCVI.) à la rectification d'une hyperbole dont les deux demi-axes sont b, & $\pm \frac{f}{2} + \sqrt{\frac{ff}{4} + bb}$. Donc la différentielle proposée est réductible à la rectification de l'hyperbole.

CHAPITRE XV.

Des différentielles dont l'intégration dépend à la fois de la rectification de l'ellipse & de celle de l'hyperbole.

CCX.

PROBLEME I. INtégrer $\frac{dz}{\sqrt{z} \cdot \sqrt{b^2 \pm fz - zz}}$. Premier exemple de ces différentielles.

SOLUTION. $b^2 \pm fz - zz$ (les signes de bb & de zz étant différens) a deux racines réelles, l'une positive & l'autre négative. Je les représente par $a - z$, $m + z$; la propofée devient donc $\frac{dz}{\sqrt{z} \cdot \sqrt{(a-z) \cdot (m+z)}}$ $= \frac{dz}{m\sqrt{z}} \times \left\{ \frac{m+z}{\sqrt{(a-z) \times (m+z)}} - \frac{z}{\sqrt{(a-z) \times (m+z)}} \right\} =$

en faisant les réductions ordinaires $\frac{dz\sqrt{m+z}}{m\sqrt{z}\,.\,\sqrt{a-z}}$ —

$$\frac{dz\sqrt{z}}{m\sqrt{(a-z)\times(m+z)}} = \frac{dz\sqrt{m+z}}{m\sqrt{z}\,.\,\sqrt{a-z}} - \frac{dz\sqrt{z}}{m\sqrt{bb\pm fz-zz}}.$$

Or le second membre de cette différentielle s'integre (Art. CCIX.) par la rectification d'une hyperbole dont les deux demi-axes sont b & $\pm\frac{f}{2}+A$ en supposant $\frac{f^2}{4}+bb=AA$, & par conséquent $\sqrt{\frac{f^2}{4}+bb}=A$. Pour intégrer à présent le premier membre de la différentielle transformée, je fais $m+z=x$ ce qui donne 1°. $\sqrt{z}=\sqrt{x-m}$, 2°. $dz=dx$, 3°. $\sqrt{a-z}=\sqrt{m+a-x}$. Substituant toutes ces valeurs on a $\frac{dx\sqrt{x}}{m\sqrt{x-m}\,.\,\sqrt{m+a-x}} =$

$$\frac{dx\sqrt{x}}{m\sqrt{mx+ax-xx-mm-am+mx}} = \frac{dx\sqrt{x}}{m\sqrt{(a+2m)x-xx-m(a+m)}}.$$

Cette différentielle se rapporte à la rectification de l'ellipse (Art. CCII.) : la comparant terme à terme avec la différentielle de l'Article CCII. $\frac{dz\sqrt{z}}{\sqrt{fz-zz-gg}}$, on a $m\times\overline{a+m}=gg$; $a+2m=f$; les deux demi-axes trouvés g, & $\frac{f}{2}+\sqrt{\frac{ff}{4}-gg}$ deviennent donc $\sqrt{m(a+m)}$ & $\frac{a+2m}{2}+\sqrt{\frac{aa+4am+4mm}{4}-am-mm}$, c'est-à-dire, $\sqrt{m(a+m)}$ & $a+m$. Pour trouver à présent ceux de l'ellipse en question ici, il faut chercher les valeurs de a, & de m. Pour cela j'ai d'abord l'équation suivante $\sqrt{bb\pm fz-zz}=\sqrt{(a-z)(m+z)}$; ce qui donne par la comparaison terme à terme $am=bb$

& $a - m = \pm f$. Nous avons encore ſuppoſé $\frac{ff}{4} + bb = AA$, donc $\frac{ff}{4} = AA - bb = AA - am = AA - aa \pm fa$, ce qui donne $\pm \frac{f}{2} + A = a$. Mettant cette valeur de a dans $a - m = f$, on aura $\pm \frac{f}{2} + A - f = m$ ou $m = \mp \frac{f}{2} + A$; donc $a + m = \pm \frac{f}{2} + A \mp \frac{f}{2} + A = 2A$, & $\sqrt{m \times (a+m)} = \sqrt{2A . \left\{A \mp \frac{f}{2}\right\}}$ qui ſont les deux demi-axes de l'ellipſe cherchée.

CCXI.

COROLLAIRE. Si l'on a $\frac{dz}{\sqrt{z} . \sqrt{zz - bb \pm fz}}$, il faut eſſayer ſi par des transformations on ne peut pas ramener cette différentielle à quelqu'un des cas précédens. Pour y parvenir, je fais $z = \frac{bb}{u}$; ce qui donne en faiſant les mêmes calculs que nous avons déja faits (Art. CCIX.) la transformée $\frac{-du}{\sqrt{u} . \sqrt{bb \pm fu - uu}}$ qu'on voit évidemment s'intégrer par le Problême précédent, & dépendre de la rectification des mêmes ellipſe & hyperbole. Les demi-axes de l'hyperbole ſont b & $\pm \frac{f}{2} + A$, ceux de l'ellipſe ſont $\sqrt{2AA - Af}$ & $2A$. On ſuppoſe toujours $A = \sqrt{\left\{\frac{ff}{4} + bb\right\}}$.

CCXII.

REMARQUE. Il eſt bon de faire obſerver ici de quel uſage fréquent ſont les transformations que nous avons enſeignées dans le commencement de ce Traité. Elles ſont, pour ainſi dire, la clef de tout ce Calcul, du moins

Réflexion ſur le fréquent uſage des transformations enſeignées au commencement de ce Traité.

le facilitent-elles extrêmement. On voit aussi par les exemples que nous avons donnés jusqu'ici comment on ramene les différentielles dont on cherche l'intégration à d'autres différentielles dont l'intégrale nous est connue. Nous en allons encore donner des exemples.

CCXIII.

Autres différentielles qui sont dans le cas des précédentes.

PROBLEME 2. Trouver l'intégrale de $\frac{dz}{\sqrt{z}\,.\,\sqrt{zz+bb\pm fz}}$.

SOLUTION. Ce Problême a deux cas, le premier lorsque le trinome $zz+bb\pm fz$ a ses racines réelles, le second lorsqu'il a ses racines imaginaires. Examinons ces deux cas séparément.

PREMIER CAS.

Lorsque $zz+bb\pm fz$ a ses racines réelles, je les représente par $z+m$, & $z+n$, quand il y a $+fz$; & par $z-m$, $z-n$, quand il y a $-fz$. Je suppose $n>m$, supposition que je puis toujours faire. J'ai donc $\frac{dz}{\sqrt{z}\,.\,\sqrt{(zz\pm fz+bb)}}=\frac{dz}{\sqrt{z}\,.\,\sqrt{(z\pm m)\,.\,(z\pm n)}}$. Soit $z\pm m=u$; on a $dz=du$; $\sqrt{z}=\sqrt{u\mp m}$, & $\sqrt{z\pm n}=\sqrt{u\mp m\pm n}$. La proposée se change donc en $\frac{du}{\sqrt{u}\,.\,\sqrt{(u\mp m)\times(u\mp m\pm n)}}=\frac{du}{\sqrt{u}\,.\,\sqrt{uu\mp 2um\pm un+mm-mn}}$. Mais comme (hyp.) $n>m$, la transformée peut être représentée par $\frac{du}{\sqrt{u}\,.\,\sqrt{uu\pm ku-qq}}$. Elle s'intégrera donc (Article CCXII.) par la rectification de l'ellipse & de l'hyperbole l'hyperbole à la fois. Comparant cette derniere différentielle avec celle de l'Article que nous venons de citer, on trouve que les demi-axes de l'hyperbole sont ici q, & $\pm\frac{k}{2}+\sqrt{\frac{k^2}{4}+qq}$, & que les demi-axes de l'ellipse sont $2\sqrt{\frac{kk}{4}+qq}$ & $\sqrt{2\left\{\frac{kk}{4}+qq\right\}\mp k\sqrt{\frac{kk}{4}+qq}}$

$$=\sqrt{2.\sqrt{(\frac{kk}{4}+qq)}\times\sqrt{(\frac{kk}{4}+qq)}\mp k\sqrt{(\frac{kk}{4}+qq)}}$$

$$=\sqrt{2\sqrt{\frac{kk}{4}+qq}}\times\sqrt{\mp\frac{k}{2}+\sqrt{\frac{kk}{4}+qq}}.$$

Comparant à présent $\frac{dz}{\sqrt{z}.\sqrt{zz\pm fz+bb}}$ avec la transformée $\frac{dz}{\sqrt{z}.\sqrt{zz\pm nz\pm mz+mn}}$, on trouve 1°. dans le cas de $+fz$ . . . . $mn=bb$

$$m+n=f$$

donc . . . . $n=\frac{bb}{m}$

& $m+n=f$ devient $mm+bb=fm$

ou bien . . $mm-fm+\frac{ff}{4}=\frac{ff}{4}-bb$

ou . . . . $m=\frac{f}{2}\pm\sqrt{\frac{ff}{4}-bb}$,

& par conséquent . . . . . . $n=\frac{f}{2}\mp\sqrt{\frac{ff}{4}-bb}$

donc à cause de $m<n$ on a $m=\frac{f}{2}-\sqrt{\frac{ff}{4}-bb}$

& . . . . $n=\frac{f}{2}+\sqrt{\frac{ff}{4}-bb}$

donc en supposant $\frac{ff}{4}-bb=AA$, on a $m=\frac{f}{2}-A$

$$n=\frac{f}{2}+A.$$

Comparant maintenant la transformée $\frac{du}{\sqrt{u}.\sqrt{uu\mp 2um\pm un+mm-mn}}$

avec $\frac{du}{\sqrt{u}.\sqrt{uu \pm ku - qq}}$, on trouve dans le même cas

de $+fz$ . . . . $-2m+n=k$

donc . . . . $\frac{k}{2} = -m + \frac{n}{2}$

cette comparaison donne aussi $-mm+mn=qq$

donc . . . . $q = \sqrt{-mm+mn}$,

& en mettant pour m & n leurs valeurs trouvées ci-dessus, il nous viendra . . . $q = \sqrt{fA - 2AA}$:

on a aussi $\frac{nn}{4} - mn + m^2 + q^2 = \frac{k^2}{4} + q^2$

ou bien . . . . $\frac{nn}{4} - q^2 + q^2 = \frac{kk}{4} + qq$,

donc . . . . $\frac{n}{2} = \sqrt{\frac{kk}{4} + qq}$.

Les demi-axes trouvés de l'hyperbole q & $\frac{k}{2} + \sqrt{\frac{kk}{4} + qq}$

sont donc . . . . $q = \sqrt{fA - 2AA}$

& . . . . $-m+n = 2A$.

Les demi-axes de l'ellipse sont $n = \frac{f}{2} + A$

& $\sqrt{\frac{f}{2} + A} \times \sqrt{m - \frac{n}{2} + \frac{n}{2}} = \sqrt{\frac{f}{2} + A} \times$
$\sqrt{\frac{f}{2} - A} = b$.

2°. Dans le cas de $-fz$, faisant les mêmes calculs que ci-dessus, on trouve . . . . . $mn = bb$

$$m+n=f$$

$$2m-n = -k$$

$$mm - nm = -qq,$$

donc . . . . $q = \sqrt{fA - 2AA}$

& . . . . $\sqrt{\frac{kk}{4} + qq} = \frac{n}{2}$.

Les demi-axes de l'hyperbole sont donc

$$q = \sqrt{fA - 2AA}$$

& . . . . $m = \frac{f}{2} - A$:

ceux de l'ellipse sont . . . . $n = \frac{f}{2} + A$

& $\sqrt{n} \times \sqrt{\left\{-m + \frac{n}{2} + \frac{f}{2}\right\}} = \sqrt{nn - mn} =$

$\sqrt{\left\{\frac{ff}{4} + fA + AA - \frac{ff}{4} + AA\right\}} = \sqrt{(2AA + fA)}$.

Si dans le cas de $-fz$, au lieu de supposer que les racines sont $z - m$, & $z - n$, on les suppose $m - z$, & $n - z$, comme on le doit faire lorsque $z < m$ & $< n$ (n étant toujours supposé $> m$) on fera dans ce cas $m - z = t$, & après les réductions & transformations ordinaires on aura $\frac{-dt}{\sqrt{t} \cdot \sqrt{(m-t)\cdot(n-m+t)}}$, qui se rapporte à la différentielle du Problême 1. Art. CCX.

Pratiquant ici les mêmes calculs que nous avons faits plus haut, on trouve . . . . $mn = bb$

$$m + n = f$$

$$m(n - m) = qq$$

$$2m - n = \pm k.$$

Ces équations donnent un résultat qui est le même que le précédent. Je passe au cas où les racines sont imaginaires.

SECOND CAS.

Si $zz \pm fz + bb$ a ses racines imaginaires, je commence par faire évanouir le second terme, en faisant

$$z \pm \frac{f}{2} = u$$

ou . . . . $z = u \mp \frac{f}{2}$,

ce qui donne . . . . $zz = uu \mp fu + \frac{ff}{4}$

. . . . $dz = du$.

. . . . $\sqrt{z} = \sqrt{u \mp \frac{f}{2}}$.

Substituant ces valeurs dans la proposée, on a

$\frac{du}{\sqrt{u \mp \frac{f}{2}} \cdot \sqrt{uu - \frac{ff}{4} + bb}}$, & en supposant $\frac{ff}{4} - bb = -AA$, on a $\frac{du}{\sqrt{u \mp \frac{f}{2}} \cdot \sqrt{uu + AA}}$. Je fais ensuite . . . . $u + \sqrt{uu + AA} = t$

ou . . . . $t - u = \sqrt{uu + AA}$

& . . . . $tt - 2tu + uu = uu + AA$,

donc . . . . $u = \frac{tt - AA}{2t}$

$$du = (tt + AA) \times \frac{dt}{2tt}$$

$$\sqrt{u \mp \frac{f}{2}} = \frac{\sqrt{tt - AA \mp ft}}{\sqrt{2t}}$$

$$\sqrt{uu + AA} = \frac{\sqrt{t^4 + 2ttAA + A^4}}{\sqrt{4tt}}$$

$$= \frac{tt + AA}{2t}.$$

La nouvelle transformée sera donc $\frac{\overline{tt + AA} \cdot \frac{dt}{2tt}}{\frac{\sqrt{tt - AA \mp f}}{\sqrt{2t}} \times \left\{\frac{tt + AA}{2t}\right\}}$

$$= \frac{\left\{\frac{tt + AA}{2t}\right\} \times \frac{dt}{\sqrt{t} \cdot \sqrt{t}}}{\frac{\sqrt{(tt - AA \mp ft)}}{\sqrt{2} \cdot \sqrt{t}} \times \left\{\frac{tt + AA}{2t}\right\}} = \frac{dt \cdot \sqrt{2} \cdot \sqrt{t}}{\sqrt{t} \cdot \sqrt{t} \cdot \sqrt{(tt - AA \mp ft)}}$$

$= \frac{dt\sqrt{2}}{\sqrt{t} \cdot \sqrt{tt - AA \mp ft}}$, qui s'integre par le Corollaire du Problême 1. Art. CCXI.

Si $z < \frac{f}{2}$, au lieu de $z - \frac{f}{2} = u$, on fera $\frac{f}{2} - z = u$;

& en supposant $\sqrt{uu + AA} - u = t$, la transformée sera $\frac{dt\sqrt{2}}{\sqrt{t}\,.\,\sqrt{tt - AA + ft}}$, qui s'integre de la même maniere que la précédente.

Pour ce qui regarde les demi-axes de l'ellipse & de l'hyperbole dans ce cas, nous ne nous arrêterons pas à détailler tous les calculs nécessaires pour les trouver, le lecteur doit être suffisamment exercé à les faire lui-même. En supposant, comme nous l'avons dit, $\frac{ff}{4} - bb = -AA$, il trouvera que les deux demi-axes de l'hyperbole sont A & $\mp \frac{f}{2} + b$, & ceux de l'ellipse $2b$, & $\sqrt{2b \times (\pm \frac{f}{2} + b)} = \sqrt{2bb \pm bf}$.

CCXIV.

PROBLEME 3. Trouver l'intégrale de $\frac{dz}{\sqrt{z}\,.\,\sqrt{(fz - bb - zz)}}$. Troisieme exemple.

SOLUTION. La quantité $\sqrt{fz - bb - zz}$ peut avoir cette autre forme $\sqrt{\frac{ff}{4} - bb - \left\{\frac{f}{2} - z\right\}^2}$. En la considérant sous cette forme, on remarquera que si $\frac{ff}{4}$ est $< bb$, la différentielle proposée est imaginaire, & par conséquent sans intégrale; donc pour que le Problême soit possible, il faut que $fz - bb - zz$ ait ses racines réelles. Je les suppose $a - z$ & $z - c$, la proposée sera $\frac{dz}{\sqrt{z}\,.\,\sqrt{(a-z)\times(z-c)}} = \frac{dz}{\sqrt{z}\,.\,\sqrt{az + cz - zz - ac}}$.

Je fais $a - z = u$, donc $dz = -du$, &c; après les opérations ordinaires on trouve la transformée

$$\frac{-du}{\sqrt{u}\cdot\sqrt{a-u}\,.\,\sqrt{a-u-c}} = \frac{-du}{\sqrt{u}\,.\,\sqrt{aa - ac - 2au + cu + uu}},$$

mais a doit toujours être ſuppoſé $> c$, car $a - z$ & $z - c$ doivent toujours être poſitifs; ſi l'un des deux étoit négatif, la différentielle ſeroit imaginaire, ce qui eſt contre l'hypotheſe. S'ils ſont tous deux négatifs, il les faut changer en $z - a$, & $c - z$ qui ne différent de $a - z$ & de $z - c$ que par le changement des ſignes; donc $a > z$ & $z > c$, donc $a > c$; la propoſée peut donc être ſuppoſée égale à $\frac{-du}{\sqrt{u} \cdot \sqrt{gg \pm ku + uu}}$ qui s'integre par le Problême 2.

Pour trouver les demi-axes de l'ellipſe & de l'hyperbole, j'ai d'abord en comparant les deux premieres différentielles . . . . $a + c = f$

$ac = bb$.

Je compare enſuite les deux dernieres, cette comparaiſon me donne . . . . $aa - ac = gg$

$2a - c = -k$

$aa - ac + \frac{cc}{4} = \frac{kk}{4}$

donc . . . . $\frac{kk}{4} > gg$,

donc les racines ſont réelles. De plus $a > c$ donne $2a > c$, & k poſitif. Comparant maintenant notre transformée $\frac{-du}{\sqrt{u} \cdot \sqrt{(uu - ku + gg)}}$ avec $\frac{dz}{\sqrt{z} \cdot \sqrt{(zz - fz + bb)}}$ dont les demi-axes ont été trouvés (Art. CCXIII. n°. 2.), $zz - fz + bb$ ayant ſes racines réelles; faiſant $A' = \sqrt{\frac{kk}{4} - gg}$, on trouvera que les demi-axes de l'hyperbole ſont $\sqrt{kA' - 2A'A'}$ & $\frac{k}{2} - A'$, & que ceux de l'ellipſe ſont $\sqrt{2A'A' + A'k}$, & $A' + \frac{k}{2}$: or $k = 2a - c$, $gg = aa - ac$, $a + c = f$, & $ac = bb$. Subſtituant donc pour A' & k leurs valeurs en b & en f, & faiſant $\sqrt{\frac{bb}{4} - ff} = A$, on trouve que les demi-axes de l'hyperbole ſont $2A$ & $\sqrt{fA - 2AA}$, & ceux de l'ellipſe ſont b, & $\frac{f}{2} + A$.

CCXV.

PROBLEME 5. Trouver l'intégrale de $\frac{dz\sqrt{z}}{\sqrt{zz + bb \pm fz}}$. Quatrieme exemple.

SOLUTION. Le dénominateur a ſes deux racines réelles, ou il les a imaginaires.

PREMIER CAS.

Lorſque $zz + bb \pm fz$ a ſes deux racines réelles, elles ſeront $z + a$, & $z + c$ dans le cas de $+fz$, & $z - a$, $z - c$ dans le cas de $-fz$. A préſent il eſt évident que $\frac{dz\sqrt{z}}{\sqrt{zz \pm fz + ob}} = \frac{zdz}{\sqrt{z} \cdot \sqrt{zz \pm az \pm cz + ac}}$. Je fais $z \pm a = y$, en ſuppoſant $c > a$, on a $z = y \mp a$; $dz = dy$; $z \pm c = y \mp a \pm c$. Subſtituant ces valeurs de z on aura $\frac{zdz}{\sqrt{z} \cdot \sqrt{z \pm a} \cdot \sqrt{z \pm c}} = \frac{\overline{y \mp a} \cdot dy}{\sqrt{y} \cdot \sqrt{(y \mp a) \cdot (y \mp a \pm c)}} = \frac{dy\sqrt{y}}{\sqrt{(y \mp a) \cdot (y \mp a \pm c)}} \mp \frac{ady}{\sqrt{y} \cdot \sqrt{(y \mp a) \cdot (y \mp a \pm c)}}$. Or comme par la ſuppoſition $c > a$, on voit clairement que ces deux différentielles peuvent ſe repréſenter par les deux ſuivantes $\frac{dy\sqrt{y}}{\sqrt{yy \pm ny - mm}}$ & $\frac{dy}{\sqrt{y} \cdot \sqrt{yy \pm ny - mm}}$, la premiere deſquelles ſe rapporte à l'Article CCVI., & la ſeconde au Corollaire du Problême 1. Art. CCXI.

On a ici . . . . $ac = bb$

$$a + c = f$$

$$-2a + c = \pm n$$

$$-aa + ac = mm.$$

Les axes de l'hyperbole sont m & $\pm \frac{n}{2} + \sqrt{\frac{n^2}{4} + mm}$, c'est-à-dire $\sqrt{-aa+ac}$ & $-a+c$. Or a étant par la supposition $< c$, $= \frac{f}{2} - A$, & $c = \frac{f}{2} + A$, donc les axes de l'hyperbole sont $\sqrt{fA - 2AA}$ & $2A$. Les axes de l'ellipse sont $\sqrt{2\sqrt{\frac{nn}{4}+mm} \times (\mp \frac{n}{2} + \sqrt{\frac{nn}{4}+mm})}$ & $2\sqrt{\frac{nn}{4}+mm}$, c'est-à-dire $\sqrt{c \times a} = b$, & c ou $\frac{f}{2} + A$.

CCXVI.

REMARQUE. Si lorsqu'on a $-fz$, les racines au lieu d'être $z-a$ & $z-c$, sont $a-z$, & $c-z$, en supposant toujours $c > a$; alors on fera $a - z = u$, ce qui donne en opérant comme ci-dessus $\frac{zdz}{\sqrt{z} \cdot \sqrt{(a-z) \cdot (c-z)}}$ $= \frac{du\sqrt{u}}{\sqrt{(a-u) \cdot (c-a+u)}} - \frac{adu}{\sqrt{u} \cdot \sqrt{(a-u) \cdot (c-a+u)}}$ dont la premiere partie s'integre par l'Article CCIX. & la seconde par l'Article CCX. Lorsqu'on a $-fz$, les demi-axes de l'hyperbole sont $\sqrt{fA - 2AA}$ & $\frac{f}{2} - A$, & ceux de l'ellipse sont $\sqrt{2AA + fA}$ & $A + \frac{f}{2}$.

CCXVII.

CCXVII.

SECOND CAS.

Lorsque $zz \pm fz + bb$ a ses deux racines imaginaires, on fait d'abord évanouir le second terme en faisant $z \pm \frac{f}{2} = u$, ce qui donne $dz = du$, $\sqrt{z} = \sqrt{u \mp \frac{f}{2}}$; $zz = uu \mp fu + \frac{ff}{4}$; on aura donc la transformée $\frac{du\sqrt{u \mp \frac{f}{2}}}{\sqrt{uu + bb - \frac{ff}{4}}}$: & en faisant $bb - \frac{ff}{4} = AA$, il vient $\frac{du\sqrt{u \mp \frac{f}{2}}}{\sqrt{uu + AA}} = \frac{udu \mp \frac{f}{2}du}{\sqrt{u \mp \frac{f}{2}} \cdot \sqrt{uu + AA}}$, comme il est évident en multipliant haut & bas par $\sqrt{u \mp \frac{f}{2}}$, ce qui ne change rien à la valeur.

Soit à présent $u + \sqrt{uu + AA} = y$; donc $uu - 2uy + yy = uu + AA$, donc $u = \frac{yy - AA}{2y}$

& . . . . $du = \frac{dy}{2yy} \times yy + AA$,

on a aussi . . . . $\sqrt{uu + AA} = \frac{yy + AA}{2y}$

& de même . . . . $\sqrt{u \mp \frac{f}{2}} = \frac{\sqrt{yy - AA \mp fy}}{\sqrt{2y}}$.

La premiere partie $\frac{udu}{\sqrt{u \mp \frac{f}{2}} \cdot \sqrt{uu + AA}}$ de la proposée devient donc $\frac{\frac{dy}{4y^3} \times \overline{y^4 - A^4}}{\frac{\sqrt{yy - AA \mp fy}}{\sqrt{2y}} \times \frac{yy + AA}{2y}} =$

$$= \frac{\frac{dy}{2y^2} \times \overline{yy - AA} \times \frac{yy + AA}{2y}}{\frac{\sqrt{yy - AA \mp fy}}{\sqrt{2y}} \times \frac{yy + AA}{2y}} = \frac{\frac{dy}{2yy} \times \overline{yy - AA}}{\frac{\sqrt{yy - AA \mp fy}}{\sqrt{2y}}}$$

$$= \frac{dy\sqrt{2} \cdot \sqrt{y}}{\sqrt{2} \cdot \sqrt{2} \cdot \sqrt{yy - AA \mp fy}} - \frac{AAdy\sqrt{2} \cdot \sqrt{y}}{\sqrt{2} \cdot \sqrt{2} \cdot \sqrt{y} \cdot y\sqrt{y} \cdot \sqrt{y^2 - A^2 \mp fy}}$$

$$= \frac{dy\sqrt{y}}{\sqrt{2} \cdot \sqrt{yy - AA \mp fy}} - \frac{AAdy}{\sqrt{2} \cdot y\sqrt{y} \cdot \sqrt{yy - AA \mp fy}}.$$ La seconde partie $\frac{\mp \frac{f}{2} du}{\sqrt{u \mp \frac{f}{2}} \cdot \sqrt{uu + AA}}$ = de même

$$\frac{\mp \frac{fdy}{4yy} \times \overline{yy + AA}}{\frac{\sqrt{yy - AA \mp fy}}{\sqrt{2y}} \times \frac{yy + AA}{2y}} = \frac{\mp \frac{fdy}{2y}}{\frac{\sqrt{yy - AA \mp fy}}{\sqrt{2y}}}$$ = enfin

$\frac{\mp fdy}{\sqrt{2} \cdot \sqrt{y} \cdot \sqrt{yy - AA \mp fy}}$. La transformée entiere est donc

$$\frac{dy\sqrt{y}}{\sqrt{2} \cdot \sqrt{yy - AA \mp fy}} - \frac{AAdy}{\sqrt{2} \cdot y\sqrt{y} \cdot \sqrt{yy - AA \mp fy}} \mp \frac{fdy}{\sqrt{2} \cdot \sqrt{y} \cdot \sqrt{yy - AA \mp fy}}$$

dont la premiere partie s'integre par l'article CCVI.; la seconde par l'article CCIX., & la troisieme par l'art. CCXI.

Si quand on a $zz - fz + bb$, z est $< \frac{f}{2}$, ensorte qu'il faille supposer $\frac{f}{2} - z = u$, alors en pratiquant ce qui a déja été fait (Problême 2.) dans un cas semblable, on aura (en faisant $\sqrt{uu + AA} - u = t$) la transformée suivante $\frac{dt\sqrt{t}}{\sqrt{2} \cdot \sqrt{tt - AA + ft}} - \frac{AAdt}{\sqrt{2} \cdot t\sqrt{t} \cdot \sqrt{tt - AA + ft}}$ $- \frac{fdt}{\sqrt{2t} \cdot \sqrt{tt - AA + ft}}$ dont les trois parties s'integrent de la même maniere que les trois ci-dessus.

Dans le cas présent des racines imaginaires, l'intégration de $\frac{dz\sqrt{z}}{\sqrt{zz \pm fz + bb}}$ dépend des mêmes ellipse & hyperbole que $\frac{dz}{\sqrt{z} \cdot \sqrt{zz + fz + bb}}$ en faisant les mêmes suppositions.

CCXVIII.

COROLLAIRE GÉNÉRAL. On doit conclure de tout ce que nous venons de dire pour résoudre les Problêmes précédens que l'intégration de la différentielle $\frac{z^{\pm\frac{1}{2}}dz}{\sqrt{a \pm bz \pm czz}}$ dépend toujours de la rectification d'une ou de plusieurs sections coniques.

CHAPITRE XVI.

Suite des Chapitres précédens sur les différentielles dont l'intégration dépend de la rectification des sections coniques.

CCXIX.

SOit cherchée d'abord l'intégrale de $\frac{x^{\pm\frac{n}{2}}dx}{\sqrt{a + bx + cxx}}$, *n* étant un nombre entier impair, & *a*, *b*, *c*, des coefficiens quelconques. Application aux exemples les plus généraux.

Pour résoudre ce Problême 1°. prenons la différence de $x^p \times \sqrt{a + bx + cxx}$, elle sera Premier exemple.

$$px^{p-1}dx \times (a + bx + cxx)^{\frac{1}{2}} + x^p \times \frac{\frac{b}{2}dx + cxdx}{\sqrt{a + bx + cxx}} =$$

$$\frac{px^{p-1}dx \times (a + bx + cxx) + x^p \cdot \left\{\frac{b}{2}dx + cxdx\right\}}{\sqrt{a + bx + cxx}} =$$

$$\frac{px^{p-1}adx + (\frac{b}{2} + bp)x^p dx + (c + cp)x^{p+1}dx}{\sqrt{a + bx + cxx}}.$$

On voit par cette différentielle que l'intégrale de $\frac{px^{p-1}adx}{\sqrt{a+bx+cxx}}$ est égale à celle de $x^p\sqrt{a+bx+cx}$ $- \int \frac{(\frac{b}{2} + bp)x^p dx + (c+cp)x^{p+1}dx}{\sqrt{a+bx+cxx}}$, c'est-à-dire moins l'intégrale de $\frac{(\frac{b}{2}+bp)x^p dx}{\sqrt{a+bx+cxx}}$, & de $\frac{(c+cp)x^{p+1}dx}{\sqrt{a+bx+cxx}}$; elle dépend donc de ces deux dernieres. Donc en général l'intégration de $\frac{x^{-q-\frac{1}{2}}dx}{\sqrt{a+bx+cxx}}$ dépend de celle de $\frac{x^{-q+\frac{1}{2}}dx}{\sqrt{a+bx+cxx}}$, & de celle de $\frac{x^{-q+\frac{1}{2}}dx}{\sqrt{a+bx+cxx}}$, tant que q n'est pas $= 1$; car si $q = 1$, $p - 1 = -\frac{3}{2}$ & $p = -\frac{1}{2}$, & $\frac{b}{2} + bp = 0$.

Donc en donnant successivement différentes valeurs à q, on trouvera que toutes les différentielles $\frac{dx}{x^q\sqrt{x}} \times \frac{1}{\sqrt{a+bx+cxx}}$, q étant un nombre entier positif, s'intégreront aussi-tôt qu'on connoîtra l'intégrale des différentielles $\frac{dx}{\sqrt{x}.\sqrt{a+bx+cxx}}$ & $\frac{dx\sqrt{x}}{\sqrt{a+bx+cxx}}$ que nous avons appris à trouver dans les deux Chapitres précédens.

CCXX.

On remarquera que l'intégrale de $\frac{dx}{x\sqrt{x}.\sqrt{a+bx+cxx}}$ ne dépend que de $\frac{dx\sqrt{x}}{\sqrt{a+bx+cxx}}$; car alors $q = +1$

& par conséquent $\frac{b}{2} + bp = 0$, donc la premiere différentielle s'évanouit. Ainsi il ne reste que la seconde à laquelle répond $\frac{dx\sqrt{x}}{\sqrt{a+bx+cxx}}$. On prouvera aussi que $\frac{x^{q+\frac{1}{2}}dx}{\sqrt{a+bx+cxx}}$ dépend de $\frac{x^{-\frac{1}{2}}dx}{\sqrt{a+bx+cxx}}$ & de $\frac{x^{\frac{1}{2}}dx}{\sqrt{a+bx+cxx}}$. Car comme nous avons vu (Art. précédent) $\frac{x^{-\frac{1}{2}}dx}{\sqrt{a+bx+cxx}}$ dépend de $\frac{x^{\frac{1}{2}}dx}{\sqrt{a+bx+cxx}}$ & de $\frac{x^{\frac{1}{2}}dx}{\sqrt{a+bx+cxx}}$: de même $\frac{x^{\frac{1}{2}}dx}{\sqrt{a+bx+cxx}}$ dépend de $\frac{x^{\frac{3}{2}}dx}{\sqrt{a+bx+cxx}}$, & de $\frac{x^{\frac{5}{2}}dx}{\sqrt{a+bx+cxx}}$ &c. donc réciproquement.

CCXXI.

On peut encore s'en assurer d'une autre maniere en faisant $x = u^{-1}$; $dx = -\frac{du}{uu}$, ce qui donnera la transformée suivante $-\frac{du \times u^{-q-\frac{1}{2}}}{\sqrt{m+nu+quu}}$, qui dépend, comme nous venons de le voir, de $\frac{u^{-\frac{1}{2}}du}{\sqrt{m+nu+quu}}$ & de $\frac{u^{-\frac{1}{2}}du}{\sqrt{m+nu+quu}}$, c'est-à-dire, de $\frac{dx\sqrt{x}}{\sqrt{a+bx+cxx}}$ & de $\frac{dx}{\sqrt{x}.\sqrt{a+bx+cxx}}$.

CCXXII.

Différentiel-les qui dépendent de la précédente.

COROLLAIRE 1. Il suit de là que l'intégration de $x^{\pm\frac{n}{2}} dx \,.\, \overline{a+bx+cxx}^{\frac{p}{2}}$ p étant un nombre entier positif, dépend encore de $\frac{dx\sqrt{x}}{\sqrt{a+bx+cxx}}$ & $\frac{dx}{\sqrt{x}\,.\,\sqrt{a+bx+cxx}}$.

En effet si on multiplie la proposée par $\frac{\sqrt{a+bx+cxx}}{\sqrt{a+bx+cxx}}$, elle deviendra composée de différentes parties de la forme de $\frac{x^{\pm\frac{k}{2}} dx}{\sqrt{a+bx+cxx}}$; donc &c.

CCXXIII.

COROLLAIRE 2. Soit cherchée l'intégrale de $\frac{x^p dx \,.\, x^{\frac{n}{2}} dx}{\overline{a+bx+cxx}^{\frac{n}{2}}}$, p & n étant des nombres entiers positifs. On supposera $\frac{x}{a+bx+cxx} = z^{-1}$ ce qui donne $xz = a+bx+cxx$ ou $xx + \frac{bx-xz}{c} = -\frac{a}{c}$, donc $xx + \frac{bx-xz}{c} + \frac{bb+zz}{4cc} - \frac{bz}{2cc} = -\frac{a}{c} + \frac{bb+zz}{4cc} - \frac{bz}{2cc}$, ou $x = \frac{z+b}{2c} \pm \sqrt{-\frac{a}{c} + \left\{\frac{b-z}{2c}\right\}^2}$. Par le moyen de cette valeur de x on trouvera celle de dx ; & en faisant les substitutions ordinaires, on aura une transformée composée de différentes parties intégrables chacune séparément par l'article CCXIX. & dépendantes par conséquent de nos deux différentielles.

CCXXIV.

COROLLAIRE 3. Si on avoit $\frac{x^{-p} \cdot x^{\frac{n}{2}} dx}{\overline{a + bx + cxx}^{\frac{n}{2}}}$, on feroit $x = \frac{1}{u}$, ce qui donne $x^{-p} = u^{p}$, $dx = -\frac{du}{uu}$, & enfin la transformée suivante $\frac{-u^{p-2} \cdot u^{\frac{n}{2}} du}{\overline{m + nu + gu^{2}}^{\frac{n}{2}}}$ qui s'integre par l'article précédent, excepté dans le cas de $p = +1$ que nous allons examiner. Donc la proposée dépend de $\frac{du\sqrt{u}}{\sqrt{(f + gu + hu)}}$ & de $\frac{du}{\sqrt{u} \cdot \sqrt{(f + gu + hu^{2})}}$, ou ce qui est la même chose, de $\frac{dx\sqrt{x}}{\sqrt{(a + bx + cxx)}}$ & de $\frac{dx}{\sqrt{x} \cdot \sqrt{(a + bx + cxx)}}$.

Dans le cas de $p = +1$ la proposée est $\frac{dx \cdot x^{\frac{n}{2}}}{x \cdot \overline{a + bx + cxx}^{\frac{n}{2}}}$.

On supposera $\frac{x}{a + bx + cxx} = \frac{1}{z}$, ce qui donnera comme plus haut $x = \frac{-b + z}{2c} \pm \sqrt{-\frac{a}{c} + \frac{bb - 2bz + zz}{4cc}}$,

$dx = +\frac{dz}{2c} \mp \frac{bdz - zdz}{4cc \cdot \sqrt{-\frac{a}{c} + \left\{\frac{b-z}{2c}\right\}^{2}}}$, & aussi

$\frac{x^{\frac{n}{2}}}{\overline{a + bx + cxx}^{\frac{n}{2}}} = \frac{1}{z^{\frac{n}{2}}} = z^{-\frac{n}{2}}$: donc en mettant pour x, dx, &c. leurs valeurs en z & dz, il nous viendra la transformée suivante $\frac{z^{-\frac{n}{2}} \times \left\{ + \frac{dz}{2c} \mp \frac{(b-z)\,dz}{4cc\sqrt{-\frac{a}{c} + \left\{\frac{b-z}{2c}\right\}^{2}}} \right\}}{\frac{-b+z}{2c} \pm \sqrt{-\frac{a}{c} + \left\{\frac{b-z}{2c}\right\}^{2}}}$.

Je multiplie le haut & le bas par $\frac{-b+z}{2c} \pm \sqrt{-\frac{a}{c}+\left\{\frac{b-z}{2c}\right\}^2}$; ce qui réduira le dénominateur à une constante, & la transformée sera en partie intégrable absolument, & en partie intégrable par les Articles CCXIX. & CCXXII. en supposant l'intégration de $\frac{dz\sqrt{z}}{\sqrt{-\frac{a}{c}+\left\{\frac{b-z}{2c}\right\}^2}}$ & de $\frac{dz}{\sqrt{z}.\sqrt{-\frac{a}{c}+\left\{\frac{b-z}{2c}\right\}^2}}$, c'est-à-dire de nos deux différentielles en question.

CCXXV.

COROLLAIRE 4. De là il suit que $x^{\pm\frac{n}{2}} dx \times (a+bx+cxx)^{\pm\frac{p}{2}}$ dépend de l'intégration des deux différentielles $\frac{dx\sqrt{x}}{\sqrt{a+bx+cxx}}$ & $\frac{dx}{\sqrt{x}.\sqrt{a+bx+cxx}}$, c'est-à-dire de la rectification des sections coniques.

CCXXVI.

Différentielle qui dépend de la rectification de l'hyperbole seule.

REMARQUE. Il arrive cependant quelquefois que la différentielle $x^{\pm\frac{n}{2}} dx.(a+bx+cxx)^{\frac{p}{2}}$ ne dépend pas de la rectification de l'ellipse & de l'hyperbole, mais d'une de ces deux courbes seulement. Soit pour le prouver $\frac{dx\sqrt{\frac{(p+2a)}{2a}xx-aa}}{\sqrt{xx-aa}}$ l'élément d'une hyperbole, soit $x+\sqrt{xx-aa}=z$, & par conséquent $x=\frac{zz+aa}{2z}$ $dx=(zz-aa)\frac{dz}{2zz}$; supposons de plus $\frac{p}{2a}=q$, on aura la transformée $\frac{dz}{2zz}\left\{(zz+aa)^2\times(q+1)-4aazz\right\}^{\frac{1}{2}}$:

faisons

faisons $zz = au$, $z = \sqrt{au}$, $dz = \frac{adu}{2\sqrt{au}}$, on aura la différentielle suivante $\frac{adu}{4au\sqrt{au}} \times \{(au+aa)^2 \times (q+1) - 4a^3u\}^{\frac{1}{2}}$ = en divisant par $\sqrt{a}$, $\frac{du}{4u\sqrt{u}} \{(u+a)^2 . (qa+a) - 4aau\}^{\frac{1}{2}}$, d'où l'on voit que $\frac{du\sqrt{uu+2pua+aa}}{u\sqrt{u}}$ dépend de la rectification de l'hyperbole seule, p étant $= \frac{q-1}{q+1}$.

CCXXVII.

Si on propose de trouver l'intégrale de $x^{\pm\frac{n}{2}}dx$. $(a\mp xx)^{\pm\frac{p}{2}}$, p & n exprimant des nombres entiers & a étant positif ou négatif. Second exemple.

1°. On prendra $\frac{x^q dx}{\sqrt{a\mp x^2}}$. Pour trouver l'intégrale de cette différentielle, comparons-la avec la formule (X) de l'Article LXXXVIII.

$$\int gx^m dx (a+bx^n)^p = \frac{1}{m+1} \times \frac{1}{a} ux^{m+1}$$
$$\left\{-\left(\frac{m+1+n.p+n}{m+1}\right) \times \frac{b}{a} \times \int gx^{m+n} dx \times \overline{a+bx^n}^p\right\}$$

— &c. on trouvera . . . . . . $g = 1$

$m = q$

$b = 1$

$n = 2$

$p = -\frac{1}{2}$

$u = \overline{a\mp xx}^{+\frac{1}{2}}$;

faisant ces substitutions dans la formule, on trouvera

l'intégrale de $\frac{x^q dx}{\sqrt{a \mp x^2}} = \frac{x^{q+1}\sqrt{a \mp xx}}{(q+1)a} \pm \frac{q+2}{(q+1)a}$ $\int \frac{x^{q+2} dx}{\sqrt{a \mp xx}}$: d'où l'on voit que si on suppose $q = \frac{k}{2}$, k étant un nombre impair positif ou négatif, $\frac{x^q dx}{\sqrt{a \mp x^2}}$ & $\frac{x^{q+2} dx}{\sqrt{a \mp xx}}$ dépendront toujours l'une de l'autre. Donc $\frac{x^{\frac{1}{2} \pm 2f} dx}{\sqrt{a \mp xx}}$ dépend toujours de $\frac{dx\sqrt{x}}{\sqrt{a \mp xx}}$, c'est-à-dire de la rectification de l'hyperbole, (Art. CCIX.) & quelquefois de celle de l'ellipse.

2°. $x^{\frac{1}{2} \pm 2f} dx\,(a \mp xx)^{\frac{p}{2}}$ en dépend aussi, parce qu'il n'y a qu'à la multiplier haut & bas par $\sqrt{a \mp xx}$, ce qui la changera en une suite de termes de la forme $\frac{x^{\frac{1}{2} \pm 2k} dx}{\sqrt{a \mp xx}}$.

3°. On prouvera de même que $\frac{dx \,.\, x^{-\frac{1}{2} \pm 2f}}{\sqrt{a \mp xx}}$ & $dx \,.\, x^{-\frac{1}{2} \pm 2f} \times (a \mp xx)^{\frac{p}{2}}$ dépendent de $\frac{dx}{\sqrt{x} \,.\, \sqrt{a \mp xx}}$, c'est-à-dire (Art. CCX. & CCXIII.) de la rectification de l'ellipse & de l'hyperbole.

4°. Si on prend la différence de $\frac{x^{\frac{m}{2}}}{(a \mp xx)^{\frac{g}{2}}}$, m & g étant des nombres impairs, & m positif ou négatif, on aura $\frac{m x^{\frac{m}{2}-1} dx}{2(a \mp xx)^{\frac{g}{2}}} \pm \frac{g x^{\frac{m}{2}+1} dx}{2(a \mp xx)^{\frac{g}{2}+1}}$, ce qui nous montre que l'intégration de $\frac{x^{\pm\frac{n}{2}}dx}{(a\mp xx)^{\frac{p}{2}}}$ dépend de celle de $\frac{x^{\pm\frac{n}{2}\mp 2}dx}{(a\mp xx)^{\frac{p}{2}+1}}$, & qu'ainsi (n°. 1, 2, 3 du présent Article) elle dépend de $\frac{dx\sqrt{x}}{\sqrt{a\mp xx}}$ & de $\frac{dx}{\sqrt{x}.\sqrt{a\mp xx}}$.

CCXXVIII.

Autres différentielles dont l'intégrale suit de celle de notre second exemple.

COROLLAIRE 1. Puisque $x^{\pm\frac{n}{2}}dx.(a\mp xx)^{\pm\frac{p}{2}}$ dépend (Art. CCXXVII.) de la rectification des sections coniques, il s'ensuit en faisant $a\mp xx = uu$, que $(a\mp uu)^{(\pm\frac{n}{2}-1)\times\frac{1}{2}}\times u^{\pm p+1}du$ en dépend aussi, & en faisant $u=\frac{1}{y}$, que $(k\pm yy)^{\pm\frac{n-2}{4}}\times y^{\mp p\mp\frac{n}{2}-2}dy$ en dépend encore : donc en général $(a\pm byy)^{\pm\frac{n}{4}-\frac{1}{2}}\times y^{\pm p}dy$, & $(a\pm byy)^{\pm\frac{n}{4}-\frac{1}{2}}\times y^{\pm\frac{q}{2}}dy$ en dépendent.

CCXXIX.

COROLLAIRE 2. Si la proposée étoit $(ax+b)^{p}dx \times (f+gx+hxx\pm x^{3})^{\pm\frac{n}{2}}$, n exprimant un nombre entier impair, & p un nombre entier positif quelconque, dans ce cas comme (Art. LXXXV. Introd.) $f+gx+hxx\pm x^{3}$ a toujours au moins une racine réelle, on la supposera $c\pm x=z$; faisant la substitution, on aura une différentielle composée de différens termes tous intégrables par l'Article CCXXV.

CCXXX.

COROLLAIRE 3. Si on a $x^p\, dx\, (f+gx+hxx)^{\frac{n}{3}}$, n & p étant des nombres entiers positifs on fera $f+gx+hxx=z^3$, ce qui donnera $x=\alpha\pm\sqrt{\epsilon+\delta z^3}$, α, ϵ, δ étant des constantes, la transformée s'intégrera par le Corollaire précédent.

Si $n=-1$ ou -2, p étant positif, en faisant la même transformation que dans le commencement de cet article, la proposée s'intégrera de la même maniere ; car $\frac{dx}{z^2}=\frac{3\delta z^2 dz}{2z^2\sqrt{\epsilon+\delta z^3}}=\frac{3\delta dz}{2\sqrt{\epsilon+\delta z^3}}$ &c ; si p est positif & n un nombre négatif, tel que $1+\frac{2n}{3}=\pm\frac{k}{2}$, k étant toujours comme ci-dessus un nombre entier impair, alors faisant $f+gx+hxx=a+uu$, on intégrera les différentes parties de la transformée par les Articles CCXXVII. & CCXXVIII. & si k est un nombre pair, la proposée se réduit à des différentielles logarithmiques réelles ou imaginaires.

Si n est positif ou $=-1$, ou $=-2$, ou que $1+\frac{2n}{3}=\pm\frac{k}{2}$ & que $g=0$, on réduira la proposée au cas de l'Article CCXXIX. p étant positif ou négatif : car il n'y a qu'à faire $f+hxx=z^3$.

CCXXXI.

COROLLAIRE. 4. Si on avoit à intégrer $x^{\frac{n}{3}}dx\,(a\mp xx)^{\frac{k}{2}}$, & qu'on supposât $a\mp xx=uu$, $\mp 2xdx$

$= 2udu$, on aura une transformée $u^{k+1} du (b \mp uu)^{\frac{n-3}{6}}$; ce qui nous montre que k étant un nombre entier positif ou négatif, & n un nombre entier positif & impair, la proposée s'integre (Article précédent) par la rectification des sections coniques, & qu'elle peut s'intégrer par cette rectification, n étant impair & négatif.

CCXXXII.

Si on demande l'intégrale de $x^p dx (f + gx + hxx)^{\frac{n}{4}}$, p étant un nombre entier positif & n positif ou négatif, je la trouve ainsi : Troisieme exemple.

Je fais $f + gx + hxx = z^4$; donc $xx + \frac{gx}{h} + \frac{gg}{4hh} = \frac{z^4 - f}{h} + \frac{gg}{4hh}$, & $x = -\frac{g}{2h} \pm \frac{1}{2h}\sqrt{4hz^4 - 4fh + gg}$, & en faisant $z^4 = uu$, on aura $dx = \pm \frac{udu}{\sqrt{uuh - fh + \frac{gg}{4}}}$, & on trouvera en faisant les substitutions une transformée intégrable par des arcs de sections coniques.

Si $g = 0$, l'intégration ne se fera pas moins de la même maniere, p & n étant positifs ou négatifs.

CCXXXIII.

Soit encore la différentielle $\frac{dx}{\sqrt{(a + bx + cxx + ex^3 + fx^4)}}$ dont on cherche l'intégrale. Pour la trouver, je distingue deux cas ; car le dénominateur a ses racines réelles ou imaginaires. Quatrieme exemple.

1°. S'il a des racines réelles, je suppose que $mx + n$ en

est une : je fais $mx+n=z$; donc $x=\frac{z-n}{m}$; $dx=\frac{dz}{m}$. L'autre racine sera du troisieme degré. On aura donc une transformée de cette forme $\frac{k\,dz}{\sqrt{z}\,.\,\sqrt{(p+qz+rzz+fz^3)}}$.

Soit à présent $z=\frac{1}{u}$; $dz=\frac{-du}{uu}$; $zz=\frac{1}{uu}$, $z^3=\frac{1}{u^3}$: on aura donc en faisant les substitutions

$$\frac{-\frac{K\,du}{uu}}{\sqrt{\frac{1}{u}}\,.\,\sqrt{\left\{p+\frac{q}{u}+\frac{r}{uu}+\frac{s}{u^3}\right\}}}=\frac{-\frac{K\,du}{uu}}{\frac{\sqrt{1}}{\sqrt{u}}\,.\,\frac{1}{u\sqrt{u}}\sqrt{(pu^3+quu+ru+s)}}$$

$=$ enfin $\frac{-du}{\sqrt{(pu^3+qu^2+ru+s)}}$. Or on voit que cette transformée se rapporte à des arcs de sections coniques (Art. CCXXX.).

2°. Si le dénominateur $a+bx+cxx+ex^3+fx^4$ a ses racines imaginaires, nous avons démontré (Introd. Art. LXXXII.) qu'une pareille quantité se pouvoit diviser en deux facteurs trinomes réels. Soient ces deux facteurs $g+lx+kxx$, & $m+nx+rxx$, on aura $\frac{dx}{\sqrt{(a+bx+cxx+ex^3+fx^4)}}=\frac{dx}{\sqrt{(g+lx+kxx)}\,.\,\sqrt{(m+nx+rxx)}}$ $=$ (en multipliant ce dénominateur haut & bas par $\sqrt{g+lx+kxx}$) $\frac{dx}{(g+lx+kxx)\,.\,\frac{\sqrt{(m+nx+rxx)}}{\sqrt{(g+lx+kxx)}}}$, & en nommant φ le quotient de cette division, & $g'x+\delta$ le reste, on a la proposée $=\frac{dx}{(g+lx+kxx)\,.\,\sqrt{\varphi+\frac{g'x+\delta}{g+lx+kxx}}}$

Soit à présent $\frac{g'x+\delta}{g+lx+kx^2}=z^{-1}$, on a $g'zx+\delta z=g+lx+kxx$; donc $xx+\frac{lx-g'zx}{k}=\frac{\delta z-g}{k}$; donc $xx+\frac{lx-g'zx}{k}+\frac{ll-2g'lz+g'g'z^2}{4kk}=\frac{\delta z-g}{k}+$

$\frac{ll - 2g'lz + g'g'zz}{4kk}$: donc enfin prenant la racine quarrée $x = \frac{g'z - l}{2k} \pm \sqrt{\frac{\delta z - g}{k} + \left\{\frac{g'z - l}{2k}\right\}^2}$ & $xx = \left\{\frac{g'z - l}{2k}\right\}^2$ $\pm \left\{\frac{g'z - l}{k}\right\} \sqrt{\frac{\delta z - g}{k} + \left\{\frac{g'z - l}{2k}\right\}^2} + \frac{\delta z - g}{k} + \left\{\frac{g'z - l}{2k}\right\}^2$. Le dénominateur devient donc $\sqrt{\varphi + \frac{1}{z}} \times \Big\{ g + \frac{g'lz - ll}{2k}$ $\pm l\sqrt{\frac{\delta z - g}{k} + \left\{\frac{g'z - l}{2k}\right\}^2} + 2k\left\{\frac{g'z - l}{2k}\right\}^2 \pm$ $g'z\sqrt{\frac{\delta z - g}{k} + \left\{\frac{g'z - l}{2k}\right\}^2} \mp l\sqrt{\frac{\delta z - g}{k} + \left\{\frac{g'z - l}{2k}\right\}^2}$ $+ \delta z - g \Big\}$. Réduisant cette quantité, elle devient celle-ci $\sqrt{z} \cdot \sqrt{\varphi z + 1} \times \Big\{ \frac{g'g'z - lg'}{2k} + \delta \pm$ $g'\sqrt{\frac{\delta z - g}{k} + \left\{\frac{g'z - l}{2k}\right\}^2} \Big\}$. On a aussi $dx = \frac{g'dz}{2k} \pm$ $\dfrac{\frac{\delta dz}{k} \mp \frac{lg'dz \pm g'g'zdz}{2kk}}{2\sqrt{\frac{\delta z - g}{k} + \left\{\frac{g'z - l}{2k}\right\}^2}}$. La transformée entiere sera donc

$$\frac{\dfrac{\dfrac{dz}{k} \times \left\{ g'\sqrt{\frac{\delta z - g}{k} + \left\{\frac{g'z - l}{2k}\right\}^2} \pm \delta \mp \frac{lg' \pm g'g'z}{2k} \right\}}{2\sqrt{\frac{\delta z - g}{k} + \left\{\frac{g'z - l}{2k}\right\}^2}}}{\sqrt{z} \cdot \sqrt{\varphi z + 1} \cdot \times \left\{ \frac{g'g'z - lg'}{2k} + \delta \pm g'\sqrt{\frac{\delta z - g}{k} + \left\{\frac{g'z - l}{2k}\right\}^2} \right\}}.$$

Je multiplie cette différentielle haut & bas par $\frac{g'g'z - lg'}{2k} + \delta$ $\mp g'\sqrt{\frac{\delta z - g}{k} + \left\{\frac{g'z - l}{2k}\right\}^2}$, ce qui rend le dénominateur $= \sqrt{z} \cdot \sqrt{(\varphi z + 1)} \times \Big[\left(\frac{g'g'z - lg'}{2k}\right)^2 + 2\delta \times$ $\left(\frac{g'g'z - lg'}{2k}\right) + \delta\delta - g'g' \times \left\{ \frac{\delta z - g}{k} + \left(\frac{g'z - l}{2k}\right)^2 \right\} \Big]$ $= \sqrt{z} \cdot \sqrt{\varphi z + 1} \cdot \times \Big[\frac{g'^4 zz}{4kk} - \frac{g'^3 lz}{2kk} + \frac{llg'g'}{4kk} +$ $\frac{\delta g'g'z}{k} - \frac{\delta lg'}{k} + \delta\delta - \frac{\delta g'g'z}{k} + \frac{g'^2 g}{k} - \frac{g'^4 zz}{4kk} + \frac{g'^3 lz}{2kk} -$

$\left.\frac{llg'g'}{4kk}\right]$ = (en effaçant ce qui se détruit) $\sqrt{z}\,.\,\sqrt{\varphi z+1}$ $\times\left\{\delta\delta-\frac{\delta lg'}{k}+\frac{g'^2g}{k}\right\}$. Le numérateur multiplié par la même quantité devient

$$\frac{dz}{k}\times\left[\frac{g'^3z-lg'g'}{2k}\sqrt{\frac{\delta z-g}{k}+\left\{\frac{g'z-l}{2k}\right\}^2}\right.$$
$$\pm\frac{\delta g'g'z\mp\delta lg'}{2k}\mp\frac{2g'^3lz\pm g'^4zz\pm llg'g'}{4kk}+\delta g'\sqrt{\frac{\delta z-g}{k}+\left\{\frac{g'z-l}{2k}\right\}^2}$$
$$\pm\delta\delta\mp\frac{\delta lg'\pm\delta g'^2z}{2k}\mp\frac{g'g'\delta z\pm g'g'g}{k}\mp\frac{g'^4zz\pm 2g'^3lz\mp g'g'll}{4kk}$$
$$\left.-\delta g'\sqrt{\frac{\delta z-g}{k}+\left\{\frac{gz-l}{2k}\right\}^2}+\frac{lg'g'-g'^3z}{2k}\sqrt{\frac{\delta z-g}{k}+\left\{\frac{g'z-l}{2k}\right\}^2}\right].$$

On voit en effaçant ce qui se détruit, que cette quantité se réduit à $\frac{dz}{k}\times\pm\left\{\delta\delta-\frac{\delta lg'}{k}+\frac{g'g'g}{k}\right\}$. La transformée est donc

$$\frac{\frac{\delta z}{k}\times\pm\left\{\delta\delta-\frac{\delta lg'+g'g'g}{k}\right\}}{\sqrt{z}\,.\,\sqrt{\varphi z+1}\,.\,2\sqrt{\frac{\delta z-g}{k}+\left\{\frac{g'z-l}{2k}\right\}^2}\times\left\{\delta\delta+\frac{g'g'g-\delta lg'}{k}\right\}}$$
$$=\frac{\pm dz}{\sqrt{z}\,.\,\sqrt{\varphi z+1}\times 2k\sqrt{\frac{\delta z-g}{k}+\left\{\frac{g'z-l}{2k}\right\}^2}}.$$

Pour intégrer cette différentielle, je fais $z=\frac{1}{u}$, $dz=-\frac{du}{uu}$; ce qui donne

$$\frac{\mp\frac{du}{uu}}{\sqrt{\frac{1}{u}}\,.\,\sqrt{\frac{\varphi}{u}+1}\,.\,2k\sqrt{\frac{\frac{\delta}{u}-g}{k}+\left\{\frac{\frac{g'}{u}-l}{2k}\right\}^2}}$$
$$=\frac{\mp\frac{du}{uu}}{\frac{1}{u}\sqrt{\varphi+u}\,.\,2k\sqrt{\frac{\delta-gu}{ku}+\frac{g'g'-2g'lu+lluu}{4kkuu}}}=$$
$$\frac{\mp du}{\sqrt{\varphi+u}\,.\,\sqrt{(4\delta k-2g'l)u+(ll-4kg)uu+g'g'}}=\frac{\mp du}{\sqrt{\varphi+u}\,.\,\sqrt{ff\pm pu\pm quu}},$$

qui s'integre par les Problêmes précédens, & se réduit à des arcs de sections coniques.

CCXXXIV.

CCXXXIV.

REMARQUE. Il faut remarquer que si la quantité $\delta\delta - \frac{\delta g'l}{k} + \frac{gg'g'}{k}$ qui multiplie le haut & le bas de la transformée étoit égale à zéro, alors la solution ne dépendroit plus que des logarithmes. Car résolvant cette équation par les regles ordinaires de l'Algebre, on auroit $\delta - \frac{g'l}{2k} = \pm g'\sqrt{\frac{g}{k} + \frac{ll}{4kk}}$, d'où on tire $\delta = \frac{g'l}{2k} \pm g'\sqrt{\frac{g}{k} + \frac{ll}{4kk}}$. Donc $\frac{g'x + \delta}{g + lx + kxx}$ se réduiroit à $\frac{g'}{k\left(x + \frac{l}{2k} \mp \sqrt{\frac{g}{k} + \frac{ll}{4kk}}\right)}$. Donc alors la proposée dépendroit de la quadrature de l'hyperbole.

CCXXXV.

Si on a la différentielle $\frac{dx}{(a + bx + cxx + ex^3 + fx^4)^{\frac{p}{2}}}$, elle pourra toujours s'intégrer par des arcs de sections coniques, pourvu que le dénominateur $a + bx + cxx + ex^3 + fx^4$ ait quelques racines réelles : car alors on supposera, comme dans la premiere partie de l'article précédent, $mx + n = z$ & $z = \frac{1}{u}$. Conséquences qu'on en peut tirer.

CCXXXVI.

Qu'on propose à intégrer $\frac{x^{\pm p}\, dx}{\sqrt{x} \cdot (a + bx)^{\frac{n}{2}} \cdot (c + fx + gxx)^{\frac{m}{2}}}$, on fera $x = \frac{1}{y}$, $dx = -\frac{dy}{yy}$, $x^{\pm p} = \frac{1}{y^{\pm p}}$; & en faisant les substitutions on aura la différentielle suivante

$$\frac{\frac{1}{y^{\pm p}} \times \frac{-dy}{yy}}{\sqrt{\frac{1}{y}} \times \left(\frac{b+ay}{y}\right)^{\frac{n}{2}} \times \left(\frac{g+fy+cyy}{yy}\right)^{\frac{m}{2}}} =$$

$$\frac{-y^{\mp p-2}\,dy}{\frac{1}{y^{\frac{n}{2}+\frac{1}{2}}}(b+ay)^{\frac{n}{2}} \cdot \frac{1}{y^{m}}(g+fy+cyy)^{\frac{m}{2}}}$$; donc enfin

la transformée sera $\dfrac{-y^{\mp p-2+\frac{n+1}{2}+m}\,dy}{(k+ly)^{\frac{n}{2}} \cdot (p+qy+syy)^{\frac{m}{2}}}$.

Ce qui nous apprend que si l'exposant de y dans le numérateur est un nombre entier positif, la proposée s'integrera par des arcs de sections coniques en faisant $k+ly=z$.

CHAPITRE XVII.

Des différentielles dont l'intégration dépend de la quadrature des courbes du troisieme ordre.

CCXXXVII.

Définition des courbes du troisieme ordre.

LES lignes du troisieme ordre ou du second genre sont celles dans l'équation desquelles l'exposant de l'indéterminée élevée à la plus haute puissance, ou la somme des exposans des puissances des deux indéterminées, est du troisieme degré. Ces courbes sont par conséquent coupées en trois points par une même ligne droite : car on sait que le degré de l'équation qui exprime la nature d'une ligne géométrique, eſt égal au nombre des points dans leſquels cette ligne géométrique peut être coupée par une même droite.

CCXXXVIII.

L'équation générale la plus composée des lignes du troiſieme ordre eſt $a + by + cx + kyy + exy + fxx + gy^3 + hxyy + ixxy + lx^3 = 0$. Mais cette équation peut ſe ſimplifier en donnant aux coordonnées de certaines poſitions. M. Newton eſt le premier qui ait écrit ſur les courbes du ſecond genre, un Ouvrage dans lequel il les détaille & annonce leurs propriétés générales. Il donne quatre équations auxquelles il les rapporte toutes. Ces quatre équations ſont :

Leur formule générale.

Quels ſont les Géometres qui ont écrit ſur cette matiere.

$$xyy - ey = ax^3 + bx^2 + cx + f$$
$$xy = ax^3 + bx^2 + cx + f$$
$$yy = ax^3 + bx^2 + cx + f$$
$$y = ax^3 + bx^2 + cx + f. \; *$$

Quatre équations auxquelles ſe ramenent toutes celles des courbes du troiſieme ordre.

CCXXXIX.

Nous donnerons ci-après les quadratures de ces quatre équations auxquelles ſe réduiſent celles de toutes les courbes du troiſieme ordre. Car quelle que ſoit l'équation d'une courbe de ce genre, ſa quadrature ſe réduira toujours à l'une des quatre précédentes. En effet tranſportant les axes dans une autre poſition pour réduire l'équation donnée

* *Nota.* Voyez pour la démonſtration de cette propoſition un excellent Mémoire de M. Nicole, *Mém. Acad.* 1729.

à l'une des quatre formules générales, on n'aura que des espaces rectilignes à ajouter ou à soustraire pour avoir l'aire rapportée aux coordonnées primitives, ce qu'il est aisé de prouver ainsi.

La quadrature de toutes les courbes du 3e. ordre se réduit toujours à celle d'une des quatre équations précédentes.

Soit donnée l'équation quelconque d'une courbe du troisieme ordre *BM* (Fig. 8.) dont les coordonnées z & u sont *AP* & *PM*, (l'angle qu'elles forment étant quelconque). Tirant la droite *AB* parallele à *PM*, l'espace qu'il s'agit de quarrer est *ABMP*. Transformons l'équation donnée en l'une de nos quatre équations générales, & supposons que cette transformation introduise pour nouvelles coordonnées *aQ* & *Qk*, l'origine étant en *a*. Menant par les points de la courbe *M* & *B* les droites *Mp* & *Bb* paralleles à la nouvelle ordonnée *Qk*, on trouvera par la méthode que nous donnerons plus bas l'espace *BbpM*. Cet espace étant trouvé, comme il n'est autre que $APMB - GPM + BAGpb$, il ne s'agira pour avoir la quadrature de l'aire *APMB* rapportée aux coordonnées primitives, que d'ajouter à l'aire connue *BbpM* l'espace *GPM*, & d'en retrancher ensuite l'espace *BAGpb*. Mais ces deux espaces sont rectilignes. Donc pour avoir la quadrature de l'aire rapportée aux coordonnées primitives, on n'a que des espaces rectilignes à ajouter ou à soustraire. *C. Q. F. P.*

Avant de donner la méthode générale de quarrer toutes les courbes du troisieme ordre, nous allons chercher l'intégration des différentielles générales qui en dépendent.

CCXL.

LEMME. L'intégrale de $\frac{dx}{x\sqrt{(a+bx+cxx+fx^3)}}$ dépend de la quadrature d'une courbe du troisieme ordre.

Différentielle qui dépend de la quadrature d'une courbe du troisieme ordre dont l'équation est $uyy = k + lu + mu^2 + nu^3$.

DÉMONST. Soit $x = \frac{1}{u}$, on aura $dx = -\frac{du}{uu}$, & la proposée devient $\frac{-\frac{du}{uu}}{\frac{1}{u} \cdot \frac{\sqrt{(au^3+bu^2+cu+f)}}{\sqrt{u^3}}} = \frac{du\sqrt{u}}{\sqrt{(k+lu+mu^2+nu^3)}}$. La difficulté se réduit donc à intégrer cette transformée. Pour y parvenir, je cherche l'intégrale de $\frac{du\sqrt{(k+lu+mu^2+nu^3)}}{\sqrt{u}}$, qui est l'élément d'un espace curviligne du troisieme ordre dont l'équation seroit $uyy = k + lu + mu^2 + nu^3$. Car cette équation donne $y = \frac{\sqrt{(k+lu+muu+nu^3)}}{\sqrt{u}}$, & substituant cette valeur de y dans la formule de l'élément de l'aire des courbes, $dx = ydu$, on trouve $\frac{du\sqrt{(k+lu+muu+nu^3)}}{\sqrt{u}}$.

Pour intégrer cette différentielle, je la multiplie haut & bas par $\sqrt{(k+lu+mu^2+nu^3)}$, ce qui me donne $\frac{kdu}{\sqrt{u}\cdot\sqrt{(k+lu+muu+nu^3)}} + \frac{(ldu+mudu+nu^2du)\sqrt{u}}{\sqrt{(k+lu+muu+nu^3)}}$. Voilà donc deux membres qui intégrés séparément donneront l'intégrale cherchée.

1°. Je fais dans le premier membre $u = \frac{1}{z}$, d'où je tire $du = -\frac{dz}{zz}$, $\sqrt{u} = \frac{1}{\sqrt{z}}$: donc en faisant ces substitutions $\frac{kdu}{\sqrt{u}\cdot\sqrt{(k+lu+muu+nu^3)}} = \frac{-\frac{kdz}{zz}}{\frac{1}{\sqrt{z}} \cdot \frac{\sqrt{(kz^3+lz^2+mz+n)}}{z\sqrt{z}}} = \frac{-kdz}{\sqrt{(n+mz+lz^2+kz^3)}}$ que nous avons vu (Art. CCXXIX.)

ſe rapporter à des arcs de ſections coniques.

2°. J'opere à préſent ſur le ſecond membre $\frac{nu^2 du\sqrt{u} + mudu\sqrt{u} + ldu\sqrt{u}}{\sqrt{(k + lu + muu + nu^3)}}$: ce ſecond membre multiplié haut & bas par $4\sqrt{u}$ devient $\frac{4nu^3 du + 4mu^2 du + 4ludu}{4\sqrt{u} \cdot \sqrt{(k + lu + muu + nu^3)}}$ $= \frac{2ludu + 3muudu + 4nu^3 du}{4\sqrt{u} \cdot \sqrt{(k + lu + mu^2 + nu^3)}} + \frac{2ludu + mu^2 du}{4\sqrt{u} \cdot \sqrt{(k + lu + mu^2 + nu^3)}}$. Or cette derniere quantité en ajoutant & retranchant $\frac{kdu}{4\sqrt{u} \cdot \sqrt{(k + lu + mu^2 + nu^3)}} + \frac{mdu}{8nu\sqrt{u}} \times \left(\frac{muu + k}{\sqrt{(k + lu + mu^2 + nu^3)}}\right)$ devient $\frac{kdu + 2ludu + 3mu^2 du + 4nu^3 du}{4\sqrt{u} \cdot \sqrt{(k + lu + muu + nu^3)}} + \frac{2ludu + mu^2 du - kdu}{4\sqrt{u} \cdot \sqrt{(k + lu + muu + nu^3)}}$ $+ \frac{mdu}{8nu\sqrt{u}} \times \left\{\frac{mu^2 + k}{\sqrt{(k + lu + mu^2 + nu^3)}}\right\} - \frac{mdu}{8nu\sqrt{u}} \times$ $\left\{\frac{mu^2 + k}{\sqrt{(k + lu + mu^2 + nu^3)}}\right\} = \frac{kdu + 2ludu + 3muudu + 4nu^3 du}{4\sqrt{u} \cdot \sqrt{(k + lu + muu + nu^3)}}$ $+ \frac{2ludu}{4\sqrt{u} \cdot \sqrt{(k + lu + mu^2 + nu^3)}} + \frac{m}{4n}\left\{\frac{mu^2 du + 2nu^3 du - kdu}{2u\sqrt{u} \cdot \sqrt{(k + lu + mu^2 + nu^3)}}\right\}$ $- \frac{mmudu}{8n\sqrt{u} \cdot \sqrt{(k + lu + mu^2 + nu^3)}} + \frac{mkdu}{8nu\sqrt{u} \cdot \sqrt{(k + lu + mu^2 + nu^3)}}$ $- \frac{kdu}{4\sqrt{u} \cdot \sqrt{(k + lu + mu^2 + nu^3)}}$. En examinant cette différentielle, je remarque deux portions qui ſont chacune une différentielle complette, ſavoir $\frac{u^{-\frac{1}{2}}}{4} du \cdot \times (k + 2lu + 3mu^2 + 4nu^3) \times (k + lu + mu^2 + nu^3)^{-\frac{1}{2}}$, & $\frac{u^{-\frac{3}{2}}}{2} du \cdot (mu^2 + 2nu^3 - k) \times (k + lu + mu^2 + nu^3)^{-\frac{1}{2}}$. Je les compare avec les formules que nous avons données pour les différentielles complexes, & je trouve que leurs intégrales ſont $\frac{u^{\frac{1}{2}}\sqrt{(k + lu + mu^2 + nu^3)}}{2}$, & $u^{-\frac{1}{2}}\sqrt{(k + lu + mu^2 + nu^3)}$. J'ai donc le ſecond membre qui me reſtoit à intégrer, ſavoir

$$\frac{nu^2 du\sqrt{u} + mudu\sqrt{u} + ldu\sqrt{u}}{\sqrt{(k+lu+mu^2+nu^3)}} = d\left\{u^{\frac{1}{2}}\ \frac{\sqrt{(k+lu+mu^2+nu^3)}}{2}\right\} +$$

$$\frac{2ludu}{4\sqrt{u}\,.\,\sqrt{(k+lu+mu^2+nu^3)}} + \frac{m}{4n}\,d\left\{u^{-\frac{1}{2}}\sqrt{(k+lu+mu^2+nu^3)}\right\}$$

$$-\frac{mmudu}{8n\sqrt{u}\,.\,\sqrt{(k+lu+mu^2+nu^3)}} + \frac{m}{4n}\times\left\{\frac{\frac{k}{2}du\,.\,u^{-\frac{3}{2}} - \frac{k}{m}nu^{-\frac{1}{2}}du}{\sqrt{(k+lu+mu^2+nu^3)}}\right\}.$$

Je fais dans le dernier terme $u = \frac{1}{z}$, ce qui me donne $u^{-\frac{3}{2}} = z^{\frac{3}{2}}$; $u^{-\frac{1}{2}} = \sqrt{z}$; $du = -\frac{dz}{zz}$. Donc j'ai

$$\frac{\frac{k}{2}du\,.\,u^{-\frac{3}{2}} - \frac{k}{m}nu^{-\frac{1}{2}}du}{\sqrt{(k+lu+mu^2+nu^3)}} = \frac{kndz}{m\sqrt{(n+mz+lz^2+kz^3)}}$$

$-\frac{kzdz}{2\sqrt{(n+mz+lz^2+kz^3)}}$, différentielle dont les deux membres se rapportent à des arcs de sections coniques, comme on l'a déja vu plusieurs fois. Donc en réunissant tous les différens membres de la transformée $\frac{kdu+ludu+mu^2du+nu^3du}{\sqrt{u}\,.\,\sqrt{(k+lu+mu^2+nu^3)}}$, on trouve que l'intégrale de la différentielle $\frac{du\sqrt{(k+lu+mu^2+nu^3)}}{\sqrt{u}}$ dépend de la rectification des sections coniques & de $\left\{\frac{l}{2} - \frac{mm}{8n}\right\} \times \frac{du\sqrt{u}}{\sqrt{(k+lu+mu^2+nu^3)}}$. Donc réciproquement l'intégrale de $\frac{du\sqrt{u}}{\sqrt{(k+lu+mu^2+nu^3)}}$ dépend de celle de $\frac{du\sqrt{(k+lu+mu^2+nu^3)}}{\sqrt{u}}$, & dépend par conséquent de la quadrature d'une courbe du troisieme ordre. Donc $\frac{dx}{x\sqrt{(a+bx+cxx+fx^3)}}$ en dépend aussi. *C. Q. F. D.*

CCXLI.

Cas unique dans lequel la démonstration précédente peut faire quelque difficulté.

SCHOLIE I. Il n'y a qu'un seul cas qui puisse souffrir quelque difficulté, c'est celui dans lequel $\frac{l}{2} = \frac{mm}{8n}$, ou $4ln = mm$. Dans ce cas $\frac{du\sqrt{(k+lu+mu^2+nu^3)}}{\sqrt{u}}$ dépend uniquement des ſections coniques, donc $\frac{du\sqrt{(k+lu+mu^2+nu^3)}}{\sqrt{u}}$ & $\frac{du\sqrt{u}}{\sqrt{(k+lu+mu^2+nu^3)}}$ ne dépendent point l'une de l'autre. Mais alors nous venons de voir que la premiere de ces différentielles ſe réduit à des arcs de ſections coniques. La ſeconde peut ſe réduire à la quadrature d'un eſpace curviligne du troiſieme ordre, excepté dans un ſeul cas où elle dépend de la rectification des ſections coniques. Voici comme je le prouve.

Solution de cette difficulté.

Soient les trois racines de $k+lu+muu+nu^3$, $au+b$, $cu+e$, $gu+f$; il y en aura au moins une réelle (Art. LXXXV. Introd.), deux peuvent être imaginaires, on aura donc (*A*) $\frac{du\sqrt{u}}{\sqrt{(k+lu+mu^2+nu^3)}} =$

$$\frac{du\sqrt{u}}{\sqrt{(au+b).(cu+e).(gu+f)}} = (B)$$

$$\frac{du\sqrt{u}}{\sqrt{bef+(beg+bcf+aef)u+(bcg+acf+aeg)u^2+acgu^3}};$$

Comparant terme à terme les deux équations (*A*) & (*B*), on a . . . .

$$k = bef$$
$$l = beg + bcf + aef$$
$$m = bcg + acf + aeg$$
$$n = acg.$$

On aura donc $4ln = 4abcegg + 4abccfg + 4aacefg$, $mm = bbccgg + 2abccgf + 2abecg^2 + a^2c^2f^2 + 2a^2cefg + a^2e^2g^2$. L'équation $4ln = mm$, qui eſt la ſuppoſition préſente, donne donc $4abceg^2 + 4abc^2fg + 4a^2cefg = b^2c^2g^2 + 2abc^2gf + 2abecg^2 + a^2c^2f^2$

+

$+ 2a^2cefg + a^2e^2g^2$, ou bien $2abceg^2 + 2abc^2fg + 2a^2cefg + 2abceg^2 + 2abc^2fg + 2a^2cefg = b^2c^2g^2 + 2abc^2fg + 2abecg^2 + a^2c^2f^2 + 2a^2cefg + a^2e^2g^2$: donc enfin on a en réduisant (C) $2abceg^2 + 2abc^2fg + 2a^2cefg = b^2c^2g^2 + a^2c^2f^2 + a^2e^2g^2$.

Soit maintenant $au + b = x$, on en tire $u = \frac{x-b}{a}$: $du = \frac{dx}{a}$: &c. La proposée se change donc en

$$\frac{\frac{dx}{a} \cdot \frac{\sqrt{x-b}}{\sqrt{a}}}{\sqrt{x} \cdot \sqrt{\left\{\frac{cx - bc + ae}{a}\right\} \cdot \left\{\frac{gx - bg + af}{a}\right\}}} =$$

en multipliant haut & bas par $\sqrt{(x-b)}$

$$\frac{xdx - bdx}{a\sqrt{a} \cdot \sqrt{x} \cdot \sqrt{x-b} \cdot \sqrt{\left\{\frac{cx - bc + ae}{a}\right\} \cdot \left\{\frac{gx - bg + af}{a}\right\}}}.$$

Cette différentielle a deux membres. Le second, en faisant $x = \frac{1}{z}$, devient après les substitutions différentes que donne cette transformation $\frac{dz}{\sqrt{(\alpha z^3 + \beta z^2 + \gamma z + \lambda)}}$, qu'on fait se réduire à des arcs de sections coniques.

A l'égard du premier membre, il se rapporte à la quadrature d'une courbe du troisieme ordre, excepté dans un seul cas dans lequel la différentielle est beaucoup plus simple. En effet, ce premier membre est (D)

$$\frac{dx\sqrt{x}}{\sqrt{cgx^3 + (aeg - 3bcg + afc)x^2 + (3b^2cg - 2abcf + a^2ef)x - b^3cg \atop + ab^2cf \atop - a^2ebf \atop + aeb^2g}}$$

qui dépend d'une quadrature du troisieme ordre, étant la

même différentielle que (A) $\frac{du\sqrt{u}}{\sqrt{(k+lu+mu^2+nu^3)}}$ que nous avons démontré en dépendre, hormis quand $4ln = mm$. Pour trouver ici quel eſt ce cas, je compare terme à terme les différentielles (D) & (A) : cette comparaiſon me donne $l = 3b^2cg - 2abeg - 2abcf + a^2ef$

$$m = -3bcg + aeg + afc$$

$$k = aeb^2g - b^3cg + ab^2cf - a^2ebf$$

$$n = cg$$

donc $4ln = 12b^2c^2g^2 - 8abceg^2 - 8abc^2fg + 4a^2cefg$.

& $mm = 9b^2c^2g^2 - 6abceg^2 - 6abc^2fg + a^2e^2g^2 + 2a^2cefg + a^2c^2f^2$: donc l'équation $4ln = mm$ devient ici $12b^2c^2g^2 - 8abceg^2 - 8abc^2fg + 4a^2cegf = 9bbc^2g^2 - 6abceg^2 - 6abc^2fg + a^2e^2g^2 + 2a^2cefg + a^2c^2f^2$, ou bien en réduiſant ($E$) $3c^2g^2b^2 - 2abceg^2 - 2abc^2fg = a^2e^2g^2 - 2a^2cefg + a^2c^2f^2$. Quand cette équation a lieu, la propoſée ne dépend point du Lemme précédent; mais examinons ce qui arrive alors.

Cette équation (E) combinée avec l'équation (C) donne la ſuivante $c^2g^2b^2 - aebcg^2 + bc^2agf = 0$; mais cette derniere équation n'eſt égale à zéro, que parce que l'un de ſes facteurs eſt $= 0$: or elle eſt compoſée de $cgb \times (cgb - aeg - acf)$; on aura donc ou $cgb = 0$, ou $cgb - aeg - acf = 0$. 1°. Dans le cas de $cgb = 0$, on a $c = 0$, ou $b = 0$, ou $g = 0$, c'eſt-à-dire en combinant la différentielle (B) avec (A) $n = 0$, ou $k = 0$. Donc $\frac{du\sqrt{u}}{\sqrt{(k+lu+mu^2+nu^3)}}$, devient alors $\frac{du\sqrt{u}}{\sqrt{(lu+mu^2+nu^3)}} = \frac{du}{\sqrt{l+mu+nu^2)}}$ qui s'integre par la quadrature du cercle ou de l'hyperbole, ſuivant ce que nous avons dit dans l'article des fractions rationelles, ſoit que les racines ſoient égales ou inégales, réelles ou imaginaires; ou bien $\frac{du\sqrt{u}}{\sqrt{(k+lu+mu^2)}}$, que nous avons démontré (Art. CCVI.) dépendre des arcs de ſections coniques.

2°. Si on avoit $cgb - aeg - acf = 0$, on en tireroit $cgb = aeg + acf$, & en élevant au quarré (F) $c^2g^2b^2 = a^2e^2g^2 + 2a^2ecfg + a^2c^2f^2$; mais on a l'équation (E) $2c^2gb^2 + c^2g^2b^2 - 2baecg^2 - 2afc^2bg = a^2e^2g^2 - 2a^2egfc + a^2f^2c^2$; mettant dans (E) pour $2c^2g^2b^2$ ſa valeur tirée de (F), on a $2a^2e^2g^2 + 4a^2ecfg + 2a^2c^2f^2 + c^2gb^2 - 2abecg^2 - 2afc^2bg = a^2e^2g^2 - 2a^2egfc + a^2f^2c^2$, & en réduiſant (I) $g^2c^2b^2 + a^2e^2g^2 + a^2c^2f^2 = 2g^2bcae + 2c^2afgb - 2a^2egcf$. Cette équation (I) combinée avec l'équation (C) donne $2a^2cefg = 0$, d'où il s'enſuit que a, ou e, ou g, ou c, ou $f = 0$; donc on aura encore ou $k = 0$, ou $n = 0$, & par conſéquent la différentielle $\frac{du\sqrt{u}}{\sqrt{(k+lu+mu^2+nu^3)}}$ ſe réduit encore à des logarithmes ou à des arcs de cercle ou de ſections coniques. Donc enfin ſi $4ln = mm$, on peut toujours réduire $\frac{dx}{x\sqrt{(a+bx+cx^2+fx^3)}}$ à la quadrature d'une courbe du troiſieme ordre, excepté lorſque $3c^2gb^2 - 2abceg^2 - 2ac^2fg^2 = a^2e^2g^2 - 2a^2cefg + a^2c^2f^2$, auquel cas elle s'intégrera par des arcs de ſections coniques. *C. Q. F. D.*

CCXLII.

SCHOLIE 2. Si la proposée $\frac{dx}{x\sqrt{(a+bx+cx^2+fx^3)}}$ étoit présentée sous la forme suivante $\frac{dx}{x\sqrt{(n+mx)}\,.\,\sqrt{(a+bx+cx^2)}}$ qui est la même, on trouveroit encore les différentes transformations dont cette différentielle est susceptible, & les cas dans lesquels ces transformées sont réductibles à la rectification des sections coniques.

Si les racines de $a \pm bx + cxx$ sont imaginaires, on transformera toujours la proposée en d'autres dans lesquels les facteurs du binome sont réels. En effet les racines de $a \pm bx + cxx$ ne sont imaginaires, que lorsque a & c sont positifs & que $4ac$ est $> bb$, puisque l'on a $xx \pm \frac{b}{2c} = \sqrt{\left\{\frac{-4ac+bb}{4cc}\right\}}$. Je fais $x \pm \frac{b}{2c} = z$, j'aurai en quarrant $xx \pm \frac{bx}{c} + \frac{bb}{4cc} = zz$; donc $xx \pm \frac{bx}{c} + \frac{a}{c} = zz + \frac{a}{c} - \frac{bb}{4cc}$. Mettant les valeurs de x & de dx dans la proposée, elle deviendra la suivante

$$\frac{dz}{z \mp \frac{b}{2c}\,.\,\sqrt{(mz \mp \frac{mb}{2c} + n)}\,.\,\sqrt{(zz + \frac{a}{c} - \frac{bb}{4cc})}}.$$

Je fais maintenant $z + \sqrt{(zz + \frac{a}{c} - \frac{bb}{4cc}} = u$, j'en tire $zz + \frac{a}{c} - \frac{bb}{4cc} = uu - 2uz + zz$; c'est-à-dire $\frac{a}{c} - \frac{bb}{4cc} = uu - 2uz$. Donc $z = \frac{uu - \frac{a}{c} + \frac{bb}{4cc}}{2u}$. Soit pour abréger $\frac{a}{c} - \frac{bb}{4cc} = qq$, on aura $z = \frac{uu-qq}{2u}$: $dz = \frac{u^2du + qqdu}{2u^2}$, & $\frac{dz}{\sqrt{(zz+qq)}} = \frac{du}{u}$. On aura donc $\frac{dz}{z \mp \frac{b}{2c} \cdot \sqrt{(zz+qq)}\sqrt{(mz \mp \frac{mb}{c}+n)}} =$

$\frac{2du\sqrt{2u}}{(uu-qq \mp \frac{bu}{c}) \cdot \sqrt{(muu-mqq \mp \frac{mbu}{c}+2nu)}}$.

Je remarque que les racines de $uu-qq \mp \frac{bu}{c}$ sont réelles, aussi bien que celles de $muu-mqq \mp \frac{mbu}{c}+2nu$, uu & qq étant de différens signes. Je suppose donc $\frac{1}{uu-qq \mp \frac{bu}{c}} = \frac{N}{u+k}+\frac{R}{u+s}$, & je fais pour abréger $\mp \frac{mb}{c}+2n=p$. J'aurai donc la derniere différentielle sous la forme suivante $\frac{2Ndu\sqrt{2u}}{(u+k)\sqrt{(mu^2-mq^2+pu)}} + \frac{2Rdu\sqrt{2u}}{(u+s)\sqrt{(muu-mqq+pu)}} = \frac{4Nudu}{(u+k).\sqrt{2u}.\sqrt{(mu^2-mq^2+pu)}} + \frac{4Rudu}{(u+s).\sqrt{2u}.\sqrt{(mu^2-mq^2+pu)}}$: ces deux membres ont absolument la même forme, ainsi ce que l'on fera pour l'un, doit se pratiquer de même pour l'autre. Je divise $\frac{4Nudu}{(u+k).\sqrt{2u}.\sqrt{(mu^2-mq^2+pu)}}$ par $u+k$, ce qui me donne $\frac{Pdu}{\sqrt{2u}.\sqrt{(mu^2-mq^2+pu)}} + \frac{Kdu}{(u+k)\sqrt{mu^2-mq^2+pu)}\sqrt{2u}}$, différentielle dont la premiere partie est, comme on sait, dépendante des sections coniques. A l'égard de la seconde, je fais $u+k=x$, ce qui me donnera une transformée de la forme suivante $\frac{Kdx}{x.\sqrt{(6+\alpha x)}.\sqrt{(\alpha'+6'x+\gamma xx)}}$ qui est précisément la même que la proposée, & dans laquelle les racines du binome sont réelles. *C. Q. F. F.*

CCXLIII.

REMARQUE. Donc quand il s'agira dans la ſuite d'une différentielle réductible à la quadrature des courbes du troiſieme ordre, il faudra toujours entendre celles qui ont pour équation $xyy = p + qx + rx^2 + sx^3$, le ſecond membre ayant toutes ſes racines réelles.

CCXLIV.

Différentielle dont l'intégrale dépend de la rectification des ſections coniques & de la quadrature précédente.

THÉOREME I. L'intégrale des différentielles qui ſe rapportent à la ſuivante $\frac{dx}{x^n\sqrt{(a+bx+cx^2+fx^3)}}$ dépend d'arcs de ſections coniques & de la quadrature d'une courbe du troiſieme ordre.

DÉMONSTRATION. Je prends $\frac{\sqrt{(a+bx+cx^2+fx^3)}}{x^q}$ que je différentie : j'ai $d\left\{\frac{\sqrt{(a+bx+cx^2+fx^3)}}{x^q}\right\} =$ $\frac{bdx+2xxdx+3fx^2dx}{2\sqrt{(a+bx+cx^2+fx^3)}} \times \frac{x^q}{x^{2q}} - \frac{qx^{q-1}dx}{x^{2q}}\sqrt{(a+bx+cx^2+fx^3)}$, & réduiſant ces deux membres au même dénominateur, ils deviennent

$$\frac{(b+2cx+3fx^2)x^q dx - 2qx^{q-1}dx\,(a+bx+cx^2+fx^3)}{x^{2q}\cdot 2\sqrt{(a+bx+cx^2+fx^3)}} =$$

$$\frac{dx}{2\sqrt{(a+bx+cx^2+fx^3)}} \times \left\{\begin{matrix} bx^{-q} + 2cx^{-q+1} + 3fx^{-q+2} - 2aqx^{-q-1} \\ -2bqx^{-q} - 2cqx^{-q+1} - 2fqx^{-q+2} \end{matrix}\right\}:$$

or cette quantité en ordonnant eſt égale à

$$\frac{dx}{2\sqrt{(a+bx+cx^2+fx^3)}} \times \left\{\begin{matrix} -2aqx^{-q-1} - 2bqx^{-q} - 2cqx^{-q+1} - 2fqx^{-q+2} \\ + bx^{-q} + 2cx^{-q+1} + 3fx^{-q+2} \end{matrix}\right\}.$$

En examinant cette différentielle, & donnant à l'indéterminée q différentes valeurs, on trouvera l'intégrale cherchée de la façon suivante.

1°. Si on fait $q = 1$, on a $\frac{dx}{2\sqrt{(a+bx+cx^2+fx^3)}} \times (-2ax^{-2} - bx^{-1} + fx) = \frac{adx}{-x^2\sqrt{(a+bx+cx^2+fx^3)}} + \frac{bdx}{-2x\sqrt{(a+bx+cx^2+fx^3)}} + \frac{fxdx}{2\sqrt{(a+bx+cx^2+fx^3)}}$. Donc l'intégrale de $\frac{dx}{x^2\sqrt{(a+bx+cx^2+fx^3)}}$ dépend de celles de $\frac{dx}{2ax\sqrt{(a+bx+cx^2+fx^3)}}$ & de $\frac{xdx}{2a\sqrt{(a+bx+cx^2+fx^3)}}$; c'est-à-dire (Lemme précédent) de la quadrature d'une courbe du troisieme ordre, & (Art. CCXXIX.) de la rectification des sections coniques.

2°. Si on fait $q = 2$, on aura la différentielle suivante $\frac{dx}{2\sqrt{(a+bx+cx^2+fx^3)}} \times (-4ax^{-3} - 3bx^{-2} - 2cx^{-1} - f) = \frac{2adx}{-x^3\sqrt{(a+bx+cx^2+fx^3)}} + \frac{3bdx}{-2x^2\sqrt{(a+bx+cx^2+fx^3)}} + \frac{cdx}{-x\sqrt{(a+bx+cx^2+fx^3)}} + \frac{fdx}{-2\sqrt{(a+bx+cx^2+fx^3)}}$.

Il suit de là que l'intégrale de $\frac{dx}{x^3\sqrt{(a+bx+cxx+fx^3)}}$ dépend de $\frac{3bdx}{-4ax^2\sqrt{(a+bx+cx^2+fx^3)}}$, de $\frac{cdx}{-2ax\sqrt{(a+bx+cx^2+fx^3)}}$ & de $\frac{fdx}{-4a\sqrt{(a+bx+cx^2+fx^3)}}$: mais l'intégrale de $\frac{dx}{x^2\sqrt{(a+bx+cx^2+fx^3)}}$ dépend de la rectification des sections coniques, & de $\frac{bdx}{-2ax\sqrt{(a+bx+cx^2+fx^3)}}$; donc l'intégrale en question dépend de la rectification des sections coniques & de $\left\{\frac{3bb}{8aa} - \frac{3c}{4a}\right\} \frac{dx}{x\sqrt{(a+bx+cx^2+fx^3)}}$.

D'où l'on conclura que $\frac{dx}{x^3\sqrt{(a+bx+cx^2+fx^3)}}$ se rapporte uniquement à la rectification des sections coniques, toutes les fois qu'on a $bb = 2ac$.

En donnant ainsi successivement à q différentes valeurs, on trouvera qu'en général l'intégrale de $\frac{dx}{x^n\sqrt{(a+bx+cx^2+fx^3)}}$ se rapporte à la rectification des sections coniques, & de plus à la quadrature d'un espace curviligne du troisieme ordre, excepté les cas cependant où les coefficiens a, b, c, f & l'exposant n sont tels que la différentielle $\frac{dx}{x\sqrt{(a+bx+cx^2+fx^3)}}$ qui exprime cette quadrature, s'évanouit. Car alors la proposée se réduit uniquement à des arcs de sections coniques. *C. Q. F. D.*

Cas dans lesquels l'intégrale cherchée dépend uniquement des arcs de sections coniques.

CCXLV.

Différentielles qui dépendent de la précédente.

COROLLAIRE I. Si dans la proposée b & $c = 0$, elle deviendra $\frac{dx}{x^n\sqrt{(a+fx^3)}}$. En ce cas elle se réduira toujours à des arcs de sections coniques. Car nous avons vu qu'elle dépend de $\frac{dx}{x\sqrt{(a+fx^3)}}$. Soit $x^3 = u$; $x = u^{\frac{1}{3}}$; $dx = \frac{1}{3}u^{-\frac{2}{3}}du$. Substituant on a $\frac{dx}{x\sqrt{(a+fx^3)}} = \frac{du}{3u\sqrt{(a+fu)}}$. Je fais à présent $a+fu = zz$, j'en tire $du = \frac{2zdz}{f}$; $\sqrt{(a+fu)} = z$: ce qui me donne pour transformée $\frac{2dz}{3(zz-a)}$, qui est comme on voit une fraction rationelle. Par conséquent la proposée s'integre par logarithmes, ou par des arcs de cercle. Donc elle dépend de la rectification du cercle ou de la parabole.

CCXLVI.

CCXLVI.

COROLL. 2. Si la proposée étoit $x^{\pm p} dx . (a + bxx)^{\pm \frac{n}{3}}$, dans laquelle p & n représentassent des nombres entiers quelconques, on verroit qu'elle dépend des sections coniques. En effet faisons $a + bxx = z^3$, on en tirera $dx = \frac{3z^2 dz}{2(bz^3 - ab)^{\frac{1}{2}}}$; $x^{\pm p} = \left(\frac{z^3 - a}{b}\right)^{\pm \frac{p}{2}}$; la transformée sera donc $\left(\frac{z^3 - a}{b}\right)^{\pm \frac{p}{2}} \times \frac{3z^{2 \pm n} dz}{2\sqrt{(bz^3 - ab)}}$ à laquelle par conséquent on pourra donner la forme suivante $z^{\pm q} dz . (e + gz^3)^{\pm \frac{r}{2}}$, q marquant un nombre entier positif, & r aussi un nombre entier positif & impair. Maintenant je dis que cette quantité dépend des arcs de sections coniques, soit qu'on ait $+ \frac{r}{2}$, ou $- \frac{r}{2}$.

Soit 1°. $z^{\pm q} dz . (e + gz^3)^{\frac{r}{2}}$; je multiplie haut & bas par $(e+gz^3)^{\frac{1}{2}}$, ce qui me donne $\frac{z^{\pm q} dz . (e+gz^3)^{\frac{r}{2} + \frac{1}{2}}}{(e+gz^3)^{\frac{1}{2}}}$; & comme r est un nombre entier impair, il n'y aura plus de radical au numérateur; par conséquent on aura une différentielle dont les différens termes seront de la forme suivante $\frac{z^{\pm h} dz}{(e + gz^3)^{\frac{1}{2}}}$, que l'on fait dépendre des sections coniques.

2°. Soit $z^{\pm q} dz . (e + gz^3)^{-\frac{r}{2}}$; pour découvrir quelle est l'intégrale de cette quantité, je prends $\frac{z^m}{(a + bz^3)^{\frac{s}{2}}}$

que je différentie ; cette opération me donne

$$\frac{mz^{m-1}dz \times .(a+bz^3)^{\frac{s}{2}} - \frac{s}{2}(a+bz^3)^{\frac{s-2}{2}} 3bz^{2+m}dz}{(a+bz^3)^s} =$$

$\frac{mz^{m-1}dz}{(a+bz^3)^{\frac{s}{2}}} - \frac{3bsz^{m+2}dz}{2.(a+bz^3)^{\frac{s+2}{2}}}$; par où l'on voit que l'intégrale de $\frac{mz^{m-1}dz}{(a+bz^3)^{\frac{s}{2}}}$ dépend de celle de $z^{m+2}dz$. $(a+bz^3)^{-(\frac{s+2}{2})}$. D'où il suit que l'intégrale de $z^{\pm q}dz \,.\, (e+gz^3)^{-\frac{r}{2}}$ dépend de $z^{\pm q+3}dz$. $(e+gz^3)^{-(\frac{r+2}{2})}$, & ainsi de suite. Donc quel que soit le signe qui affecte $\frac{r}{2}$, l'intégrale de $z^{\pm q}dz \times (e+gz^3)^{\pm\frac{r}{2}}$ dépend de $\frac{z^{\pm k}dz}{(e+gx^3)^{\frac{1}{2}}}$, & par conséquent elle se rapporte à la rectification des sections coniques.

CCXLVII.

REMARQUE. Si dans la différentielle précédente $z^{\pm q}dz \times (e+gz^3)^{\pm\frac{r}{2}}$, nous faisons $z = \frac{1}{u}$, nous aurons la transformée suivante $u^{\mp q-2\mp\frac{3r}{2}}du \,.\, (g+eu^3)^{\pm\frac{r}{2}}$, d'où il suit que $u^{\pm\frac{n}{2}}du \,.\, (g+eu^3)^{\pm\frac{r}{2}}$ se réduit aussi aux arcs de sections coniques, n & r étant des nombres entiers positifs.

CCXLVIII.

COROLLAIRE GÉNÉRAL. En réuniſſant ce que nous venons de dire, & ce que nous avons trouvé (Article CCXXVII.), on verra qu'en général $z^q\,dz \times (e+gz^m)^n$ dépend de la rectification des ſections coniques, m étant $=2$, ou $=3$.

1°. Lorſque $m=2$, q étant égal à la moitié d'un nombre entier poſitif ou négatif, & n étant égal à la moitié ou au tiers d'un nombre entier poſitif ou négatif; ou bien q étant encore égal à un nombre entier poſitif ou négatif, & n égal au quart d'un nombre entier poſitif ou négatif.

2°. Lorſque $m=3$, q & n étant égaux à la moitié d'un nombre entier poſitif ou négatif. (Art. CCXLVI.).

CCXLIX.

D'après cela ſoit cherchée l'intégrale de $z^p\,dz \times (a+bz^r)^s$: je fais $a+bz^r=u^t$, ce qui me donne $dz=\frac{t}{r}u^{t-1}\,dt \times \left\{\frac{u^t-a}{b}\right\}^{\frac{1-r}{r}}$, & $z^p=\left\{\frac{u^t-a}{b}\right\}^{\frac{p}{r}}$; par conſéquent en faiſant ces ſubſtitutions, on a $z^p\,dz.(a+bz^r)^s=\frac{t}{r}u^{ts+t-1}\,dt.\left\{\frac{u^t-a}{b}\right\}^{\frac{p+1-r}{r}}$ quantité réductible à des arcs de ſections coniques; 1°. ſi $t=2$; $2s+1=\pm\frac{n}{2}$, & $\frac{p+1-r}{r}=\pm\frac{q}{2}$, ou $\pm\frac{q}{3}$, n & q exprimant des nombres entiers; 2°. en ſuppoſant toujours $t = 2$, & $2s + 1 = \pm n$, & $\frac{p+1-r}{r} = \pm \frac{q}{4}$.

3°. si $t = 3$, & $3s + 2 = \pm \frac{n}{2}$, & $\frac{p+1-r}{r} = \pm \frac{q}{2}$. Ce qui est évident.

CCL.

Autre différentielle dépendante des arcs de sections coniques, & de l'aire des courbes du 3e. ordre.

THÉOREME 2. L'intégrale de $(Kx+c)^p \times (f+gx)^{\frac{n}{2}} \times (a+bx+cxx)^{\frac{m}{2}} dx$ (p, n, m exprimant des nombres entiers positifs ou négatifs) dépend de la rectification des sections coniques & de la quadrature d'une courbe du troisieme ordre.

DÉMONSTRATION. Si ces nombres sont positifs, la proposée n'a aucune difficulté : on voit aisément qu'elle se réduit à la rectification des sections coniques.

Si p est un nombre entier négatif, faisons $f+gx = z$, on aura $dx = \frac{dz}{g}$ & après les substitutions ordinaires, la transformée suivante $\left\{\frac{Kz - Kf + gc}{g}\right\}^{-p} \times \frac{z^{\frac{n}{2}} dz}{g}$. $\left\{\frac{ag^2 + bgz - bgf + cz^2 - 2cfz + cf^2}{gg}\right\}^{\frac{m}{2}}$, & en abregeant l'expression de cette différentielle $\frac{z^{\frac{n}{2}} dz . (zz + oz + q)^{\frac{m}{2}}}{(lz+i)^p}$. Je multiplie haut & bas par $z^{\frac{n}{2}} . (zz + oz + q)^{\frac{m}{2}}$, ce qui me donnera $\frac{z^n dz . (zz + oz + q)^m}{z^{\frac{n}{2}} . (lz+i)^p \times (zz + oz + q)^{\frac{m}{2}}}$. On voit par là que la proposée se change en une différentielle dont chaque terme a la forme suivante $\frac{qz^k dz}{(hz+e)^p \times z^{\frac{r}{2}} (\alpha + \epsilon z + \delta zz)^{\frac{s}{2}}}$.

On diviſera dans chacun d'eux z^k par $(hz+e)^p$, tant que cela ſe pourra faire, & chacune des parties du quotient étant multipliée par $\frac{dz}{z^{\frac{r}{2}} \times (\alpha+\beta z+\delta zz)^{\frac{s}{2}}}$ s'intégrera par des arcs de ſections coniques.

Lorſqu'on ſera parvenu à un reſte dans lequel k ſera $<p$, on multipliera le numérateur & le dénominateur de la propoſée par $z^{\frac{s}{2}}$, ce qui donnera $\frac{qz^k \times z^{\frac{s}{2}} dz}{(hz+e)^p \times z^{\frac{r+s}{2}} \times (\alpha+\beta z+\delta zz)^{\frac{s}{2}}}$, & en ſuppoſant P & Q des fonctions de x rationelles & ſans diviſeur, on donnera à cette derniere quantité la forme ſuivante, en ſe ſervant des regles expliquées pour les fractions rationelles $\frac{Pdz \,.\, z^{\frac{s}{2}}}{(hz+e)^p \,.\, (\alpha+\beta z+\delta zz)^{\frac{s}{2}}}$ + $\frac{Qdz \,.\, z^{\frac{s}{2}}}{z^{\frac{r+s}{2}} \,.\, (\alpha+\beta z+\delta zz)^{\frac{s}{2}}}$. La ſeconde partie de cette différentielle devient $\frac{Qdz}{z^{\frac{r}{2}} \,.\, (\alpha+\beta z+\delta zz)^{\frac{s}{2}}}$, qui s'integre par des arcs de ſections coniques, comme il eſt aiſé de le voir ſur le champ.

Pour intégrer la premiere $\frac{Pdz \,.\, z^{\frac{s}{2}}}{(hz+e)^p \,.\, (\alpha+\beta z+\delta zz)^{\frac{s}{2}}}$, je ſuppoſe $\frac{z}{\alpha+\beta z+\delta zz} = y^{-1}$; ce qui donne $zy = \alpha+\beta z+\delta zz$, & $zz + \frac{\beta z - zy}{\delta} = -\frac{\alpha}{\delta}$; & en tirant la racine quarrée $z + \frac{\beta}{2\delta} - \frac{y}{2\delta} = \pm \sqrt{\left\{-\frac{\alpha}{\delta} + \left(\frac{\beta-y}{2\delta}\right)^2\right\}}$;

ou bien $z = Ay + B \pm \sqrt{\left\{G + (Ay + B)^2\right\}}$, &

$\frac{z^{\frac{s}{2}}}{(\alpha + \beta z + \delta zz)^{\frac{s}{2}}} = \frac{1}{y^{\frac{s}{2}}}$. Subſtituant toutes ces valeurs dans la quantité à intégrer, on a $\frac{Pdz \,.\, z^{\frac{s}{2}}}{(hz + e)^p \,.\, (\alpha + \beta z + \gamma zz)^{\frac{s}{2}}}$

$$= \frac{PAdy \pm \frac{2A^2 Pydy + 2ABPdy}{2\sqrt{\left\{G + (Ay + B)^2\right\}}}}{y^{\frac{s}{2}} \left\{Ahy + Bh + e \pm h\sqrt{G + (Ay + B)^2}\right\}^p}.$$ J'opere d'abord ſur le premier membre : ce qu'on fera ſur ce membre ſe pourra pratiquer ſur les autres. Je multiplie haut & bas par $\left\{Ahy + Bh + e \mp h\sqrt{G + (Ay + B)^2}\right\}^p$ ce qui me donne après la réduction

$$\frac{PAdy \,.\, \left\{Ahy + Bh + e \mp h\sqrt{G + (Ay + B)^2}\right\}^p}{y^{\frac{s}{2}} \,.\, (2Beh + ee - hhG + 2Ahey)^p} =$$

$$\frac{PAdy \,.\, \left\{Ahy + Bh + e \mp h\sqrt{G + (Ay + B)^2}\right\}^p}{y^{\frac{s}{2}} \,.\, (Ky + H)^p}.$$ Or on voit que dans cette différentielle il y aura des termes tous rationels qui par conſéquent n'auront aucune difficulté ; il y en aura d'autres qui ſeront affectés du radical $\sqrt{G + (Ay + B)^2}$: ceux-là on les multipliera haut & bas par ce radical, ce qui le tranſportera au dénominateur. D'où il ſuit évidemment que les termes les plus difficiles à intégrer ſeront de la forme ſuivante

$\frac{y^{\pm \frac{n}{2}} dy}{(Ky + H)^p \times (M + Ny + Ryy)^{\frac{1}{2}}}$ (je néglige les conſtantes au numérateur, ce qui est indifférent pour la justesse du calcul). p est par l'hypothese un nombre entier. Si n étoit négatif, je ferois $y = \frac{1}{u}$, ce qui me donneroit après les substitutions ordinaires $\frac{du \,.\, u^{\frac{n}{2}-1+p}}{(K+Hu)^p \times \sqrt{(R+Nu+Mu^2)}}$.

D'où il suit qu'on pourra réduire la difficulté à l'intégration de $\frac{y^{\frac{n}{2}} dy}{(H+Ky)^p \,.\, \sqrt{(M+Ny+Ryy)}}$, n & p étant des nombres entiers positifs.

Pour intégrer maintenant cette différentielle, de laquelle dépend l'intégrale entiere de la proposée, je suppose $H+Ky=t$, d'où je tire $y = \frac{t-H}{K}$; $dy = \frac{dt}{K}$; donc on a la transformée suivante

$$\frac{\left\{\frac{t-H}{K}\right\}^{\frac{n}{2}} \,.\, \frac{dt}{K}}{t^p \,.\, \sqrt{\frac{MK^2+H^2R-HNK+NKt-2HRt+Rtt}{K^2}}} =$$

$\frac{(a-bt)^{\frac{n}{2}} \times dt}{t^p \times \sqrt{(a'+b't+ctt)}}$. Cette quantité peut encore être développée en plusieurs termes tels que $\frac{t^{\pm q} dt \times (a-bt)^{\frac{1}{2}}}{\sqrt{(a'+b't+ctt)}}$. Or 1°. Si q est positif, l'intégrale n'a aucune difficulté, & dépend de la rectification des sections coniques. 2°. Si on a $\frac{dt\sqrt{a-bt}}{t^q\sqrt{(a'+b't+ctt)}}$, on multipliera le numérateur & le dénominateur par $(a-bt)^{\frac{1}{2}}$, ce qui donnera deux termes tels que $\frac{dt}{t^r\sqrt{(\alpha+\beta t+\gamma tt+\lambda t^3)}}$ qui dépendent (Art. CCXLIV.) de la quadrature d'un espace curviligne du troisieme ordre. Donc la proposée dépend de la rectification des sections coniques, & de la quadrature d'une courbe du troisieme ordre. *C. Q. F. D.*

CCLI.

Différentielles qui dépendent de la précédente.

COROLLAIRE. 1. Du Théorême précédent il suit qu'on pourra intégrer le produit de $dx.(e+fx)^{\frac{n}{2}}.(g+kx)^{\frac{m}{2}}.(a+bx+cxx)^{\frac{s}{2}}$ (n, m, & s étant des nombres entiers positifs ou négatifs) par une fonction rationelle de x, pourvu que le dénominateur de la fonction, si c'est une fraction, ait toutes ses racines réelles. Pour s'en convaincre, il n'y a qu'à multiplier la proposée haut & bas par $(g+kx)^{\frac{n}{2}}$, cette opération donnera $dx.\left\{\frac{e+fx}{g+kx}\right\}^{\frac{n}{2}}.(g+kx)^{\frac{m+n}{2}}\times(a+bx+cxx)^{\frac{s}{2}}$. Soit maintenant $\frac{e+fx}{g+kx}=z$, on en tire $x=\frac{e-gz}{kz-f}$; $dx=\frac{(gf-ek)}{(kz-f)^2}dz$; on aura donc la transformée suivante

$$\frac{(gf-ek)}{(kz-f)^2}z^{\frac{n}{2}}dz.\left\{\frac{ke-fg}{kz-f}\right\}^{\frac{m+n}{2}}\times\frac{(\alpha+\epsilon z+\gamma zz)^{\frac{s}{2}}}{(kz-f)^s},$$

qu'on voit bien se réduire à $z^{\frac{n}{2}}dz.(\alpha+\epsilon z+\gamma zz)^{\frac{s}{2}}$ multipliée par une fonction rationelle de z, & dépendante par conséquent du Théorême précédent.

CCLII.

COROLLAIRE 2. Si on avoit une fonction rationelle de x multipliée par $dx\times(a+bx+cxx)^{\pm\frac{m}{2}}\times(e+fx$

+

$+gxx)^{\pm\frac{n}{2}}$, en ſuppoſant toujours que dans cette fonction, ſi elle eſt une fraction, on puiſſe partager le dénominateur en des quantités ſimples $(x+\rho)^{\delta}$, en multipliant la propoſée haut & bas par $(a+bx+cxx)^{\frac{n}{2}}$, on la développeroit en différens termes de la forme ſuivante $\dfrac{Kx\ dx}{(lx+n)^{r}\cdot(a+bx+cxx)^{\frac{q+s}{2}}\cdot\left\{\frac{e+fx+gxx}{a+bx+cxx}\right\}^{\frac{s}{2}}} =$ par les regles des fractions rationelles $\dfrac{Q\,dx}{(lx+n)^{r}\cdot\left\{\frac{e+fx+gxx}{a+bx+cxx}\right\}^{\frac{s}{2}}}$ $+\dfrac{P\,dx}{(a+bx+cxx)^{\frac{q+s}{2}}\cdot\left\{\frac{e+fx+gxx}{a+bx+cxx}\right\}^{\frac{s}{2}}}$, P & Q étant des fonctions de x rationelles & ſans diviſeur.

Mais ſi on diviſe $e+fx+gxx$ par $a+bx+cxx$, on aura au quotient une partie toute conſtante, & un reſte tel que $\frac{\gamma x+\delta}{a+bx+cxx}$. Je ſuppoſe donc $\frac{e+fx+gxx}{a+bx+cxx}$ $=\varphi+\frac{\gamma x+\delta}{a+bx+cxx}$, & $\frac{\gamma x+\delta}{a+bx+cxx}=\frac{1}{z}$: cette ſuppoſition me donnera $(\gamma x+\delta)z=a+bx+cxx$, & $xx+\frac{bx}{c}-\frac{\gamma zx}{c}=\frac{\delta z-a}{c}$; d'où on tire $x=\frac{-b+\gamma z}{2c}$ $\pm\sqrt{\frac{\delta z}{c}-\frac{a}{c}+\left\{\frac{b-\gamma z}{2c}\right\}^{2}}$: $dx=\frac{\gamma dz}{2c}+$ $\dfrac{\delta dz+\frac{\gamma^{2}zdz}{2c}-\frac{b\gamma dz}{2c}}{2c\sqrt{\frac{\delta z-a}{c}+\left\{\frac{b-\gamma z}{2c}\right\}^{2}}}$. Subſtituant une des deux valeurs de x dans le premier membre de la propoſée (ce qu'on fera ſur l'un, doit auſſi ſe pratiquer pour l'autre), il deviendra $$\frac{\frac{Q\gamma dz}{2c} \pm \frac{\left\{\delta dz + \frac{\gamma^2 z dz}{2c} - \frac{b\gamma dz}{2c}\right\} \times Q}{2c\sqrt{\frac{\delta z - a}{c} + \left(\frac{b-\gamma z}{2c}\right)^2}}}{\left\{\frac{l\gamma z - bl}{2c} + l\sqrt{\frac{\delta z - a}{c} + \left(\frac{b-\gamma z}{2c}\right)^2} + n\right\}^r \times \left(\varphi + \frac{1}{z}\right)^{\frac{s}{2}}}.$$

Multipliant haut & bas par les valeurs de $(lx+n)^r$ & de $(\gamma x + \delta)\, z$ qui résultent de l'autre valeur de x, on aura une différentielle dont les différentes parties seront intégrables par le Corollaire précédent.

CCLIII.

Cas dans lesquels les différentielles précédentes se rapportent uniquement à des arcs de sections coniques.

SCHÓLIE. Il est bon d'observer ici qu'il y a beaucoup de cas dans lesquels par la destruction de certains coefficiens, les différentielles que nous avons vu se rapporter à des arcs de sections coniques & à la quadrature de courbes du troisieme ordre, ne dépendront que de la rectification des sections coniques. En général toutes les différentielles telles que $\frac{dx}{(a+bx+cxx)^{\frac{q}{2}} \times (e+fx+gxx)^{\frac{t}{2}}}$ en dépendront uniquement. En voici la preuve qu'il faut s'attacher à bien suivre.

CCLIV.

Démonstration.

PREMIERE PROPOSITION. $\frac{du}{u\sqrt{\varphi + \frac{u}{m}} \cdot \sqrt{A + Bu - uu}}$ A, B, φ & m étant de signes quelconques, peut se réduire à l'intégration d'une différentielle

$\frac{dz}{z\sqrt{Mz+\frac{A}{\varphi}\times\sqrt{(\alpha+\beta z+\gamma zz)}}}$, dans laquelle M est quelconque & α est positif.

DÉMONST. Soit pour le prouver $\frac{du}{u\sqrt{\varphi+\frac{u}{m}}\cdot\sqrt{A+Bu-uu}}$ = (en multipliant haut & bas par φ) $\frac{\varphi du}{\varphi u\sqrt{(\varphi+\frac{u}{m})}\cdot\sqrt{(A+Bu-uu)}}$, si à cette quantité on ajoute $\frac{\frac{u}{m}du}{\varphi u\sqrt{(\varphi+\frac{u}{m})}\cdot\sqrt{(\varphi A+Bu-uu)}}$, & qu'on l'en retranche en même temps, ce qui, comme on voit, ne la changera pas, elle deviendra $\frac{\varphi du+\frac{u}{m}du}{\varphi u\sqrt{(\varphi+\frac{u}{m})}\cdot\sqrt{(A+Bu-uu)}}$ $-\frac{\frac{u}{m}du}{\varphi u\sqrt{(\varphi+\frac{u}{m})}\cdot\sqrt{(A+Bu-uu)}}$ = (en réduisant) $\frac{du\sqrt{(\varphi+\frac{u}{m})}}{\varphi u\cdot\sqrt{(A+Bu-uu)}}-\frac{du}{m\varphi\cdot\sqrt{(\varphi+\frac{u}{m})}\cdot\sqrt{(A+Bu-uu)}}$.

La seconde partie de cette différentielle s'integre par des arcs de sections coniques. Pour voir ce que devient la premiere je suppose $\frac{\varphi+\frac{u}{m}}{A+Bu-uu}=\frac{1}{Mz+\frac{A}{\varphi}}=\frac{1}{Mz+N}$, en faisant $\frac{A}{\varphi}=N$; on aura $A+Bu-uu=\varphi Mz+\frac{Muz}{m}+N\varphi+\frac{uN}{m}$; donc $A-\varphi Mz-N\varphi=uu-Bu+\frac{Mzu}{m}+\frac{Nu}{m}$; & achevant le quarré du second membre, & prenant la racine quarrée des deux, on a $u-\frac{B}{2}+$

$$\frac{Mz+N}{2m} = \pm\sqrt{A - \varphi Mz - N\varphi + \left(\frac{Mz+N-Bm}{2m}\right)^2}$$

$$= \pm\sqrt{\left(A - \varphi Mz - \frac{A\varphi}{\varphi} + \frac{M^2z^2 - 2BMmz + 2MNz + B^2m^2 - 2BmN + N^2}{4mm}\right)}$$

$$= \pm\sqrt{\left\{\frac{M^2z^2}{4m^2} - \varphi Mz + \left(\frac{2N-2Bm}{4m^2}\right)Mz + \left(\frac{N-Bm}{2m}\right)^2\right\}}$$: donc enfin on trouve $u = \frac{B}{2} - \frac{Mz-N}{2m}$ $\pm\sqrt{\left\{\frac{M^2z^2+(2N-2Bm)Mz-4\varphi Mm^2z+(N-Bm)^2}{4m^2}\right\}}$: $du =$ $-\frac{Mdz}{2m} \pm \frac{(M^2zdz+NMdz-BMmdz-2\varphi Mm^2dz)}{2m\sqrt{M^2z^2+(2N-2Bm)Mz-4\varphi m^2Mz+(N-Bm)^2}}$. Subſtituant dans la propoſée une des deux valeurs de u, & multipliant le haut & le bas par l'autre valeur de u, comme on l'a déja pratiqué, Art. CCLII. on aura une transformée qui ſe réduit à des arcs de ſections coniques & à l'intégration de $\frac{dz}{z\sqrt{Mz+N}\cdot\sqrt{\alpha+\epsilon z+\gamma zz}}$, M étant de ſigne quelconque, & α poſitif. *C. Q. F. D.*

CCLV.

SECONDE PROPOSITION. $\frac{dx}{(a+bx+cxx)^{\frac{q}{2}}\cdot(e+fx+gxx)^{\frac{s}{2}}}$ s'integre par des arcs de ſections coniques, lorſque $a + bx + cxx$ a ſes racines réelles, ou ce qui eſt la même choſe, lorſque bb eſt $> 4ac$. Car ſoient les deux facteurs réels de cette quantité $mx+n$, $rx+p$, on aura $\frac{dx}{\{(mx+n)\cdot(rx+p)\}^{\frac{q}{2}}\cdot(e+fx+gxx)^{\frac{s}{2}}}$. Soit $mx + n = z$, on en tire $dx = \frac{dz}{m}$; $x = \frac{z-n}{m}$, donc on a la transformée $\dfrac{\frac{dz}{m}}{z^{\frac{q}{2}} \cdot \left\{\frac{rz - rn + pm}{m}\right\}^{\frac{q}{2}} \cdot \left\{\frac{em^2 + fmz - fmn + gz^2 - 2gnz + gn^2}{mm}\right\}^{\frac{s}{2}}}$:

faisons $z = \frac{1}{u}$, $dz = -\frac{du}{uu}$, on trouvera

$$\frac{-\frac{du}{muu}}{\frac{1}{u^{\frac{q}{2}}} \cdot \left\{\frac{r - rnu + pmu}{mu^{\frac{q}{2}}}\right\}^{\frac{q}{2}} \cdot \frac{(em^2u^2 + mfu - fmnu^2 + g - 2gnu + gn^2u^2)^{\frac{s}{2}}}{m^s u^s}}$$

$= \dfrac{u^{q+s-2}\,du}{(Au + B)^{\frac{q}{2}} \cdot (C + Du + Euu)^{\frac{s}{2}}}$, différentielle réductible aux sections coniques. (Art. CCXXXVI.).

CCLVI.

TROISIEME PROPOSITION. Dans la même hypothese, si on écrit la proposée ainsi $\dfrac{dx}{(a + bx + cxx)^{\frac{q+s}{2}} \cdot \left\{\frac{e + fx + gxx}{a + bx + cxx}\right\}^{\frac{s}{2}}}$, on trouvera qu'elle se rapporte à la rectification des sections coniques, & à l'intégration de la différentielle $\dfrac{du}{u\sqrt{\left(\varphi + \frac{u}{m}\right)} \cdot \sqrt{(A + Bu + uu)}}$. Car soit $\frac{e + fx + gxx}{a + bx + cxx}$ $= \varphi + \frac{\gamma x + \delta}{a + bx + cxx}$, & $\frac{\gamma x + \delta}{a + bx + cxx} = \frac{u}{m}$, on en tire $a + bx + cxx = \frac{\gamma mx + \delta m}{u}$, donc $x = -\frac{b}{2c} + \frac{\gamma m}{2cu}$ $\pm \sqrt{\left\{\frac{\delta m}{cu} - \frac{a}{c} + \frac{bb}{4cc} - \frac{b\gamma m}{2ccu} + \frac{\gamma^2 m^2}{4c^2u^2}\right\}} = -\frac{b}{2c} + \frac{\gamma m}{2cu}$ $\pm \frac{1}{2cu}\sqrt{(4c\delta mu - 4acu^2 + bbu^2 - 2b\gamma mu + \gamma^2 m^2)}$; donc enfin $x = \frac{-bu + \gamma m}{2cu} \pm \frac{1}{2cu}\sqrt{\frac{\gamma^2 m^2}{bb - 4ac} + \frac{4c\delta mu - 2b\gamma mu}{bb - 4ac} + uu}$.

D'ailleurs on aura $\dfrac{dx}{\left\{\frac{\gamma x m+\delta m}{u}\right\}^{\frac{q+s}{2}} \cdot \left\{\varphi+\frac{u}{m}\right\}^{\frac{s}{2}}}$ qu'on trouvera par la méthode de l'Article CCLII. dépendre de la rectification des sections coniques & de l'intégration de la différentielle suivante,

$$\frac{du}{u\sqrt{\varphi+\frac{u}{m}} \cdot \sqrt{\frac{\gamma^2 m^2+4c\delta m u-2b\gamma m u}{bb-4ac}+uu}}.$$ Donc il est évident que la proposée $\dfrac{dx}{(a+bx+cxx)^{\frac{q}{2}} \cdot (e+fx+gxx)^{\frac{s}{2}}}$ dépend de la rectification des sections coniques, & de l'intégration de $\dfrac{du}{u\sqrt{\varphi+\frac{u}{m}} \cdot \sqrt{A+Bu+uu}}$. Donc puisque (Prop. Sec.) $\dfrac{dx}{(a+bx+cx^2)^{\frac{q}{2}} \cdot (e+fx+gx^2)^{\frac{s}{2}}}$ dépend dans le cas présent des sections coniques, il s'ensuit, ou que le coefficient de $\dfrac{du}{u\sqrt{\varphi+\frac{u}{m}} \cdot \sqrt{A+Bu+uu}}$ est $=0$, tous les termes se détruisant dans ce coefficient, ou bien que si ce coefficient n'est pas $=0$, $\dfrac{du}{u\sqrt{\varphi+\frac{u}{m}} \cdot \sqrt{A+Bu+uu}}$ dépendra de la rectification des sections coniques, excepté peut-être un seul cas particulier, dans lequel le coefficient de cette différentielle seroit égal à zéro, en vertu d'un certain rapport entre a, b, c, e, f, g.

COROLLAIRE. Donc si tous les termes ne se détruisent pas dans le coefficient de (A)

$$\frac{du}{u\sqrt{\varphi+\frac{u}{m}}\cdot\sqrt{\left\{\frac{\gamma^2 m^2+4c\delta mu-2b\gamma mu}{bb-4ac}+uu\right\}}}$$, il s'ensuit que $(B)\ \frac{du}{u\sqrt{\varphi+\frac{u}{m}}\cdot\sqrt{\alpha+\beta u+uu}}$ dépendra toujours de la rectification des sections coniques, en prenant b, a, c à volonté, pourvu que bb soit $> 4ac$. Car cette derniere différentielle peut toujours se réduire à la premiere. En effet on a $e+fx+gxx=(a+bx+cxx)\times\frac{g}{c}-\frac{gbx}{c}+fx-\frac{ga}{c}+e$. Donc à cause de $\frac{e+fx+gxx}{a+bx+cxx}=\varphi+\frac{\gamma x+\delta}{a+bx+cxx}$, on aura $\varphi=\frac{g}{c}$; $\gamma=-\frac{gb}{c}+f$; $\delta=-\frac{ga}{c}+e$. D'ailleurs en comparant les différentielles (A) & (B), on trouve $\alpha=\frac{\gamma^2 m^2}{bb-4ac}$, donc $\gamma^2 m^2=\alpha\times(bb-4ac)$, ou $\gamma=\frac{\sqrt{\alpha(bb-4ac)}}{m}=-\frac{gb}{c}+f$; $\beta=\frac{4c\delta m-2b\gamma m}{bb-4ac}$, d'où l'on tire $4c\delta m=(bb-4ac)\beta+2b\gamma m$: donc $\delta=\frac{(bb-4ac)}{4cm}\beta+\frac{b\gamma}{2c}=-\frac{ga}{c}+e$.

Il ne pourroit tout au plus y avoir d'excepté qu'un cas où $\frac{du}{u\sqrt{\varphi+\frac{u}{m}}\cdot\sqrt{\alpha+\beta u+uu}}$ ne dépendroit pas de la rectification des sections coniques ; ce seroit celui dans lequel il y auroit une certaine équation entre a, b, c, e, f, g, ou ce qui est la même chose entre φ, m, α, β : mais dans tous les autres cas l'intégration réussira.

CCLVII.

QUATRIEME PROPOSITION. Si $a+bx+cxx$ a ses racines imaginaires, on trouvera que la proposée $\frac{dx}{(a+bx+cxx)^{\frac{q}{2}}\cdot(e+fx+gx^2)^{\frac{s}{2}}}$ dépend de la rectification des sections coniques & de l'intégration de

$$\frac{du}{u\sqrt{\varphi+\frac{u}{m}}\cdot\sqrt{\frac{\gamma^2 m^2}{bb-4ac}-\frac{2b\gamma mu+4c\delta mu}{bb-4ac}-uu}}.$$

Car $a+bx+cxx$ a ses racines imaginaires dans le cas de $bb<4ac$; il faudra donc écrire alors $-uu.(4ac-bb)$; ce qui donnera $\frac{du}{u\sqrt{\varphi+\frac{u}{m}}\cdot\sqrt{\left\{\frac{\gamma^2m^2-2b\gamma mu+4c\delta mu}{4ac-bb}-uu\right\}}}$ différentielle qui est la même que la suivante

$$\frac{du}{u\sqrt{\varphi+\frac{u}{m}}\cdot\sqrt{A+Bu-uu}}.$$

Or 1°. si le coefficient de cette différentielle s'évanouit, ce sera une marque que la proposée dépend uniquement des sections coniques.

2°. Si les termes ne se détruisent pas dans ce coefficient, c'est une marque certaine qu'ils ne se détruisent pas non plus dans le cas de la troisieme Proposition. Car ces deux cas sont précisément les mêmes, on n'a fait que mettre $4ac-bb$ pour $bb-4ac$. Donc dans cette supposition on peut conclure que toute différentielle $\frac{du}{u\sqrt{\varphi+\frac{u}{m}}\cdot\sqrt{a+\beta u+uu}}$ s'intégrera par des arcs de

sections

sections coniques, au moins quand il n'y aura pas entre les coefficiens α, ϵ, m, φ une certaine équation. Or il est toujours possible d'empêcher que cette équation n'ait lieu ; car $\frac{du}{u\sqrt{\varphi+\frac{u}{m}}\cdot\sqrt{A+Bu-uu}}$ se réduit (I. Prop.) à l'intégration de $\frac{dz}{z\sqrt{Mz+\frac{A}{\varphi}}\cdot\sqrt{\alpha+\epsilon z+zz}}$, dans laquelle $\alpha = \frac{(N-Bm)^2}{2mm}$; $\epsilon = \frac{2N-Bm-\varphi}{M}$. Donc puisque M est indéterminée, il s'ensuit qu'on peut la supposer telle que l'équation dont il s'agit n'ait pas lieu. Donc il est évident que $\frac{dz}{z\sqrt{Mz+\frac{A}{\varphi}}\cdot\sqrt{\alpha+\epsilon z+\gamma zz}}$ dépendra de la rectification des sections coniques; donc aussi $\frac{du}{u\sqrt{\varphi+\frac{u}{m}}\cdot\sqrt{A+Bu-uu}}$; donc aussi $\frac{dx}{(a+bx+cx^2)^{\frac{q}{2}}\cdot(e+fx+gx^2)^{\frac{s}{2}}}$ lorsque $a+bx+cx^2$ a ses racines imaginaires. Mais nous avons vu (Prop. II.) que cette même différentielle dépend aussi de la rectification des sections coniques, quand $a+bx+cxx$ a ses racines réelles ; donc en général toute différentielle $\frac{dx}{(a+bx+cxx)^{\frac{q}{2}}\cdot(e+fx+gxx)^{\frac{s}{2}}}$ se réduit uniquement à la rectification des sections coniques. *C. Q. F. D.*

CCLVIII.

Corollaire général. On pourroit par une méthode semblable, s'assurer si toutes les différentielles que nous avons vu dépendre de la quadrature d'une courbe du troisieme ordre, ne se réduisent pas uniquement à des arcs de sections coniques. Il faut pour cela que le coefficient qui affecte la différentielle à laquelle leur intégration est liée en même temps, soit égal à zéro. Mais le calcul pour découvrir si ce coefficient est égal à zéro est très-long : nous ne nous y arrêterons pas; il nous suffit d'avoir indiqué à nos lecteurs la méthode de le faire.

CCLIX.

Probleme. Trouver la quadrature de toutes les courbes du troisieme ordre.

Quadrature des courbes du troisieme ordre.

Solution. Une courbe du troisieme ordre étant donnée avec son équation, on changera les coordonnées, de maniere que son équation devienne une des quatre suivantes,

$$xyy - ey = ax^3 + bx^2 + ex + f$$
$$xy = ax^3 + bx^2 + ex + f$$
$$yy = ax^3 + bx^2 + ex + f$$
$$y = ax^3 + bx^2 + ex + f$$

que nous avons vu avoir été assignées par M. Newton pour toutes les lignes de cet ordre : on aura pour l'élement de l'aire $y\,dx$. Cette aire étant trouvée, il n'y aura plus que des espaces rectilignes à ajouter ou à soustraire pour avoir l'aire rapportée aux coordonnées primitives, comme nous l'avons prouvé Art. CCXXXIX. Toute la difficulté se réduit donc à trouver l'intégrale de ydx, dans les quatre équations de M. Newton.

La premiere donne $y = \frac{e}{2x} \pm \frac{1}{2x} \sqrt{(ax^4 + bx^3 + cx^2 + fx + ee)}$; donc $ydx = \frac{edx}{2x} \pm \frac{dx}{2x} \sqrt{(ax^4 + bx^3 + cx^2 + fx + ee)}$ qui s'integre par l'Art. CCLII.

La deuxieme & la quatrieme donnent $ydx = \frac{dx}{x} \cdot (ax^3 + bx^2 + cx + f)$, & $ydx = dx(ax^3 + bx^2 + cx + f)$, qui s'integrent tout de suite par la regle fondamentale.

La troisieme enfin donne $ydx = dx \sqrt{(ax^3 + bx^2 + ex + f)}$, qui s'intégre par des arcs de sections coniques, ainsi que nous l'avons vu plusieurs fois.

Donc toutes les lignes du troisieme ordre sont quarrables ou absolument ou par logarithmes, ou par des arcs de sections coniques, ou par la quadrature de la courbe dont l'équation est $xyy = a + bx + cxx + fx^3$, le second membre ayant toutes ses racines réelles. (Art. CCXLIII.).

CCLX.

REMARQUE I. Nous venons de dire, que ydx étoit l'élément de l'aire de toute courbe du troisieme ordre rapportée à l'une des quatre équations générales. Cependant il faut observer que souvent les coordonnées de ces courbes ne sont pas rectangles. Alors l'élément de l'aire n'eſt pas ydx, mais ydx multipliée par le rapport du ſinus de l'angle des coordonnées au ſinus total; & comme ce rapport eſt une quantité conſtante, l'intégration n'en devient pas plus difficile.

CCLXI.

REMARQUE 2. Toutes les différentielles dont nous avons recherché l'intégration dans l'article des fractions rationelles, dans celui de la rectification de l'ellipſe & de l'hyperbole, & enfin dans ce dernier ci, s'intégreroient par les mêmes méthodes ſi on y mettoit x^n pour x, & $nx^{n-1}dx$ pour dx.

CHAPITRE XVIII.

De la quadrature des courbes dont les équations ont trois termes.

CCLXII.

Formule générale des équations qui contiennent trois termes.

SOit l'équation à trois termes $Ay^{\alpha}x^{q} + By^{r}x^{p} + Cy^{\omega}x^{s} = 0$ (A, B, C repréſentent des coefficiens quelconques) on propoſe de trouver l'aire $\int ydx$ de la courbe à laquelle appartient cette équation.

Je diviſe l'équation par $x^{q}y^{\omega}$, ce qui la change en $Ay^{\alpha-\omega} + By^{r-\omega}x^{p-q} + Cx^{s-q} = 0$, & en faiſant

$$a - \omega = \lambda$$
$$r - \omega = \mu$$
$$p - q = \sigma$$
$$s - q = \tau$$

on aura . . . . $Ay^{\lambda} + By^{\mu} x^{\sigma} + Cx^{\tau} = 0$.
Cette équation repréſentera donc toutes les équations poſſibles à trois termes.

Transformation néceſſaire pour préparer l'équation ; $y = x^r u$.

Je ſuppoſe à préſent $y = x^r u$ (r & u ſont indéterminées). J'aurai . . . . $y^{\lambda} = x^{r\lambda} u^{\lambda}$

$$y^{\mu} = x^{r\mu} u^{\mu}.$$

Donc on aura la transformée ſuivante $Ax^{r\lambda} u^{\lambda} + Bx^{r\mu + \sigma} u^{\mu} + Cx^{\tau} = 0$. Je diviſe par x^{τ}, & j'ai $Ax^{r\lambda - \tau} u^{\lambda} + Bx^{r\mu + \sigma - \tau} u^{\mu} + C = 0$. La même ſuppoſition de $y = x^r u$, nous donne $y\,dx = x^r u\,dx$. Donc ſi de l'équation précédente on peut tirer la valeur de x en u, on aura celle de $y\,dx$ en u & en du. Or on trouve la valeur de x en u dans tous les cas ſuivans.

CCLXIII.

Cas dans leſquels on trouve la valeur de x en u.

Il eſt évident que, ſi $r\lambda - \tau = 0$, il n'y aura plus qu'un terme qui contiendra x & u, & qu'ainſi en diviſant par une puiſſance de u, on aura la valeur cherchée. Il en ſera de même, ſi $r\mu + \sigma - \tau = 0$. On la trouvera auſſi fort aiſément, ſi $r\lambda - \tau = r\mu + \sigma - \tau$; car alors on n'aura à réſoudre qu'une équation fort ſimple du premier degré. Enfin on la trouvera encore, ſi $r\lambda - \tau$ eſt le double ou la moitié de $r\mu + \sigma - \tau$, puiſqu'il ne s'agira dans ce cas que de réſoudre une équation ordinaire du ſecond degré.

CCLXIV.

Ils sont au nombre de cinq pour les équations à trois termes.

Voilà donc cinq cas dans lesquels on aura la valeur de x en u, en donnant à l'indéterminée r une des valeurs contenues dans les cinq équations suivantes.

1°. $r\lambda - \tau = 0$

2°. $r\mu + \sigma - \tau = 0$

3°. $r\lambda - \tau = r\mu + \sigma - \tau$

4°. $r\lambda - \tau = 2(r\mu + \sigma - \tau)$

5°. $r\lambda - \tau = \frac{1}{2}(r\mu + \sigma - \tau)$.

Comme nous n'avons à la fois qu'une seule équation de condition, la valeur de r se présentera tout de suite. D'où il suit qu'on peut toujours réduire la quadrature d'une courbe dont l'équation a trois termes à l'intégration d'une quantité $x^r u dx$, dans laquelle on aura la valeur de x en u.

CCLXV.

Examen d'un de ces cinq cas précédens.

Pour le mieux faire sentir, nous allons détailler un des cinq cas précédens. Soit $r\lambda - \tau = 0$, on en tire . . . . $r = \frac{\tau}{\lambda}$.

Donc $A x^{r\lambda - \tau} u^{\lambda} + B x^{r\mu + \sigma - \tau} u^{\mu} + C = 0$ devient $A u^{\lambda} + B x^{\frac{\tau}{\lambda}\mu + \sigma - \tau} u^{\mu} + C = 0$; donc $x^{\frac{\tau\mu}{\lambda} + \sigma - \tau} = \frac{-Au^{\lambda-\mu} - Cu^{-\mu}}{B}$, ou $x = -\left\{\frac{Au^{\lambda-\mu} + Cu^{-\mu}}{B}\right\}^{\frac{1}{\frac{\tau\mu}{\lambda} + \sigma - \tau}}$; donc $dx = \left\{\frac{\lambda}{\tau\mu + \sigma\lambda - \tau\lambda}\right\} \times -\left\{\frac{Au^{\lambda-\mu} + Cu_{-\mu}}{B}\right\}^{\frac{\lambda}{\tau\mu + \sigma\lambda - \tau\lambda} - 1} \times$

$\left\{\frac{\overline{\lambda-\mu}\,.\,A u^{\lambda-\mu-1}\,du-\mu C u^{-\mu-1}\,du}{B}\right\}$, & $x^r =$ $-\left\{\frac{A u^{\lambda-\mu}+C u^{-\mu}}{B}\right\}^{\frac{\tau}{\tau\mu+\sigma\lambda-\tau\lambda}}$. Faisant ces différentes substitutions, on aura $\int x^r u\,dx = \frac{\lambda}{\tau\mu+\sigma\lambda-\tau\lambda} \times$ $\left\{\frac{-C u^{-\mu}-A u^{\lambda-\mu}}{B}\right\}^{\frac{\lambda+\tau}{\tau\mu+\sigma\lambda-\tau\lambda}-1} \times \left(\frac{-\mu C u^{-\mu}\,du}{B}\right.$ $\left.+\frac{\overline{\lambda A-\mu A}}{B}\,.\,u^{\lambda-\mu}\,du\right) = \left\{\frac{\lambda}{\tau\mu+\sigma\lambda-\tau\lambda}\right\} \times$ $\frac{C\mu}{B}\,u^{\frac{-\tau\mu-\lambda\mu}{\tau\mu+\sigma\lambda-\tau\lambda}}\,du \times \left\{\frac{-C-A u^{\lambda}}{B}\right\}^{\frac{\tau+\lambda}{\tau\mu+\sigma\lambda-\tau\lambda}-1}$ $+\left\{\frac{\lambda}{\tau\mu+\sigma\lambda-\tau\lambda}\right\} \times \frac{\overline{-\mu A+\lambda A}}{B}\,.\,u^{\frac{-\tau\mu-\lambda\mu}{\tau\mu+\sigma\lambda-\tau\lambda}}\,du \times$ $\left\{\frac{-C-A u^{\lambda}}{B}\right\}^{\frac{\tau+\lambda}{\tau\mu+\sigma\lambda-\tau\lambda}-1}$. Or cette équation, comme on le voit, contient deux membres qui peuvent se représenter chacun en particulier par $u^m\,du\,.\,(a+bu^n)^p$.

CCLXVI.

Recherche des cas dans lesquels la courbe de l'équation à trois termes est quarrable.

Pour trouver maintenant les cas dans lesquels la courbe est quarrable, il faut se rappeller ceux dans lesquels $u^m\,du\,(a+bu^n)^p$ est intégrable.

1°. $u^m\,du\,.\,(a+bu^n)^p$ est intégrable (Art. XI.) toutes les fois que p est un nombre entier positif, n étant tout ce qu'on voudra. Il faut cependant en excepter un cas; c'est celui dans lequel $\frac{m+1}{-n}$ est égal à un nombre entier positif, ou est plus petit que p. Alors nous avons démontré (Scholie Art. XII. & XIII.) qu'un des termes contenoit une différentielle logarithmique. Donc la différentielle dépend alors de la quadrature de l'hyperbole.

2°. La même différentielle s'integre (Art. LXXIX.) si $\frac{m+1}{n}$ est égal à un nombre entier positif, à moins que p ne soit égal à un nombre entier négatif plus petit que $\frac{m+1}{n}$. Dans ce cas (Art. LXXXIII.) il y aura un terme intégrable par logarithmes.

3°. Cette même différentielle s'intégrera (Art. LXXIX.) toutes les fois que $\frac{m+1}{-n} - p$ est un nombre entier positif. Il faut cependant en excepter aussi un cas ; c'est celui dans lequel p est égal à un nombre entier négatif. Car dans ce cas on a prouvé (Art. LXXXVI.) que l'intégrale de quelqu'un des termes dépend de la quadrature de l'hyperbole.

CCLXVII.

Examen de ceux dans lesquels l'intégrale dépend de la quadrature du cercle ou de l'hyperbole.

Cherchons à présent les cas dans lesquels la formule des équations à trois termes peut s'intégrer par la quadrature du cercle ou de l'hyperbole : nous avons déja vu ceux dans lesquels p étant un nombre entier positif, elle dépend de la quadrature de l'hyperbole.

1°. $u^m du . (a + bu^n)^p$ est réductible en fractions rationelles, si p est un nombre entier négatif, m & n étant fractionaires. On sait que l'intégrale de $\frac{u^m du}{\overline{a+bu^n}^p}$ dépend

dépend de celle de $\frac{u^m du}{a + bu^n}$. Or soit $m = \frac{q}{p}$, & $n = \frac{r}{s}$, on a $\frac{u^m du}{a + bu^n} = \frac{u^{\frac{q}{p}} du}{a + bu^{\frac{r}{s}}}$. Je fais $u^{\frac{1}{s}} = z$, j'aurai $u = z^s$; $du = sz^{s-1} dz$; $u^{\frac{q}{p}} = z^{\frac{qs}{p}}$: donc on aura la transformée suivante $\frac{sz^{\frac{qs}{p}+s-1} dz}{a + bz^r}$. Soit encore $z^{\frac{1}{p}} = y$, on a $z = y^p$; $dz = py^{p-1} dy$; donc la transformée sera $\frac{psy^{qs+ps-1} dy}{a + by^{pr}}$, quantité qui est une simple fraction rationelle, p, r, q, s étant des nombres entiers; & par conséquent intégrable par les méthodes que nous avons données pour ces fractions.

2°. $u^m du \,.\, (a + bu^n)^p$ est intégrable par la quadrature du cercle ou de l'hyperbole, lorsque $\frac{m+1}{n} - 1$ est égal à un nombre entier négatif, quel que soit p. Pour s'en convaincre il n'y a qu'à faire $u^n = z$, on aura $u = z^{\frac{1}{n}}$; $du = \frac{1}{n} z^{\frac{1}{n}-1} dz$; $u^m = z^{\frac{m}{n}}$. Donc $u^m du \,.\, (a + bu^n)^p = \frac{1}{n} z^{\frac{m}{n} + \frac{1}{n} - 1} dz \,.\, (a + bz)^p$. Je fais ensuite $a + bz = t$; $z = \frac{t-a}{b}$; $dz = \frac{dt}{b}$; $z^{\frac{m}{n} + \frac{1}{n} - 1} = \left\{\frac{t-a}{b}\right\}^{\frac{m+1}{n} - 1}$; ce qui donne en faisant les substitutions, $\left\{\frac{t-a}{b}\right\}^{\frac{m+1}{n} - 1} \,.\, \frac{t^p dt}{b^n}$, quantité que je dis être une fraction rationelle lorsque $\frac{m+1}{n} - 1$ est un nombre entier négatif, quel que soit p. Si p est aussi un nombre entier, cette proposition ne souffre aucune difficulté; elle n'est pas moins vraie si p est un nombre fractionaire. Car soit $\frac{m+1}{n} - 1 = -k$, & $p = \frac{q}{r}$, on aura $\frac{t^{\frac{q}{r}} dt}{(t-Q)^k}$. Soit $t^{\frac{1}{r}} = u$, on en tire $t = u^r$; $dt = ru^{r-1} du$; $t^{\frac{q}{r}} = u^q$: donc on a la transformée suivante $\frac{ru^{r+q-1} du}{(u^r - Q)^k}$ qui est une fraction rationelle, r, q, & k étant des nombres entiers. C'est ce qu'on auroit pu voir sur le champ en rapprochant la proposée de l'Art. CXC.

3°. La même différentielle dépend de la quadrature du cercle ou de l'hyperbole, toutes les fois que $\frac{m+1}{-n} - p - 1$ est égal à un nombre entier négatif, p étant tout ce qu'on voudra. Pour le prouver, faisons $u = \frac{1}{z}$, après les substitutions qu'exige cette transformation, j'ai $u^m du.(a + bu^n)^p = \frac{-dz}{z^{m+2}} . \left\{a + \frac{b}{z^n}\right\}^p$. Soit $z^n = t$, cette supposition me donne $\frac{-dz}{z^{m+2}} . \left\{a + \frac{b}{z^n}\right\}^p = -\frac{t^{\frac{1}{n}-1} dt}{nt^{\frac{m+2}{n}}}$. $\frac{(at+b)^p}{t^p} = -\frac{t^{\frac{m+1}{-n}-p-1}}{n} dt.(at+b)^p$. Soit enfin $at + b = s$, on trouvera pour derniere transformée $\left\{\frac{b-s}{a}\right\}^{\frac{m+1}{-n}-p-1} . \frac{s^p ds}{an}$, quantité qu'on voit bien être une fraction rationelle, si $\frac{m+1}{-n} - p - 1$ est un nombre entier négatif, & si p est un nombre entier. Mais si p exprime un nombre rompu, alors on reduira la proposée en fraction rationelle, en suivant le calcul de l'article précédent.

4°. Si on fait $u^n = t$, on aura après les substitutions ordinaires $t^{\frac{m+1}{n}-1} dt.(a+bt)^p$ pour transformée ; laquelle en supposant $p = \frac{q}{2}$, & $\frac{m+1}{n} - 1 = \frac{r}{2}$ (q & r étant des nombres entiers impairs positifs ou négatifs) devient $t^{\frac{r}{2}} dt.(a+bt)^{\frac{q}{2}}$.

Pour la réduire en fraction rationelle, supposé que q soit un nombre positif, je la multiplie haut & bas par $(a+bt)^{\frac{q}{2}}$, ce qui me donne $\frac{t^{\frac{r}{2}} dt.(a+bt)^q}{(a+bt)^{\frac{q}{2}}}$, différentielle aisément réductible en fraction rationelle, Art. CLXXXVIII.

5°. La même chose aura encore lieu si $p = \frac{q}{2}$ & $\frac{m+1}{-n} - p - 1 = \frac{r}{2}$; ce qu'il est aisé de voir en appliquant le calcul de l'article précédent à $\left\{\frac{b-s}{a}\right\}^{\frac{m+1}{-n}-p-1} . \frac{s^p ds}{an}$.

6°. Soit enfin dans la proposée $u^m du.(a+bu^n)^p$, $u^n = t^2$, on aura la transformée suivante $t^{\frac{2m+2}{n}-1} dt.(a+bt^2)^p$, dépendante des fractions rationelles, toutes les fois que $p = \frac{q}{2}$, & $\frac{2m+2}{n} - 1 = r$, r étant un nombre entier pair ou impair, positif ou négatif. Car on a $t^r dt.(a+bt^2)^{\frac{q}{2}}$. Soit dans cette quantité $tt = z$, on en tire $t = z^{\frac{1}{2}}$, $t^{r} = z^{\frac{r}{2}}$: donc on a la tranformée suivante $z^{\frac{r}{2}-\frac{1}{2}} dz . (a+bz)^{\frac{q}{2}}$, qui est la même que celle du N°. 4.

CCLXVIII.

Moyen d'avoir les cas dans lesquels l'intégration dépend de la rectification des sections coniques.

La quadrature de la courbe de notre équation à trois termes peut aussi se réduire à la rectification des sections coniques. On trouvera les cas susceptibles de cette réduction en faisant $u^{n} = t^{2}$, ou t^{3}, ou t^{4}, & en appliquant les transformées aux différentes formules que nous avons développées dans les Chapitres 14, 15, & 16 sur les différentielles dont l'intégrale dépend de la rectification de l'ellipse & de l'hyperbole.

CCLXIX.

Application des principes précédens à la quadrature du *folium*.

Appliquons présentement les principes que nous venons d'exposer, à un exemple. Soit demandée la quadrature de la courbe que les Géometres ont nommée *folium*, & dont l'équation est $y^{3} + gx^{3} - axy = 0$. Je fais suivant ce qui a été prescrit plus haut $y = x^{r} z$, ce qui me donne en substituant cette valeur d'y dans l'équation précédente, $x^{3r} z^{3} + gx^{3} - ax^{r+1} z = 0$. Je divise par x^{3}, l'équation devient $x^{3r-3} z^{3} + g - ax^{r+1-3} z = 0$. Soit à présent selon la premiere condition $r + 1 - 3 = 0$, c'est-à-dire, $r = 2$, nous aurons $x^{3} z^{3} + g - az = 0$; donc $x^{3} = \frac{az-g}{z^{3}}$. Maintenant l'aire de la courbe $\int y\,dx$ est devenue par la supposition de $y = x^r z$, $\int x^r z\,dx$, & ensuite $\int x^2 z\,dx$. Mais l'équation $x^3 = \frac{az-g}{z^3}$, donne $x = \left\{\frac{az-g}{z^3}\right\}^{\frac{1}{3}}$; $dx = \frac{1}{3} \cdot \left\{\frac{a}{z^2} - \frac{g}{z^3}\right\}^{-\frac{2}{3}} \times \left\{-\frac{2adz}{z^3} + \frac{3gdz}{z^4}\right\}$: on a aussi $x^2 = \left\{\frac{a}{z^2} - \frac{g}{z^3}\right\}^{\frac{2}{3}}$. Donc en mettant les valeurs de x^2 & de dx dans l'aire de la courbe exprimée par $\int x^2 z dx$, on aura $\int x^2 z\,dx = \int -\frac{2adz}{zz} + \frac{3gdz}{z^3} = \frac{2a}{z} - \frac{3g}{2zz} \pm C$.

CHAPITRE XIX.

De la quadrature des courbes dont les équations contiennent quatre termes.

CCLXX.

Soit l'équation à quatre termes $Ay^a x^q + By^r x^p + Cy^\omega x^s + Dy^\varphi x^k = 0$, je la divise par $x^q y^\varphi$; ce qui me donne celle-ci, $Ay^{a-\varphi} + By^{r-\varphi} x^{p-q} + Cy^{\omega-\varphi} x^{s-q} + Dx^{k-q} = 0$, & supposant,

$$\alpha - \varphi = \lambda$$
$$r - \varphi = \mu$$
$$p - q = \sigma$$
$$\omega - \varphi = \theta$$
$$s - q = \rho$$
$$k - q = \tau$$

j'ai $Ay^\lambda + By^\mu x^\sigma + Cy^\theta x^\rho + Dx^\tau = 0$. Cette équation représente toutes les équations possibles à quatre termes. Formule des équations à quatre termes.

CCLXXI.

On se sert encore de la transformation $y=x^r u$.

Je fais à présent comme dans le Chapitre précédent $y = x^r u$, ce qui me donne la transformée suivante $Ax^{\lambda r} u^{\lambda} + Bx^{r\mu+\sigma} u^{\mu} + Cx^{r\theta+\rho} u^{\theta} + Dx^{\tau} = 0$, qui devient étant divisée par x^{τ}, $Ax^{\lambda r-\tau} u^{\lambda} + Bx^{r\mu+\sigma-\tau} u^{\mu} + Cx^{r\theta+\rho-\tau} u^{\theta} + D = 0$.

CCLXXII.

Cas dans lesquels on a la valeur de x en u.

Si on cherche les cas dans lesquels on peut tirer de cette équation la valeur de x en u, on trouvera,

1°. Que si dans deux des quatre termes les exposans de x sont égaux à zéro, comme alors il n'y aura plus qu'un terme qui contienne x & u, il sera aisé d'avoir la valeur de x en u, en divisant par la puissance de u qui affecte x; ce qui donne les trois conditions suivantes.

1. $r\lambda - \tau = 0$, & $r\mu + \sigma - \tau = 0$
2. $r\lambda - \tau = 0$, & $r\theta + \rho - \tau = 0$
3. $r\mu + \sigma - \tau = 0$, & $r\theta + \rho - \tau = 0$

2°. Si dans l'un des trois termes affectés de x & de u, l'exposant de x est égal à zéro, & qu'il soit le même dans les deux autres, on aura la valeur de x en u, en divisant par les fonctions de u, qui multiplient x dans ces deux termes. Cette supposition donne encore trois conditions.

4. $r\lambda - \tau = 0$, & $r\mu + \sigma - \tau = \theta r + \rho - \tau$
5. $r\mu + \sigma - \tau = 0$, & $r\lambda - \tau = \theta r + \rho - \tau$
6. $\theta r + \rho - \tau = 0$, & $r\lambda - \tau = r\mu + \sigma - \tau$

3°. Si dans l'un des termes l'exposant de x est zero, & que dans un des deux autres cet exposant soit ou le double ou la moitié de celui qu'a le même x dans le troisieme, on pourra encore alors avoir la valeur de x en u. Pour le faire mieux sentir, je représente le cas présent par $au^\lambda + bx^{2\beta}u^\mu + cx^\beta u^\theta + d' = 0$. J'ai par conséquent $bx^{2\beta}u^\mu + cx^\beta u^\theta = -au^\lambda - d'$, ou $x^{2\beta} + \frac{cx^\beta u^{\theta-\mu}}{b} = \frac{-au^{\lambda-\mu} - d'u^{-\mu}}{b}$. J'acheve le quarré dans le premier membre de cette équation, ce qui donne $x^{2\beta} + \frac{cx^\beta u^{\theta-\mu}}{b} + \frac{ccu^{2\theta-2\mu}}{4bb} = \frac{-au^{\lambda-\mu} - d'u^{-\mu}}{b} + \frac{ccu^{2\theta-2\mu}}{4bb}$, & en extrayant la racine quarrée, j'aurai la valeur de x en u. Cette troisieme supposition me donne les six conditions suivantes.

7. $r\lambda - \tau = 0$, & $r\mu + \sigma - \tau = 2(\theta r + \rho - \tau)$
8. $r\lambda - \tau = 0$, & $r\mu + \sigma - \tau = \frac{1}{2}(\theta r + \rho - \tau)$
9. $r\mu + \sigma - \tau = 0$, & $r\lambda - \tau = 2(\theta r + \rho - \tau)$
10. $r\mu + \sigma - \tau = 0$, & $r\lambda - \tau = \frac{1}{2}(\theta r + \rho - \tau)$
11. $\theta r + \rho - \tau = 0$, & $r\lambda - \tau = 2(r\mu + \sigma - \tau)$
12. $\theta r + \rho - \tau = 0$, & $r\lambda - \tau = \frac{1}{2}(r\mu + \sigma - \tau)$

4°. Si l'exposant de x est le même dans deux des trois termes affectés de x & de u, & en même temps double ou la moitié de l'exposant de x dans le troisieme, on tirera encore la valeur de x en u. Ce cas peut se représenter par $ax^{2\beta}u^\lambda + bx^{2\beta}u^\mu + cx^\beta u^\theta + d' = 0$; donc j'aurai $x^{2\beta} + \frac{cx^\beta u^\theta}{au^\lambda + bu^\mu} = -\frac{d'}{au^\lambda + bu^\mu}$. J'acheve le quarré, je prends ensuite la racine quarrée, ce qui me donnera, comme on voit, la valeur de x en u. Cette derniere combinaiſon fournit encore ſix conditions que voici :

13. $r\lambda - \tau = r\mu + \sigma - \tau$, & $r\lambda - \tau = 2\,(\theta r + \rho - \tau)$
14. $r\lambda - \tau = r\mu + \sigma - \tau$, & $r\lambda - \tau = \frac{1}{2}\,(\theta r + \rho - \tau)$
15. $r\lambda - \tau = \theta r + \rho - \tau$, & $r\lambda - \tau = 2\,(r\mu + \sigma - \tau)$
16. $r\lambda - \tau = \theta r + \rho - \tau$, & $r\lambda - \tau = \frac{1}{2}\,(r\mu + \sigma - \tau)$
17. $r\mu + \sigma - \tau = \theta r + \rho - \tau$, & $r\mu + \sigma - \tau = 2\,(r\lambda - \tau)$
18. $r\mu + \sigma - \tau = \theta r + \rho - \tau$, & $r\mu + \sigma - \tau = \frac{1}{2}\,(r\lambda - \tau)$.

* Ils ſont au nombre de dix-huit.

Voilà donc dix-huit cas dans leſquels on peut avoir la valeur de x en u, en déterminant r par le moyen des équations de condition.

CCLXXIII.

Différence eſſentielle entre les équations à trois termes, & celles qui en ont quatre.

SCHOLIE. Mais il faut faire ici une remarque eſſentielle. Dans les équations à trois termes, comme il n'y avoit à la fois qu'une ſeule équation de condition, nous avons vu qu'on tiroit la valeur de x en u, en déterminant r, pourvu qu'une de nos cinq conditions eût lieu. Cela ne ſuffit pas pour les équations à quatre termes. Il y a toujours deux équations de condition à la fois. C'eſt ce qui fait que pour avoir la valeur de l'indéterminée r il doit ſe trouver un certain rapport entre les expoſans λ, μ, σ, &c. Par exemple, la premiere condition $r\lambda - \tau = 0$, & $r\mu + \sigma - \tau = 0$, donne $r = \frac{\tau}{\lambda}$, & $r = \frac{\tau - \sigma}{\mu}$; ainſi pour pouvoir fixer ici la valeur de r, il faut que dans la propoſée $\frac{\tau}{\lambda} = \frac{\tau - \sigma}{\mu}$. Il en eſt ainſi des autres.

CCLXXIV.

CCLXXIV.

J'en conclus qu'on ne peut réduire que dans certains cas, la quadrature des courbes dont les équations ont quatre termes à l'intégration d'une différentielle $x^r u dx$, dans laquelle x ſoit donnée en u.

CCLXXV.

En ſuivant à peu près les mêmes procédés que nous avons pratiqués dans la premiere partie de ce Chapitre, on parviendra à déterminer dans le cas préſent des équations à quatre termes les courbes qui ſont quarrables ou abſolument, ou par la quadrature du cercle ou de l'hyperbole, ou par la rectification de l'ellipſe & de l'hyperbole; il n'y aura de difficulté que la longueur du calcul.

On trouve par la méthode du Chapitre précédent les cas d'intégration des équations à quatre termes.

CHAPITRE XX.

Des différentielles qui renferment des logarithmes & des exponentielles.

CCLXXVI.

NOus avons déja vu à la tête du Chapitre ſur les fractions rationelles une regle pour trouver l'intégrale des différentielles logarithmiques les plus ſimples. Mais il en eſt de très-compliquées auxquelles on appliqueroit difficilement cette regle. Nous allons donner ici

1°. Sur l'intégration de celles qui contiennent des logarithmes.

une autre méthode fort utile dans beaucoup de cas. Cette méthode consiste à faire usage de substitutions, ce qui se présente d'autant plus naturellement que nous nous en sommes servi dans la différentiation de ces mêmes quantités.

CCLXXVII.

Usage des substitutions pour intégrer ces quantités.

Premier exemple.

Soit proposé d'intégrer $\frac{dx}{xlx}$, je fais $lx = y$, donc $\frac{dx}{x} = dy$: donc la proposée devient $\frac{dy}{y}$, dont l'intégrale est (Art. CXVII.) ly: remettant pour y sa valeur, on a $l.lx$ pour l'intégrale cherchée.

On suppose ici & dans la suite la sous-tangente de la logarithmique $= 1$.

CCLXXVIII.

Second exemple.

De même pour intégrer $m.(lx)^{m-1}\frac{dx}{x}$, je ferai $lx = y$; cette supposition me donne $\frac{dx}{x} = dy$, $(lx)^{m-1} = y^{m-1}$; donc $m(lx)^{m-1}\frac{dx}{x} = my^{m-1}dy$; or l'intégrale de ce second membre est, comme on sçait, y^m; donc l'intégrale cherchée est $(lx)^m$.

CCLXXIX.

Troisieme exemple.

Soit demandée l'intégrale de $m.(l.lx)^{m-1}\frac{dx}{xlx}$: je suppose $lx = y$, d'où je tire $\frac{dx}{x} = dy$, $l.lx = ly$: on a donc la transformée suivante $m.(ly)^{m-1}\frac{dy}{y}$, dont l'intégrale est (Article précédent) $(ly)^m$. Remettant pour ly sa valeur, on a $\int m.(l.lx)^{m-1}\frac{dx}{xlx}=(l.lx)^m$.

CCLXXX.

Si la proposée étoit $nm.(lx^m)^{n-1}\frac{dx}{x}$, je ferois $x^m=y$, d'où je tire $dx=\frac{dy}{mx^{m-1}}$; $lx^m=ly$, & après ces substitutions j'ai la transformée $nm.(ly)^{n-1}\frac{dy}{mx^m}=n.(ly)^{n-1}\frac{dy}{y}$, dont l'intégrale est, comme nous venons de le voir $(ly)^n$. Remettant pour y sa valeur en x, on trouvera $(lx^m)^n$ pour l'intégrale cherchée. Quatrieme exemple.

CCLXXXI.

Soit enfin proposé d'intégrer $nm\{l.(lx)^m\}^{n-1}\frac{dx}{xlx}$, je supposerai $lx=y$; donc $\frac{dx}{x}=dy$; $(lx)^m=y^m$: donc on a la transformée suivante $nm.(ly^m)^{n-1}\frac{dy}{y}$, dont nous avons vu (Art. CCLXXX.) que l'intégrale est $(ly^m)^n$. Donc $\int nm\{l.(lx)^m\}^{n-1}\frac{dx}{xlx}=\{l.(lx)^m\}^n$. Cinquieme exemple.

CCLXXXII.

A l'égard des différentielles exponentielles, l'inverse de la regle que nous avons donnée pour les différentier servira pour les intégrer. Ainsi *l'intégrale d'une différentielle exponentielle est cette quantité même divisée par la différence de son logarithme.* 2°. Intégration des différentielles exponentielles. Regle générale.

Appliquée à des exemples.

En effet de ce que la différence de c^x est $c^x\,dx$, il s'ensuit que l'intégrale de $c^x\,dx$ est c^x. De même si on demande l'intégrale de $x^y\,dy\,lx + x^{y-1}\,y\,dx$, la regle précédente nous apprend qu'elle est x^y. Car la différence du logarithme de x^y est $dy\,lx + \frac{y\,dx}{x}$. Divisant $x^y\,dy\,lx + x^{y-1}\,y\,dx = x^y\,dy\,lx + \frac{x^y\,y\,dx}{x}$ par $dy\,lx + \frac{y\,dx}{x}$, on aura au quotient x^y. Donc, &c.

CCLXXXIII.

S'il s'agissoit de trouver l'intégrale de $x^{y^z}\,y^z\,x^{-1}\,dx + x^{y^z}\,y^z\,dz\,lx\,.\,ly + x^{y^z}\,y^{z-1}\,z\,dy\,lx$, la regle générale nous donneroit x^{y^z}. En effet le logarithme de x^{y^z} est $y^z\,lx$, dont la différence est $y^z\,\frac{dx}{x} + y^z\,dz\,lx\,.\,ly + y^{z-1}\,z\,dy\,lx$. Divisant la proposée par cette quantité, le quotient de la division sera x^{y^z}.

CCLXXXIV.

Usage des substitutions pour trouver les mêmes intégrales.

On peut encore prendre les intégrales des différentielles exponentielles par le moyen des substitutions. Soit, par exemple, demandée l'intégrale de $c^x\,dx$; je suppose

Premier exemple.

$c^x = y$, ce qui me donne en prenant les logarithmes de part & d'autre $x\,lc = ly$, ou $x = ly$ ($lc = 1$). Donc $dx = \frac{dy}{y}$. Substituant il me vient $\frac{y\,dy}{y} = dy$, dont l'intégrale est, comme on sait, y. Donc $\int c^x\,dx = c^x$.

CCLXXXV.

De même si on avoit $x^y\, dy\, lx + \frac{x^y\, y\, dx}{x}$, on feroit $x^y = z$, d'où l'on tire l'équation logarithmique $y\, lx = lz$, & différentiant $\frac{y\, dx}{x} + dy\, lx = \frac{dz}{z}$. Après les substitutions on a pour transformée dz. Donc l'intégrale cherchée est x^y, telle que nous l'avons trouvée par la regle générale.

Second exemple.

CCLXXXVI.

Soit enfin cherchée l'intégrale de $x^{y^z} \times (y^z x^{-1} dx + y^z dz\, lx\, .\, ly + z\, dy\, lx)$: on supposera comme ci-dessus $x^{y^z} = u$; d'où l'on tire $y^z\, lx = lu$, & $y^z x^{-1} dx + y^z dz\, lx\, ly + y^{z-1} z\, dy\, lx = \frac{du}{u}$. Après les substitutions la proposée devient $\int du = u$; donc l'intégrale cherchée est x^{y^z}. Il en sera ainsi des autres.

Troisieme exemple.

CCLXXXVII.

Il y a encore une autre méthode générale pour trouver l'intégrale des différentielles, tant logarithmiques qu'exponentielles, de quelque degré qu'elles soient. Cette méthode consiste à prendre l'intégrale par parties, c'est-à-dire, terme à terme.

Autre méthode pour trouver les intégrales des différentielles logarithmiques & exponentielles.

En quoi elle consiste.

CCLXXXVIII.

Mais avant d'expliquer cette méthode, & d'en faire usage, il est nécessaire de mettre devant les yeux, par

Notion préparatoire.

anticipation, la regle ſuivante qui eſt fort ſimple.

La différentielle de xy eſt, comme on ſait, $xdy + ydx$: celle de xyz eſt $xydz + xzdy + yzdx$; & ainſi des autres.

Il ſuit de là évidemment que l'intégrale de xdy eſt $xy - \int ydx$. Par la même raiſon celle de $xydz + xzdy$ eſt $xyz - \int yzdx$. Cette propoſition eſt claire, & la preuve en eſt fort aiſée, en différentiant ces dernieres quantités. Cette notion ſuffit pour entendre ce que nous allons dire.

CCLXXXIX.

Application de la méthode de prendre l'intégrale par parties.

1°. Aux différentielles logarithmiques.

Soit demandée l'intégrale de $xdx \cdot lx$, je raiſonne ainſi. Si lx étoit une conſtante, l'intégrale demandée ſeroit $\frac{x^2}{2}$, multipliée par cette conſtante. Mais lx eſt une variable; il manque donc un terme à la différentielle propoſée, pour qu'elle ſoit complette, ſavoir la différence de lx multipliée par $\frac{x^2}{2}$, l'intégrale de $xdx \cdot lx$ eſt donc $\frac{x^2}{2} lx - \int \frac{xdx}{2}$. Mais $\int \frac{xdx}{2} = \frac{x^2}{4}$, donc $\int xdxlx = \frac{x^2}{2} lx - \frac{xx}{4}$. Pour s'en convaincre il n'y a qu'à différentier cette intégrale, & l'on retrouvera la différentielle propoſée.

En faiſant le même raiſonnement, on trouvera que $\int x^m lx \times dx = \frac{x^{m+1}}{m+1} \cdot lx - \int \frac{x^m dx}{m+1}$: or $\int \frac{x^m dx}{m+1} = \frac{x^{m+1}}{(m+1)^2}$; donc $\int x^m dx \cdot lx = \frac{x^{m+1} lx}{m+1} - \frac{x^{m+1}}{(m+1)^2}$.

CCXC.

Enfin si la proposée étoit $x^m dx.(lx)^n$, on trouveroit par la méthode précédente pour premier terme de l'intégrale $\frac{x^{m+1}}{m+1}.(lx)^n - \int \frac{nx^m dx}{m+1}.(lx)^{n-1}$: mais $-\int \frac{nx^m dx}{m+1}.(lx)^{n-1} = \frac{-nx^{m+1}}{(m+1)^2}.(lx)^{n-1} + \int \frac{n.(n-1)x^m}{(m+1)^2} \times (lx)^{n-2} dx$. J'opere sur le dernier terme, son intégrale est $\frac{n.(n-1).x^{m+1}}{(m+1)^3}.(lx)^{n-2} - \int \frac{n.(n-1).(n-2).x^m}{(m+1)^3}.(lx)^{n-3} dx$. On trouvera ainsi de suite tant de termes qu'on voudra de cette intégrale : m & n représentent les nombres entiers qui peuvent être les exposans de x, & de la puissance de lx. Il est évident que quand n est un nombre entier positif, la suite précédente sera finie, & contiendra autant de termes plus un, qu'il y aura d'unités dans l'exposant n. Alors le dernier terme ne contient plus de logarithme, mais seulement x élevé à une certaine puissance.

CCXCI.

Formule pour l'intégration des différentielles logarithmiques représentées par $x^m dx.(lx)^n$.

Ce dernier exemple peut servir de formule pour trouver les intégrales des différentielles logarithmiques lx à quelque degré qu'elles soient élevées. Car en suivant la méthode précédente, on trouve qu'en général $\int x^m dx.(lx)^n = \frac{x^{m+1}}{m+1} \times \left\{ (lx)^n - \frac{n(lx)^{n-1}}{m+1} + \frac{n.(n-1)}{(m+1)^2} \right.$

$\times (lx)^{n-2} - \frac{n.(n-1).(n-2)}{(m+1)^3} (lx)^{n-3} + \frac{n.(n-1).(n-2).(n-3)}{(m+1)^4} (lx)^{n-4} - \frac{n.(n-1).(n-2).(n-3).(n-4).(lx)^{n-5}}{(m+1)^5} + \&c. \Big\}$.

CCXCII.

2°. Application de la même méthode aux différentielles exponentielles.

Appliquons maintenant cette même méthode aux différentielles exponentielles. Soit proposé d'intégrer $c^{gz}\, dzlc$, ou $c^{gz}\, dz$ (c étant supposé représenter un nombre dont le logarithme est l'unité), on trouvera par la regle de l'Art. CCLXXXII. $\int c^{gz}\, dz = \frac{c^{gz}}{g}$.

CCXCIII.

Si on demande maintenant l'intégrale de $zc^{gz}\, dz$, cette intégrale se prendra par parties. $\int zc^{gz}\, dz = \frac{zc^{gz}}{g} - \int \frac{c^{gz}\, dz}{g}$, c'est-à-dire $\frac{zc^{gz}}{g} - \frac{c^{gz}}{gg}$. De même $\int z^2 c^{gz}\, dz = \frac{z^2 c^{gz}}{g} - \int \frac{2zc^{gz}\, dz}{g}$. Or l'intégrale de ce dernier membre est $-\frac{2zc^{gz}}{gg} + \int \frac{2c^{gz}\, dz}{gg} = \frac{2c^{gz}}{g^3}$; l'intégrale entiere de $\int z^2 c^{gz}\, dz$ est donc $\frac{z^2 c^{gz}}{g} - \frac{2zc^{gz}}{gg} + \frac{2c^{gz}}{g^3}$.

CCXCIV.

En général si on demandoit l'intégrale de $z^m c^{gz}\, dz lc$, ou simplement $z^m c^{gz}\, dz$ (lc étant toujours $= 1$), on

la

la prendroit par parties de la façon suivante, $\int z^m c^{gz} dz = \frac{z^m c^{gz}}{g} - \int \frac{m z^{m-1} c^{gz} dz}{g}$; voilà déja le premier terme de l'intégrale cherchée : pour trouver le second, j'opere sur le membre affecté du signe $\int$. Or $- \int \frac{m z^{m-1} c^{gz} . dz}{g}$ $= - \frac{m z^{m-1} c^{gz}}{gg} + \int \frac{m . (m-1) z^{m-2} c^{gz} . dz}{gg}$. Or $\int \frac{m . (m-1) z^{m-2} c^{gz} dz}{gg} = \frac{m . (m-1) z^{m-2} c^{gz}}{g^3} -$ $\int \frac{m . (m-1) . (m-2) z^{m-3} . c^{gz} dz}{g^3} = - \frac{m . (m-1) . (m-2) . z^{m-3} . c^{gz}}{g^4}$ $+ \int \frac{m . (m-1) . (m-2) . (m-3) z^{m-4} . c^{gz} dz}{g^4} =$ $\frac{m . (m-1) . (m-2) . (m-3) . z^{m-4} c^{gz}}{g^5} -$ $\int \frac{m . (m-1) . (m-2) . (m-3) . (m-4) . z^{m-5} c^{gz} dz}{g^5}$.

Donc $\int z^m c^{gz} dz = c^{gz} \times \left\{ \frac{z^m}{g} - \frac{m z^{m-1}}{gg} + \frac{m (m-1) z^{m-2}}{g^3} - \frac{m . (m-1) . (m-2) z^{m-3}}{g^4} + \frac{m . (m-1) . (m-2) . (m-3) . z^{m-4}}{g^5} - \frac{m . (m-1) . (m-2) . (m-3) . (m-4) . z^{m-5}}{g^6} + \&c. \right\}$.

Formule d'intégration des différentielles exponentielles, représentées par $z^m c^{gz} dz$, lc étant $= 1$.

Ces termes suffisent pour montrer la loi que suivent dans cette formule les exposans & les coefficiens de z. On pourra continuer la serie tant qu'on voudra. Lorsque m exprimera un nombre entier positif, alors la suite sera finie, & l'intégrale de la proposée contiendra autant de termes plus un, qu'il y aura d'unités dans l'exposant m.

CCXCV.

On peut encore employer cette méthode pour trouver

l'intégrale des différentielles qui contiennent des logarithmes de logarithmes, comme $x^m dx . l . lx$, $x^m dx :$ $(l . lx)^n$ &c. & aussi les intégrales de différentielles exponentielles plus composées que les précédentes ; mais comme ces cas arrivent très-rarement, nous ne nous y arrêterons pas.

CCXCVI.

On pourroit encore prendre l'intégrale des différentielles logarithmiques & exponentielles par approximation, en se servant des suites infinies dans lesquelles il n'entre ni quantité logarithmique, ni exponentielle ; quoique cette méthode soit longue, pénible & de peu d'usage, nous donnerons plus bas la maniere de s'en servir.

CHAPITRE XXI.

Des différentielles affectées de plusieurs signes d'intégration.

CCXCVII.

Observation essentielle sur l'expression de ces sortes de différentielles.

LOrsqu'on a des quantités différentielles affectées de plusieurs signes d'intégration, il faut bien être en garde contre l'équivoque que peut faire naître leur expression. $\int dx \int u dx$, veut dire ou bien l'intégrale de $dx \int u dx$, ce que nous marquerons dorénavant ainsi $\int (dx \int u dx)$; ou bien l'intégrale de dx multipliée par l'intégrale de udx, ce que nous marquerons de la façon ſuivante $(\int dx).(\int udx)$. Ces deux cas ſont fort différens; il faut éviter de les confondre.

Deux cas différens pour ces différentielles.

Mais avant de chercher les moyens de les intégrer, il eſt bon de ſe rappeller la regle que nous avons indiquée (Art. CCLXXXVIII.) elle eſt néceſſaire pour entendre ce que nous allons dire.

CCXCVIII.

PREMIER CAS.

Le premier cas eſt celui dans lequel on demande l'intégrale des différentielles telles que $dx\int udx$. On integre dans ce premier cas, lorſque la différentielle ſous le premier ſigne eſt une différentielle exacte. Soit par exemple $\int\left\{dx\int\frac{rdx}{\sqrt{2rx-xx}}\right\}$. Je ſuppoſe $\frac{r}{\sqrt{2rx-xx}}=u$; ce qui me donne $\int\left\{dx\int\frac{rdx}{\sqrt{2rx-xx}}\right\}=\int(dx\int udx)$. L'intégrale de cette derniere quantité eſt, ſuivant ce que nous avons dit (Art. CCLXXXVIII.), $x\int udx-\int uxdx$; & en remettant pour u ſa valeur, $x\int\frac{rdx}{\sqrt{2rx-xx}}-\int\frac{xrdx}{\sqrt{2rx-xx}}$. La premiere partie de cette intégrale eſt le produit de x, par un arc de cercle dont x eſt le ſinus verſe. La ſeconde partie s'integre aiſément. Je l'écris ainſi $\frac{rxdx-rrdx}{\sqrt{2rx-xx}}+\frac{rrdx}{\sqrt{2rx-xx}}$, dont l'intégrale eſt $-r\sqrt{2rx-xx}+\int\frac{rrdx}{\sqrt{2rx-xx}}$. Or $\frac{rrdx}{\sqrt{2rx-xx}}$ eſt, comme

Expoſition du premier cas.

Procédé qu'il faut ſuivre pour intégrer.

on fait, l'élément d'un secteur de cercle, l'origine des coordonnées étant au sommet de l'axe.

Si l'on avoit $\int(dx.\int dx.\int udx)$, alors c'est comme si on avoit $\int(dx.\times(\int x\int udx - \int uxdx))$, c'est-à-dire, $\int(xdx.\int udx) - \int(dx.\int uxdx) = \frac{xx}{2}\int udx - \int\frac{uxx}{2}dx - x\int uxdx - \int uxxdx$, où l'on voit qu'il n'y a plus qu'un signe $\int$ à chaque membre.

CCXCIX.

Transformation qui simplifie l'expression dans ce même cas.

En général si l'on avoit $\int(rdx\int udx)$, on simplifieroit l'expression en faisant $rdx = dz$. Car alors on auroit $\int(dz\int\frac{udz}{r}) = z\int\frac{udz}{r} - \int\frac{zudz}{r}$, qui ne contient plus qu'un seul signe d'intégration à chaque membre.

CCC.

SECOND CAS.

Examen du second cas.

Comment on trouve l'intégrale.

Ce second cas est, comme nous l'avons dit, celui dans lequel des intégrales sont multipliées les unes par les autres. Soit, par exemple, la proposée de la forme suivante $(\int dx)\times\left\{\int\frac{rdx}{\sqrt{2rx-xx}}\right\}^3$, alors l'intégrale se prend par parties.

Différentielle qui sert d'exemple u^3dx.

Je suppose $\int\frac{rdx}{\sqrt{2rx-xx}} = u$, j'aurai $\frac{rdx}{\sqrt{2rx-xx}} = du$, & $\left\{\int\frac{rdx}{\sqrt{2rx-xx}}\right\}^3 = u^3$. La quantité que je dois intégrer est donc u^3dx. Or si on se rappelle ce que nous avons dit Art. CCLXXXVIII., on voit que $\int u^3dx = u^3x - \int 3uuxdu$, c'est-à-dire, en mettant pour du sa valeur,

$= u^3 x - \int \frac{3uurxdx}{\sqrt{2rx-xx}}$, $u^3 x$ eſt une intégrale, & eſt le premier terme de l'intégrale cherchée. J'opere ſur le ſecond membre $- \int \frac{3uurxdx}{\sqrt{2rx-xx}}$. Il eſt égal à $- \int 3uur \left\{ \frac{xdx - rdx}{\sqrt{2rx-xx}} + \frac{rdx}{\sqrt{2rx-xx}} \right\} = - \int 3uur \left\{ -d(\sqrt{2rx-xx}) + du \right\} = \int - 3uurdu + 3uurd(\sqrt{2rx-x^2})$, dont l'intégrale eſt $-u^3 r + 3uur\sqrt{2rx-xx} - \int 6rudu\sqrt{2rx-xx}$. Je prends ce dernier terme qui n'eſt pas intégré. Je le mets ſous la forme ſuivante $- \int 6ru \times \frac{rdx}{\sqrt{2rx-xx}} \times \sqrt{2rx-xx} = - \int 6rrudx$; or l'intégrale de $-6rrudx$ eſt $-6rrux + \int 6rrxdu$. Il me reſte donc encore un terme avec le ſigne $\int$. Je mets dans ce terme pour du ſa valeur, ce qui donne $\int 6rrxdu = \int 6rrx \times \frac{rdx}{\sqrt{2rx-xx}} = \int 6r^3 \left\{ \frac{xdx - rdx + rdx}{\sqrt{2rx-xx}} \right\} = - 6r^3\sqrt{2rx-xx} + 6r^3 u$. Il ne me reſte plus de quantités différentielles; j'ai donc l'intégrale entiere de $u^3 dx$; cette intégrale eſt $u^3 x + 3ru^2\sqrt{2rx-xx} - ru^3 - 6r^2 ux - 6r^3\sqrt{2rx-xx} + 6r^3 u \pm C$.

Intégrale de la différentielle propoſée.

Il eſt aiſé de ſe convaincre de la bonté de nos opérations : en différentiant cette intégrale, mettant pour du ſa valeur, $\frac{rdx}{\sqrt{2rx-xx}}$ & effaçant ce qui ſe détruit, on retrouvera $u^3 dx$. Il en ſera de même des autres différentielles ſemblables.

CCCI.

Autre méthode pour avoir l'intégrale de la même différentielle.

Il y a encore une autre méthode pour intégrer les

différentielles de la définition précédente. Cette méthode consiste à se servir des sinus & cosinus exprimés par les quantités exponentielles. Comme cette méthode est fort utile dans certains cas, nous allons la développer ici en l'appliquant à la différentielle qui nous a servi de dernier exemple.

Par le moyen des quantités exponentielles.

CCCII.

Soit proposée $(\int dx) \times \left\{ \int \frac{r\,dx}{\sqrt{2rx - xx}} \right\}^3$; $\int \frac{r\,dx}{\sqrt{2rx-xx}}$ est l'expression d'un arc de cercle & par conséquent d'un angle, dont x est le sinus verse & r le rayon. Je nomme cet angle z, & je suppose le sinus total $=1$; on aura $\int \frac{r\,dx}{\sqrt{2rx-xx}} = zr$, donc $\left\{ \int \frac{r\,dx}{\sqrt{2rx-xx}} \right\}^3 = z^3 r^3$, & $(\int dx) \times \left\{ \int \frac{r\,dx}{\sqrt{2rx-xx}} \right\}^3 = \int z^3 r^3\, dx$. Soit cos. $rz = y$, on aura cos. $z = \frac{y}{r}$; x qui est le sinus verse $= r - y$, donc $x = r - r$ cos. z or : cos. $z =$ (Introd. Art. XLVI.) $\frac{c^{z\sqrt{-1}} + c^{-z\sqrt{-1}}}{2}$; la différence de $\frac{c^{z\sqrt{-1}} + c^{-z\sqrt{-1}}}{2}$ est (Introd. Art. XXXIV.) $dz\sqrt{-1} \,.\, \left\{ \frac{c^{z\sqrt{-1}} - c^{-z\sqrt{-1}}}{2} \right\}$, ou $dz \,.\, \left\{ \frac{-c^{z\sqrt{-1}} + c^{-z\sqrt{-1}}}{2\sqrt{-1}} \right\}$; donc $dx = r\,dz$: $\left\{ \frac{c^{z\sqrt{-1}} - c^{-z\sqrt{-1}}}{2\sqrt{-1}} \right\}$, donc $\int z^3 r^3 dx = \int \frac{r^4 z^3 dz c^{z\sqrt{-1}}}{2\sqrt{-1}} - \frac{r^4 z^3 dz c^{-z\sqrt{-1}}}{2\sqrt{-1}} = \int \frac{r^4}{2\sqrt{-1}} \times \left\{ z^3 dz c^{z\sqrt{-1}} - z^3 dz c^{-z\sqrt{-1}} \right\}$. Pour avoir l'intégrale de cette quantité, je la compare avec la formule $\int z^3 c^{gz}\, dz$ de l'Article CCXCIV. Cette comparaiſon me donne pour le premier terme $g = \sqrt{-1}$, & pour le ſecond, $g = -\sqrt{-1}$. L'intégrale eſt donc $\int z^3 r^3 dx = \frac{r^4}{2\sqrt{-1}} \times$

$$\left\{ \begin{array}{l} \frac{z^3 c^{z\sqrt{-1}}}{\sqrt{-1}} + \frac{3zzc^{z\sqrt{-1}}}{1} + \frac{6zc^{z\sqrt{-1}}}{-1\sqrt{-1}} - \frac{6c^{z\sqrt{-1}}}{1} \\ + \frac{z^3 c^{-z\sqrt{-1}}}{\sqrt{-1}} - \frac{3zzc^{-z\sqrt{-1}}}{1} - \frac{6zc^{-z\sqrt{-1}}}{1\sqrt{-1}} + \frac{6c^{-z\sqrt{-1}}}{1} \end{array} \right\},$$

& en réuniſſant chaques deux termes qui forment des ſinus & des coſinus, on a $\int z^3 r^3 dx = -r^4 z^3 \times$

$$\left\{ \frac{c^{z\sqrt{-1}} + c^{-z\sqrt{-1}}}{2} \right\} + 3r^4 z^2 \left\{ \frac{c^{z\sqrt{-1}} - c^{-z\sqrt{-1}}}{2\sqrt{-1}} \right\}$$

$$+ 6r^4 z \left\{ \frac{c^{z\sqrt{-1}} + c^{-z\sqrt{-1}}}{2} \right\} - 6r^4 \left\{ \frac{c^{z\sqrt{-1}} - c^{-z\sqrt{-1}}}{2\sqrt{-1}} \right\}$$

$$= -r^4 z^3 \text{ coſ. } z + 3r^4 zz \text{ ſin. } z + 6r^4 z \text{ coſ. } z - 6r^4 \text{ ſin. } z.$$

CCCIII.

Mais ſi nos opérations ſont exactes, cette intégrale doit être la même que celle que nous avons trouvée pour la différentielle propoſée (Art. CCC.). Pour réduire la derniere à celle-là, je remarque que coſ. $z = 1 - \frac{x}{r}$, & ſin. $z = \frac{1}{r}\sqrt{(2rx - xx)}$. Je mets dans l'intégrale trouvée ces valeurs de coſ. & ſin. z ce qui me donne $-r^4z^3 + r^3z^3x + 3r^3z^2\sqrt{(2rx - xx)} + 6r^4z - 6r^3zx - 6r^3\sqrt{(2rx - xx)}$. Mais en comparant cette intégrale avec celle de l'Art. CCC. on trouve que $zr = u$. Donc enfin on a $\int r^3 z^3 dx = - ru^3 + u^3 x + 3ru^2 \sqrt{(2rx - xx)} + 6r^3 u - 6r^2 ux - 6r^3 \sqrt{(2rx - xx)} \pm C$, la même préciſément que celle que nous a donnée l'autre méthode.

CCCIV.

Autre usage de la même méthode.

Si l'on avoit à intégrer $\int dz \,.\, \text{cos.}\, pz \,.\, \text{sin.}\, qz$, on se serviroit de la même méthode des quantités exponentielles. On auroit ici $\int dz \times \left\{\frac{c^{pz\sqrt{-1}} + c^{-pz\sqrt{-1}}}{2}\right\} \times \left\{\frac{c^{qz\sqrt{-1}} - c^{-qz\sqrt{-1}}}{2\sqrt{-}}\right\}$ $= \frac{c^{(p+q)z\sqrt{-1}} - c^{(-p-q)z\sqrt{-1}} - c^{(p-q)z\sqrt{-1}} + c^{(q-p\ z\sqrt{-1}}}{4\sqrt{-1}}$, ce qui réduit la proposée à l'intégration de $\int dz \,.\, c^{gz}$ Article CCXCII.

Ce seroit la même méthode qu'il faudroit suivre, si on avoit $\int dz \,.\, \text{sin.}\, kz \,.\, \text{cos.}\, rz \,.\, \text{cos.}\, qz \,.\, \text{sin.}\, sz$ &c. On voit par-là qu'elle est fort étendue & très-commode dans beaucoup de cas.

CCCV.

De même par le moyen des exponentielles imaginaires on intégreroit $z^n dz \,.\, \text{sin.}\, qz^m$, cos. pz^k &c. pourvu que n, m & k soient entiers & positifs.

On pourroit encore au lieu de $\int dz \times (\text{sin.}\, qz \,.\, \text{cos.}\, pz)$ écrire (Art. XLVII. Introd.) $\int dz \times \left\{\text{sin.}\, \frac{(q+p)z}{2} + \text{sin.}\, \frac{(q-p)z}{2}\right\}$. Or toutes ces différentielles sont faciles à intégrer, en considérant que $\int dz\ \text{sin.}\ \alpha z = -\frac{\text{cos.}\ \alpha z}{\alpha} + A$, & que $\int dz\ \text{cos.}\ \alpha z = \frac{\text{sin.}\ \alpha z}{\alpha} + A$, A étant une constante quelconque. Par-là on intégrera en général $dz \begin{smallmatrix}\text{sin.}\\ \text{cos.}\end{smallmatrix} qz \begin{smallmatrix}\text{cos.}\\ \text{sin.}\end{smallmatrix} pz \begin{smallmatrix}\text{cos.}\\ \text{sin.}\end{smallmatrix} rz$, &c.

CCCVI.

REMARQUE I. Quelques-unes des différentielles que nous venons de traiter, s'intégreront encore dans certains cas par une méthode particuliére. Nous allons donner ici un essai de cette méthode, à cause de l'utilité dont elle peut être en beaucoup d'occasions. Que l'on ait à intégrer $\int \frac{q\,dq\,\sqrt{(1-xx)}}{\sqrt{(1-qq)}}$, $\frac{dq}{\sqrt{(1-qq)}}$ représentant la différence d'un angle dont q est le sinus & étant $= -\frac{a\,dx}{\sqrt{(1-xx)}}$, a étant une constante quelconque & $\frac{dx}{\sqrt{(1-xx)}}$ la différence d'un angle dont x est le sinus.

Méthode particuliere utile dans certains cas.

1°. Au lieu de $\int \frac{q\,dq\,\sqrt{(1-xx)}}{\sqrt{(1-qq)}}$ je puis écrire $\int \left\{ \frac{x\,dx\,\sqrt{(1-qq)}}{\sqrt{(1-xx)}} + \frac{q\,dq\,\sqrt{(1-xx)}}{\sqrt{(1-qq)}} - \frac{x\,dx\,\sqrt{(1-qq)}}{\sqrt{(1-xx)}} \right\}$, dont l'intégrale est $-\sqrt{(1-xx)}\,.\,\sqrt{(1-qq)} - \int \frac{x\,dx\,\sqrt{(1-qq)}}{\sqrt{(1-xx)}}$; premiere forme que peut avoir l'intégrale cherchée.

2°. Au lieu de $\int \frac{q\,dq\,\sqrt{(1-xx)}}{\sqrt{(1-qq)}}$, nous pouvons, en mettant pour $\frac{dq}{\sqrt{(1-qq)}}$ son égale $-\frac{a\,dx}{\sqrt{(1-xx)}}$, écrire $\int - a\,q\,dx$, dont l'intégrale est (Art. CCLXXXVIII.) $- a\,q\,x + \int ax\,dq = \left\{ \text{en mettant pour } dq \text{ sa valeur } - \frac{a\,dx\,\sqrt{(1-qq)}}{\sqrt{(1-xx)}} \right\}$ $- a\,q\,x - \int \frac{a^2\,x\,dx\,\sqrt{(1-qq)}}{\sqrt{(1-xx)}}$; seconde forme que peut avoir l'intégrale cherchée.

J'ajoute à ces deux expressions des constantes convenables, je les compare ensuite l'une avec l'autre : cette comparaison me donnera, comme il est évident, la valeur de $\int \frac{x\,dx\,\sqrt{(1-qq)}}{\sqrt{(1-xx)}}$: je substituerai cette valeur dans l'une ou l'autre des deux expressions précédentes, & j'aurai l'intégrale complette de la proposée.

CCCVII.

Remarque importante sur les exponentielles imaginaires.

REMARQUE 2. A l'occaſion des exponentielles imaginaires dont nous nous ſommes ſervis dans ce Chapitre, qu'il nous ſoit permis de rapporter ici une remarque que nous aurions dû placer dans le Chapitre troiſieme de l'introduction. Nous avons vu dans ce Chapitre que la différentielle d'un angle z dont x eſt le ſinus $= \frac{dx}{\sqrt{(1-xx)}}$. On a donc $dz = \frac{dx}{\sqrt{(1-xx)}}$: ou ſi au lieu de $\frac{dx}{\sqrt{(1-xx)}}$ on met ici $\frac{dx\sqrt{-1}}{\sqrt{(xx-1)}}$ qui lui eſt égale, on trouvera $x = \frac{c^{z\sqrt{-1}} - c^{-z\sqrt{-1}}}{2\sqrt{-1}}$; & ſi au lieu de $\frac{dx}{\sqrt{(1-xx)}}$ on écrit $\frac{dx}{\sqrt{-1}.\sqrt{(xx-1)}}$ qui lui eſt encore égale, on trouvera $x = \frac{-c^{z\sqrt{-1}} + c^{-z\sqrt{-1}}}{2\sqrt{-1}}$ quantité de ſigne contraire. Nous allons d'abord prouver cette propoſition en faiſant tout au long le calcul qui pourroit embarraſſer à cauſe du changement des ſignes, enſuite nous leverons la difficulté que préſente cette double expreſſion du même ſinus.

1°. $dz = \frac{dx\sqrt{-1}}{\sqrt{(xx-1)}}$ donne $z = \sqrt{-1} \times l(x + \sqrt{xx-1})$, ou $\sqrt{-1} \times l\left\{\frac{x+\sqrt{(xx-1)}}{\sqrt{-1}}\right\}$ en ajoutant la conſtante que donne la ſuppoſition de $x = 0$. Donc $\frac{z}{\sqrt{-1}} = l\left\{\frac{x+\sqrt{(xx-1)}}{\sqrt{-1}}\right\}$, ou $-z\sqrt{-1} = l\left\{\frac{x+\sqrt{(xx-1)}}{\sqrt{-1}}\right\}$: donc $c^{-z\sqrt{-1}}\sqrt{-1} - x = \sqrt{(xx-1)}$, & en quarrant les deux membres, $-c^{-2z\sqrt{-1}} - 2xc^{-z\sqrt{-1}}$

$\sqrt{-1} = -1$; donc $1 - c^{-2z\sqrt{-1}} = 2xc^{-z\sqrt{-1}}$ $\sqrt{-1}$, & $x = \frac{1 - c^{-2z\sqrt{-1}}}{2c^{-z\sqrt{-1}}\sqrt{-1}}$; donc enfin $x = \frac{c^{z\sqrt{-1}} - c^{-z\sqrt{-1}}}{2\sqrt{-1}}$.

2°. J'écris maintenant $dz = \frac{dx}{\sqrt{-1}.\sqrt{(xx-1)}}$ ce qui me donne $dz\sqrt{-1} = \frac{dx}{\sqrt{(xx-1)}}$; $z\sqrt{-1} = l\left\{\frac{x+\sqrt{(xx-1)}}{\sqrt{-1}}\right\}$; $c^{z\sqrt{-1}}\sqrt{-1} - x = \sqrt{(xx-1)}$; $-c^{2z\sqrt{-1}}$ $-2xc^{z\sqrt{-1}}\sqrt{-1} + 1 = 0$; $\frac{-c^{2z\sqrt{-1}}+1}{2c^{z\sqrt{-1}}\sqrt{-1}} = x$ & enfin $x = \frac{-c^{z\sqrt{-1}} + c^{-z\sqrt{-1}}}{2\sqrt{-1}}$.

Voilà donc deux quantités de signes différens qui au premier coup d'œil semblent représenter également le sinus x de l'angle z. Cependant une seule de ces deux quantités peut être la vraie valeur de ce sinus, & il est facile de voir que cette quantité est la premiere $\frac{c^{z\sqrt{-1}} - c^{-z\sqrt{-1}}}{2\sqrt{-1}}$. Car lorsque z est très-petite & positive, cette premiere quantité est positive, comme elle le doit être, & la seconde $\frac{-c^{z\sqrt{-1}} + c^{-z\sqrt{-1}}}{2\sqrt{-1}}$ est négative. En effet $c^{z\sqrt{-1}} = 1 + z\sqrt{-1}$, & $c^{-z\sqrt{-1}}$ $= 1 - z\sqrt{-1}$; donc $\frac{c^{z\sqrt{-1}} - c^{-z\sqrt{-1}}}{2\sqrt{-1}} = \frac{1+z\sqrt{-1}-1+z\sqrt{-1}}{2\sqrt{-1}}$ $= z$; au lieu que $\frac{-c^{z\sqrt{-1}} + c^{-z\sqrt{-1}}}{2\sqrt{-1}} = \frac{-1-z\sqrt{-1}+1-z\sqrt{-1}}{2\sqrt{-1}}$ $= -z$.

Afin de concevoir maintenant pourquoi l'on trouve

deux valeurs à x, quoiqu'il n'y en ait qu'une qui soit la véritable, on remarquera que dans l'équation $dz = \frac{dx}{\sqrt{(1-xx)}}$, le dénominateur $\sqrt{(1 - xx)}$ est supposé positif; cependant comme $\sqrt{(1-xx)}$ a deux valeurs égales & de signes contraires $+\sqrt{(1 - xx)}$ & $-\sqrt{(1 - xx)}$, l'équation $dz = \frac{dx}{\sqrt{(1-xx)}}$ représente les deux suivantes $dz = \frac{dx}{+\sqrt{(1-xx)}}$ qui est la vraie équation entre l'angle z & son sinus x, & $dz = \frac{dx}{-\sqrt{(1-xx)}}$ qui n'est pas la vraie équation entre cet angle & son sinus. La premiere de ces deux équations nous donne $x = \frac{c^{z\sqrt{-1}} - c^{-z\sqrt{-1}}}{2\sqrt{-1}}$, vraie valeur du sinus, qui substituée dans l'équation $dz = \frac{dx}{+\sqrt{(1-xx)}}$ rendra $dz = dz$, comme cela doit être; la seconde des deux équations donne $x = \frac{c^{-z\sqrt{-1}} - c^{z\sqrt{-1}}}{2\sqrt{-1}}$, qui n'est pas la valeur du sinus, mais qui substituée dans $dz = \frac{dx}{-\sqrt{(1-xx)}}$ rendra aussi $dz = dz$: ainsi les deux valeurs de x satisfont également à l'équation $dz = \frac{dx}{\sqrt{(1-xx)}}$, quoiqu'une seule de ces valeurs représente réellement le sinus.

C'est par cette même raison de l'équivoque des signes $+$ & $-$ qui affectent les quantités radicales, qu'on a $\frac{dx}{\sqrt{(1-xx)}} = \frac{dx\sqrt{-1}}{\sqrt{(xx-1)}}$ & $= \frac{dx}{\sqrt{-1} \cdot \sqrt{(xx-1)}}$, quoique $\sqrt{-1}$ ne semble pas égale à $\frac{1}{\sqrt{-1}}$. Mais $\sqrt{-1}$ a les deux valeurs $\pm\sqrt{-1}$ & on trouvera $\sqrt{-1} = \frac{1}{\sqrt{-1}}$, si on observe de prendre $\pm\sqrt{-1} = \frac{1}{\mp\sqrt{-1}}$.

Nous avons tiré cette remarque fort utile pour la théorie des quantités exponentielles & imaginaires, de l'Article CCLXVIII. du Traité sur différens points importans du systême du monde.

CCCVIII.

Nous finirons cette premiere Partie qui contient à peu près tout ce que les Géometres ont trouvé sur l'intégration des différentielles à une changeante, par indiquer la méthode de leur appliquer les suites ou series infinies. Cette méthode nous donne par approximation l'intégrale de certaines différentielles qui ne sont pas intégrables algébriquement.

CHAPITRE XXII.

Des différentielles qui s'integrent par le moyen des series *ou* suites infinies.

NOus diviserons ce Chapitre en deux parties. Dans la premiere nous donnerons une idée abrégée de la théorie des series ou suites infinies ; la seconde contiendra leurs usages pour le Calcul intégral.

§. I.

Théorie des Suites.

CCCIX.

Définition des Suites.

DÉFINITION. On entend par *ſerie infinie* une ſuite de termes diſpoſés ſuivant un certain ordre, qui vont en augmentant ou en décroiſſant juſqu'à l'infini.

CCCX.

Leur diviſion en *convergentes* & *divergentes*.

On diſtingue donc deux ſortes de *ſeries*. On nomme les unes *ſeries convergentes*, & les autres *ſeries divergentes*.

Les *ſeries convergentes* ſont celles dont les termes vont en diminuant à l'infini. Nous prouverons plus bas que ces ſeries ſont les ſeules vraies.

Les *ſeries divergentes* ſont celles dont les termes vont en augmentant à l'infini.

Application des Suites.

Les ſeries ſervent à trouver des diviſeurs approchés des quantités qu'on ne peut diviſer exactement ; elles donnent auſſi par approximation les racines des quantités qui n'en ont point d'exactes.

CCCXI.

Aux diviſions infinies.

PROBLEME I. Etant donnée la fraction $\frac{aa}{b \pm x}$ (dans laquelle a & b ſont des quantités déterminées, & x une indéterminée) qui n'eſt pas diviſible exactement par ſon dénominateur binome, la réduire en ſuite infinie.

SOLUTION. Je fais la division suivant les regles ordinaires de l'Algebre, de la maniere suivante.

Dividende. Diviseur. QUOTIENT.

$$aa \;:\; b \pm x \left\{ \frac{aa}{b} \mp \frac{aax}{bb} + \frac{a^2x^2}{b^3} \mp \frac{a^2x^3}{b^4} + \frac{a^2x^4}{b^5} \mp \frac{a^2x^5}{b^6} + \frac{a^2x^6}{b^7} \mp \frac{a^2x^7}{b^8} + \text{\&c.} \right.$$

$$\begin{array}{l}
-aa \mp \frac{aax}{b} \\ \hline
0 \mp \frac{aax}{b} \\
\quad \pm \frac{aax}{b} + \frac{a^2x^2}{b^2} \\ \hline
\quad 0 + \frac{a^2x^2}{b^2} \\
\qquad - \frac{a^2x^2}{b^2} \mp \frac{a^2x^3}{b^3} \\ \hline
\qquad 0 \mp \frac{a^2x^3}{b^3} \\
\qquad\quad \pm \frac{a^2x^3}{b^3} + \frac{a^2x^4}{b^4} \\ \hline
\qquad\quad 0 + \frac{a^2x^4}{b^4} \\
\qquad\qquad - \frac{a^2x^4}{b^4} \mp \frac{a^2x^5}{b^5} \\ \hline
\qquad\qquad 0 \mp \frac{a^2x^5}{b^5} \\
\qquad\qquad\quad \pm \frac{a^2x^5}{b^5} + \frac{a^2x^6}{b^6} \\ \hline
\qquad\qquad\quad 0 + \frac{a^2x^6}{b^6} \\
\qquad\qquad\qquad - \frac{a^2x^6}{b^5} \mp \frac{a^2x^7}{b^7} \\ \hline
\qquad\qquad\qquad 0 \mp \frac{a^2x^7}{b^7} \\
\qquad\qquad\qquad\quad + \frac{a^2x^7}{b^7} + \frac{a^2x^8}{b^8} \\ \hline
\qquad\qquad\qquad\quad 0 + \frac{a^2x^8}{b^8} \\
\qquad\qquad\qquad\qquad \text{\&c.}
\end{array}$$

Le quotient eſt donc la ſerie ſuivante (A) $\frac{aa}{b} \mp \frac{a^2x}{b^2} + \frac{a^2x^2}{b^3} \mp \frac{a^2x^3}{b^4} + \frac{a^2x^4}{b^5} \mp \frac{a^2x^5}{b^6} + \frac{a^2x^6}{b^7} \mp \frac{a^2x^7}{b^8} +$ &c. qui peut ſe continuer autant qu'on voudra.

CCCXII.

Si x eſt le premier terme du diviſeur, enſorte que la fraction donnée ſoit $\frac{aa}{x \pm b}$, alors le quotient de la diviſion ſera la ſuite infinie (B) $\frac{aa}{x} \mp \frac{aab}{x^2} + \frac{aab^2}{x^3} \mp \frac{a^2b^3}{x^4} + \frac{a^2b^4}{x^5} \mp \frac{a^2b^5}{x^6} + \frac{a^2b^6}{x^7} \mp \frac{a^2b^7}{x^8} +$ &c. Cette ſerie ſe trouve de la même maniere que la précédente.

CCCXIII.

Pour qu'une ſerie ſoit convergente & vraie, le plus grand terme doit être le premier en diviſeur.

THÉOREME I. Si dans la ſerie A dans laquelle les expoſans de x vont en croiſſant, x eſt fort petite en comparaiſon de b, enſorte que $\frac{x}{b}$ ſoit une fraction moindre que l'unité, cette ſerie ſera convergente & vraie, c'eſt-à-dire $= \frac{aa}{b \pm x}$.

DÉMONSTRATION. 1°. Cette ſuite ſera convergente. Car dans l'hypotheſe de $x < b$, les puiſſances $\frac{x}{b}$, $\frac{xx}{bb}$, $\frac{x^4}{b^4}$ &c. de la fraction $\frac{x}{b}$ forment une progreſſion géométrique qui décroît à l'infini d'autant plus rapidement que $\frac{x}{b}$ eſt plus petite. Donc en faiſant enſorte que les termes de la ſerie A ſe reglent ſur les puiſſances de $\frac{x}{b}$, ce qui eſt facile en lui donnant la forme ſuivante $\left\{\frac{aa}{b} \mp \frac{aax}{bb}\right\} \times \left\{1 + \frac{x^2}{b^2} + \frac{x^4}{b^4} + \frac{x^6}{b^6} + \text{\&c.}\right\}$, on voit que chaque terme ſera beaucoup moindre que celui

qui

qui le précede, & qu'ils décroîtront à l'infini. Donc (Art. CCCX.) la ferie fera convergente.

2°. Je dis que cette fuite A fera vraie, c'eft-à dire, qu'elle nous redonnera la fraction $\frac{aa}{b \pm x}$ dont elle a pris naiffance. Car, comme nous venons de le voir, la fuite $A = \left\{\frac{aa}{b} \mp \frac{aax}{b^2}\right\} \times (F) \left\{1 + \frac{x^2}{b^2} + \frac{x^4}{b^4} + \frac{x^6}{b^6} + \&c.\right\}$; or F a tous fes termes en progreffion géométrique decroiffante à l'infini, puifque par l'hypothefe $x < b$. Donc fa fomme $= \frac{bb}{bb - xx}$ *; on a donc $A = \left\{\frac{aa}{b} \mp \frac{aax}{b^2}\right\} \times \frac{bb}{bb - xx} = \frac{aab}{bb - xx} \mp \frac{aax}{bb - xx} = aa \times \frac{b \mp x}{(b \pm x).(b - x)} = \frac{aa \times 1}{b \pm x}$. *C. Q. F. P.*

* *Nota.* Les regles des proportions connues fans doute par tous nos Lecteurs, nous apprennent qu'il eft aifé d'avoir la fomme d'une progreffion géométrique quelconque décroiffante à l'infini. On peut la trouver par deux proportions; la premiere eft que *la différence des deux premiers termes eft au premier terme, comme la différence du premier terme au dernier eft à la fomme de tous les termes qui précedent le dernier.* Or dans une progreffion géométrique décroiffante à l'infini le dernier terme fera infiniment petit, & ne fera par conféquent point comparable aux deux premiers termes; le premier terme pourra donc être pris pour la différence du premier terme au dernier, & la fomme de tous les termes qui précedent le dernier pourra auffi être prife pour la fomme de tous les termes. La proportion précédente deviendra donc celle-ci: *La différence des deux premiers termes eft au premier terme, comme le premier terme eft à la fomme de tous les termes.* La feconde proportion eft celle-ci: *La fomme des antécédens eft à la fomme des conféquens, comme un feul antécédent eft à fon conféquent.* Or tous les termes font antécédens hors le dernier, & tous les termes font conféquens hors le premier. Mais la progreffion géométrique étant décroiffante à l'infini, fon dernier terme fera infiniment petit, & par conféquent pourra être regardé comme nul par rapport aux autres. On aura donc: *La fomme de tous les termes eft à la fomme de tous les termes moins le premier, comme un feul antécédent eft à fon conféquent.*

Appliquons ces deux proportions à la progreffion préfente; en nommant f la fomme de tous les termes, on aura 1°. $1 - \frac{x^2}{b^2} : 1 :: 1 : f = \frac{1}{1 - \frac{x^2}{b^2}}$. Donc $f = \frac{b^2}{b^2 - x^2}$. 2°. On aura $f : f - 1 :: 1 : \frac{x^2}{b^2}$. Donc $(f - 1) \times 1 = f \times \frac{x^2}{b^2}$; donc $f \times 1 - f \times \frac{x^2}{b^2} = 1$; donc $f = \frac{1}{1 - \frac{x^2}{b^2}} = \frac{b^2}{b^2 - x^2}$.

CCCXIV.

THÉOREME 2. Dans la ſerie $(B)\ \frac{aa}{x} \mp \frac{aab}{x^2} + \frac{aab^2}{x^3} \mp \frac{aab^3}{x^4} + \frac{aab^4}{x^5} \mp \frac{aab^5}{x^6} + \frac{aab^6}{x^7} \mp \frac{aab^7}{x^8}$ + &c. dans laquelle les expoſans de x vont en décroiſſant, puiſqu'elle eſt la même que la ſuivante $aax^{-1} \mp aabx^{-2} + aab^2x^{-3} \mp aab^3x^{-4}$ + &c., ſi x eſt plus grande que b, enſorte que la fraction $\frac{b}{x}$ ſoit moindre que l'unité, cette ſerie ſera convergente, & donnera la vraie valeur de $\frac{aa}{x \pm b}$.

DÉMONSTRATION. 1°. Cette ſerie B ſera convergente. Car en lui donnant la ſomme ſuivante $\left\{\frac{aa}{x} \mp \frac{aab}{x^2}\right\} \times \left\{1 + \frac{b^2}{x^2} + \frac{b^4}{x^4} + \frac{b^6}{x^6} + \&c.\right\}$ ſes termes ſont ordonnés par rapport à la progreſſion géométrique, 1, $\frac{b^2}{x^2}$, $\frac{b^4}{x^4}$ &c. laquelle décroît d'autant plus vîte que la fraction $\frac{b}{x}$ eſt plus petite. Donc cette ſerie alors ſera convergente, & d'autant plus convergente que x ſera plus grande par rapport à b.

2°. La ſuite (B) ſera vraie, c'eſt-à-dire $= \frac{aa}{x \pm b}$ dans le cas de $x > b$. Car on a, comme nous venons de le voir, $B = \left\{\frac{aa}{x} \mp \frac{aab}{xx}\right\} \times (G) \left\{1 + \frac{b^2}{x^2} + \frac{b^4}{x^4} + \frac{b^6}{b^6} + \&c.\right\}$ Or dans cette ſuite b étant $< x$, G forme une progreſſion géométrique décroiſſante à l'infini. Donc (N°. Art. CCCXIII.) ſa ſomme $= \frac{xx}{xx - bb}$. Donc $B = \left\{\frac{aa}{x} \mp \frac{aab}{xx}\right\} \times \frac{xx}{xx - bb} = \frac{aax}{xx - bb} \mp \frac{aab}{xx - bb} = aa \times \frac{(x \mp b)}{(x - b).(x + b)} = \frac{aa \times 1}{x \pm b}$. *C. Q. F. P.*

CCCXV.

Les ſeries convergentes ſont les ſeules vraies.

COROLLAIRE I. Il faut conclure des deux Théorêmes précédens, que ſi dans la ſerie *A*, x étoit plus grande que b, & ſi dans la ſerie *B*, x étoit plus petite que b, ces ſeries ſeroient divergentes ; auquel cas on prouveroit aiſément que la ſerie *A* provenant de la fraction $\frac{aa}{b \pm x}$, & la ſerie *B* qui vient de $\frac{aa}{x \pm b}$, ſeroient d'une valeur infinie, au lieu que les fractions $\frac{aa}{b \pm x}$, $\frac{aa}{x \pm b}$ ſont finies. Donc ces ſuites *A* & *B* donneroient faux. La raiſon en eſt ſimple & évidente. Car la vraie valeur d'une fraction eſt le quotient de la diviſion, plus le reſte diviſé par le diviſeur. Or il eſt aiſé de voir que dans les ſeries convergentes ce reſte va toujours en diminuant, d'autant plus que la ſerie eſt plus convergente, enſorte qu'il devient ſi petit qu'on peut le regarder comme nul. Par exemple, dans la ſerie (*A*) (Art. CCCXI.) qui ſera d'autant plus convergente, comme nous venons de le démontrer (Art. CCCXIII.), que x ſera plus petite par rapport à b, ſuppoſons $x = 1$, $b = 10$, $a = 1$, ſi on s'en tient au ſixieme terme du quotient $\frac{a^2 x^5}{b^7}$, on aura pour reſte $\mp \frac{a^2 x^7}{b^7}$ diviſé par $b \pm x$; c'eſt-à-dire $\mp \frac{1}{10000000 \times (10 \pm 1)}$, fraction qu'on voit bien être déja fort petite. Si on prend encore un terme au quotient $\mp \frac{a^2 x^7}{b^8}$, le reſte ſera $+ \frac{1}{100000000 . (10 \pm 1)}$, qui eſt beaucoup plus petit que le reſte précédent, & toujours ainſi de ſuite. Si au lieu de ſuppoſer $b = 10$, on le ſuppoſe $= 100$, alors les reſtes, comme on le voit, décroîtront beaucoup plus rapidement; ensorte qu'après avoir pris un certain nombre de termes, on pourra regarder ces restes comme nuls, & le quotient comme la valeur exacte de la fraction. C'est le contraire dans les series divergentes; plus elles sont divergentes, plus le reste est grand: il va toujours en augmentant à mesure qu'on prend plus de termes au quotient. Supposons dans la serie *A*, qui dans ce cas sera divergente, $b = 1$, $a = 1$, $x = 10$: si on s'arrête au quatrieme terme $\mp \frac{a^3 x^3}{b^4}$, on aura pour reste $+ \frac{a^3 x^4}{b^4}$ divisé par $b \pm x$, c'est-à-dire $+ \frac{10000}{1 \times (1 \pm 10)}$ qu'on voit bien être déja fort grand. Si on prend un cinquieme terme, le reste sera $\mp \frac{100000}{1 \times (1 \pm 10)}$, qui est plus grand que le précédent; & ainsi de suite.

Donc dans les series divergentes plus on prend de termes, plus on s'éloigne de la vraie valeur de la proposée. Donc les series convergentes sont seules bonnes.

CCCXVI.

Division des series convergentes, en *croissantes* ou *ascendantes*, & *décroissantes* ou *descendantes*.

COROLLAIRE 2. Il faut distinguer deux sortes de series convergentes. Les unes sont d'autant plus convergentes, que leur indéterminée est plus petite; & dans ces premieres qu'on nomme series *croissantes* ou *ascendantes* les exposans de cette indéterminée vont en croissant. Telle est la serie *A* (Art. CCCXI.). Les autres convergent d'autant plus que leur indéterminée est plus grande. Dans celles-là les exposans de l'indéterminée vont en décroissant, & elles se nomment series *décroissantes* ou *descendantes.* La suite *B* (Art. CCCXII.) est de cette seconde espece. Il ne faut pas confondre ces deux genres de suites : car on les employe à des usages fort différens & quelquefois même opposés.

CCCXVII.

COROLLAIRE GÉNÉRAL. Il suit évidemment de ce que nous venons de dire, que lorsqu'on veut par des divisions continues, réduire des fractions dont les dénominateurs sont composés de termes inégaux, en series infinies de valeurs égales à ces fractions, il faut que le plus grand terme du dénominateur soit le premier en diviseur ; autrement les suites provenantes de ces divisions seroient divergentes, & par conséquent fausses.

CCCXVIII.

SCHOLIE I. Si dans la proposée $\frac{aa}{b \pm x}$, b étoit $= x$, alors elle deviendroit $\frac{aa}{b \pm b}$; & en faisant la division on auroit la serie suivante $\frac{aa}{b} \mp \frac{aa}{b} + \frac{aa}{b} \mp \frac{aa}{b} + \frac{aa}{b}$ &c. Embarras dans le cas où le dénominateur a ses termes égaux.

$= \left\{ \frac{aa}{b} \mp \frac{aa}{b} \right\} \times (1 + 1 + 1 + 1 + 1 + \text{\&c.})$

$= \frac{aa}{b} \times (1 \mp 1 + 1 \mp 1 + 1 \mp \text{\&c.})$

Donc en supposant qu'on ait 1°. $\frac{aa}{b-b}$, cette serie devient $\frac{aa}{b} \times (1 + 1 + 1 + 1 + 1 + 1 + \text{\&c.})$ d'une valeur infinie ; ce qui ne nous apprend rien de nouveau ; puisque nous savons déja que $\frac{aa}{b-b} = \frac{aa}{0} = \infty$.

2°. Si on a $\frac{aa}{b+b}$, alors la serie résultante de la division eſt $\frac{aa}{b} \times (1-1+1-1+1-1+1-1+1-1+ \&c.)$ $= \frac{aa}{b} \times (0+0+0+0+0+ \&c.) = 0$; donc on auroit $\frac{aa}{b+b} = 0$, ce qui eſt faux.

Donc en général dans le cas de $b = x$, la diviſion infinie de la fraction $\frac{aa}{b+b}$ ne nous donnera qu'un infini que nous connoiſſions déja dans $\frac{aa}{b-x}$; & nous donnera toujours faux dans $\frac{aa}{b+x}$.

Donc toute fraction dont le dénominateur binome a ſes deux termes égaux, ne pourra dans l'état où elle eſt alors, ſe réduire en ſuite infinie.

CCCXIX.

Ce qu'il faut faire dans ce cas.

SCHOLIE 2. Cependant il eſt une préparation par le moyen de laquelle on peut appliquer avec ſuccès la méthode des ſuites aux fractions, dont le dénominateur binome ſera compoſé de deux termes égaux; en ſuppoſant toutesfois qu'il eſt la ſomme de ces deux termes : car s'il en étoit la différence, alors le dénominateur étant zéro, la fraction ſeroit viſiblement infinie. Cette préparation conſiſte à partager la ſomme des deux parties du dénominateur en deux autres parties inégales, dont la plus grande ſoit la premiere en diviſeur. Car alors faiſant la diviſion, on aura (Art. CCCXVII.) une ſerie convergente.

Application à un exemple.

Par exemple dans la propoſée $\frac{aa}{b+b}$, on ſuppoſera $c = 2b + x$; & alors la fraction devient $\frac{aa}{c-x}$, dont on voit bien que le dénominateur $c - x = 2b + x - x$, eſt le même que $b + b$. La ſerie qui proviendra de la diviſion de cette derniere fraction sera toujours (Art. CCCXIII. N°.2.) $= \frac{aa}{b+b}$; & elle se pourra varier en autant de vraies series qu'on donnera de valeurs différentes à x.

Si l'on prend $c = 2b - x$, la fraction $\frac{aa}{b+b}$ devient $\frac{aa}{c+x}$, dont la serie faite par division infinie sera toujours égale à $\frac{aa}{b+b}$. Elle se peut encore varier en autant de series convergentes qu'on donnera de valeurs à x moindres que $2b - x$.

CCCXX.

Appliquons cette regle à un exemple numérique. Soit proposée la fraction $\frac{1}{2} = \frac{1}{1+1}$ dont on voit que le dénominateur a ses deux termes égaux. Si je divise cette fraction dans l'état où elle est, je trouve pour quotient $1 - 1 + 1 - 1 + 1 - 1 + 1 - 1 + 1 - 1 +$ &c. $= 0 + 0 + 0 + 0 + 0 +$ &c. serie de laquelle le R. P. Grandi conclut que $\frac{1}{2} = 0 + 0 + 0 +$ &c. d'où il tire une démonstration de la création. Cependant il ne lui étoit pas difficile de voir que la valeur de la fraction $\frac{1}{1+1}$ n'est pas seulement le quotient $0+0+0+0+0+$ &c., mais encore le reste $\frac{\pm 1}{1+1} = \pm \frac{1}{2}$, ce qui ne nous apprend rien de nouveau. Second exemple.

Si donc l'on veut avoir une suite convergente de même valeur que la fraction $\frac{1}{1+1}$, il faut la mettre sous la forme suivante $\frac{1}{3-1}$ qui lui est égale. La division de cette fraction continuée à l'infini donne la suite $\frac{1}{3} + \frac{1}{9} + \frac{1}{27} + \frac{1}{81} + \frac{1}{243} +$ &c. dont les termes, comme on le voit, forment une progreſſion géométrique décroiſſante à l'infini. Sa ſomme (Nº. de l'Art. CCCXIII.) eſt donc $= \frac{\frac{1}{9}}{\frac{1}{3} - \frac{1}{9}} = \frac{\frac{1}{9}}{\frac{3}{9} - \frac{1}{9}} = \frac{1}{3-1} = \frac{1}{1+1}$.

On pourra encore trouver une infinité d'autres ſuites toutes égales entre elles & égales à la fraction $\frac{1}{2}$, en prenant ſucçeſſivement pour ſon dénominateur $4-2$, $5-3$, $6-4$, &c. dont la ſomme $=2$, & en obſervant que le plus grand terme ſoit le premier en diviſeur.

CCCXXI.

REMARQUE GÉNÉRALE. Ce que nous venons de dire ſur les fractions qui ont un binome pour dénominateur, doit s'entendre auſſi des fractions dont le dénominateur eſt un trinome, un quatrinome & en général une grandeur quelconque; puiſque, comme on ſait, toute grandeur peut être réduite en binome, en regardant une partie de ſes termes, comme le premier terme du binome, & l'autre partie, comme le ſecond terme.

CCCXXII.

Uſage des ſuites pour l'extraction des racines.

PROBLEME 2. Etant donnée la grandeur ſourde ou irrationelle $\sqrt{(aa \pm xx)}$, la débarraſſer de ſon radical en la réduiſant en ſuite infinie.

SOLUTION. Je fais l'extraction de la racine quarrée ſuivant la maniere ordinaire enſeignée dans tous les Livres d'Algebre, & comme on le voit ici.

$aa \pm xx$

$$aa \pm xx \left\{ \begin{array}{l} 2a \pm \frac{xx}{a} - \frac{x^4}{4a^3} \pm \frac{x^6}{8a^5} - \frac{5x^8}{64a^7} \pm \frac{7x^{10}}{128a^9} - \&c. \\ \hline a \pm \frac{xx}{2a} - \frac{x^4}{8a^3} \pm \frac{x^6}{16a^5} - \frac{5x^8}{128a^7} \pm \frac{7x^{10}}{256a^9} - \frac{21x^{12}}{1024a^{11}} \pm \&c. \end{array} \right.$$

$$\begin{array}{l}
- aa \pm xx \\ \hline
o \pm xx \\
\mp xx - \frac{x^4}{4aa} \\ \hline
o - \frac{x^4}{4aa} \\
+ \frac{x^4}{4aa} \pm \frac{x^6}{8a^4} - \frac{x^8}{64a^6} \\ \hline
o \pm \frac{x^6}{8a^4} - \frac{x^8}{64a^6} \\
\mp \frac{x^6}{8a^4} - \frac{x^8}{16a^6} \pm \frac{x^{10}}{64a^8} - \frac{x^{12}}{256a^{10}} \\ \hline
o - \frac{5x^8}{64a^6} \pm \frac{x^{10}}{64a^8} - \frac{x^{12}}{256a^{10}} \\
+ \frac{5x^8}{64a^6} \pm \frac{5x^{10}}{128a^8} - \frac{5x^{12}}{512a^{10}} \pm \frac{5x^{14}}{1024a^{12}} \\ \hline
o \pm \frac{7x^{10}}{128a^8} - \frac{7x^{12}}{512a^{10}} \pm \frac{5x^{14}}{1024a^{12}} \\
\pm \frac{7x^{10}}{128a^8} - \frac{7x^{12}}{256a^{10}} \pm \frac{7x^{14}}{1024a^{12}} - \frac{7x^{16}}{2048a^{14}} \pm \frac{12x^{18}}{16384a^{16}} - \frac{49x^{20}}{65536a^{18}} \\ \hline
o - \frac{21x^{12}}{512a^{10}} \pm \frac{12x^{14}}{1024a^{12}} - \frac{7x^{16}}{2048a^{14}} \pm \frac{12x^{18}}{16384a^{16}} - \frac{49x^{20}}{65536a^{18}} \\
\&c.
\end{array}$$

Je prends la racine quarrée de aa qui eſt a. Je l'écris à droite de $aa \pm xx$ avec une barre entre deux. Je quarre a, ſon quarré eſt aa que je ſouſtrais de $aa \pm xx$, il reſte $\pm xx$. Je diviſe $\pm xx$ par $2a$, double du premier terme de la racine. J'ai pour ſecond terme de cette racine $\pm \frac{xx}{2a}$. Je l'écris à côté du premier. Je multiplie $\pm \frac{xx}{2a}$ par $2a \pm \frac{xx}{2a}$, & j'en ſouſtrais le produit $\pm xx + \frac{x^4}{4aa}$ de $\pm xx$, ce qui ſe fait en l'écrivant avec des ſignes contraires; le reſte eſt $- \frac{x^4}{4aa}$. Je le diviſe par le double des termes qui sont déja à la racine, il me vient $-\frac{x^4}{8a^3}$ qui est le troisieme terme de la suite. Continuant ainsi l'opération, j'aurai autant de termes de la racine que je voudrai. Supposé que j'eusse résolu de finir ma suite à $-\frac{21x^{12}}{1024a^{11}}$: j'aurois pu négliger dans l'opération tous les termes tels que $\frac{5x^{14}}{1024a^{13}}$, &c. dans lesquels l'exposant de la puissance de x est plus grand que 12.

CCCXXIII.

Si la proposée est $\sqrt{(xx \pm aa)}$, en faisant les mêmes opérations que ci-dessus on trouvera pour racine la serie suivante $x \pm \frac{aa}{2x} - \frac{a^4}{8x^3} \pm \frac{a^6}{16x^5} - \frac{5a^8}{128x^7} \pm \frac{7a^{10}}{256x^9} - \frac{21a^{12}}{1024x^{11}} \pm$ &c.

CCCXXIV.

Pour que la serie soit vraie le plus grand terme doit être le premier.

REMARQUE I. Si dans la grandeur sourde $\sqrt{(aa \pm xx)}$, aa est le plus grand terme, il faudra se servir de la premiere suite qui dans ce cas sera convergente, vraie, & approchera d'aussi près que l'on voudra de la racine cherchée. Mais si xx est plus grand que aa, alors il faudra se servir de la seconde suite infinie.

On extraira de même par le moyen de suites infinies les racines cubiques, quatriemes, cinquiemes &c. des quantités qui n'en ont point de finies.

CCCXXV.

Moyen d'abréger les opérations précédentes.

REMARQUE 2. Il y a un moyen d'abréger les opérations précédentes ; c'est de se servir du fameux Théorême de

M. Newton, pour élever un binome $p \pm q$ à une puissance quelconque m. Telle est, comme on sait, la formule de ce Théorême $p^m \pm mp^{m-1} q^1 + \frac{m.(m-1)p^{m-2}q^2}{1.2} \pm \frac{m.(m-1).(m-2)p^{m-3}q^3}{1.2.3} + \frac{m.(m-1).(m-2).(m-3)p^{m-4}q^4}{1.2.3.4} \pm \frac{m.(m-1).(m-2).(m-3).(m-4)p^{m-5}q^5}{1.2.3.4.5} + \frac{m.(m-1).(m-2).(m-3).(m-4).(m-5)p^{m-6}q^6}{1.2.3.4.5.6} \pm$ &c.

en se servant du Théorême de M. Newton pour l'élévation d'un binome à une puissance quelconque.

Si c'est une racine quarrée, ou cubique, ou quatrieme &c. qu'on veut prendre, alors on fera $m = \frac{1}{2}$, ou $\frac{1}{3}$, ou $\frac{1}{4}$; & si la proposée est un quarré exact, ou un cube exact, &c. la suite s'arrêtera d'elle-même, le numérateur d'un des termes devenant zéro; sinon on la peut pousser aussi loin qu'on veut.

CCCXXVI.

Pour faire mieux sentir l'usage de cette formule, appliquons-la à l'exemple que nous avons traité (Art. CCCXXII.) $\sqrt{(aa \pm xx)}$. Comparant avec la formule, on a

$$p = aa$$
$$q = xx$$
$$m = \tfrac{1}{2}$$

mettant ces valeurs dans tous les termes de la formule, elle devient $a \pm \frac{1}{2} a^{-1} xx - \frac{1}{8} a^{-3} x^4 \pm \frac{1}{16} a^{-5} x^6 - \frac{5}{128} a^{-7} x^8 \pm \frac{7}{256} a^{-9} x^{10} - \frac{21}{1024} a^{-11} x^{12} \pm$ &c. qui est précisément la même quantité que nous avions trouvée (Art. CCCXXII.) par une autre méthode.

CCCXXVII.

Par le moyen de cette même formule, on éleve aussi un binome à une puissance négative entiere ou rompue. Mais il faut toujours observer que le plus grand des deux termes soit le premier dans l'opération : autrement l'on auroit des series fausses.

CCCXXVIII.

On réduit encore par le moyen de ce théorême, des nombres en suites infinies. Si j'ai, par exemple, à extraire la racine quarrée de $2 = $ (Art. CCCXX.) $3 - 1$, c'est-à-dire, à élever $3 - 1$ à la puissance $\frac{1}{2}$, je vois que $p = 3$, $q = -1$, $m = \frac{1}{2}$. Substituant donc ces valeurs dans la formule, elle devient $3^{\frac{1}{2}} - \frac{1}{2}\, 3^{\frac{1}{2}-1}\, 1^1 + \frac{\frac{1}{2}\cdot(\frac{1}{2}-1)\,3^{\frac{1}{2}-2}\,1^2}{1\cdot 2} - \frac{\frac{1}{2}\cdot(\frac{1}{2}-1)\cdot(\frac{1}{2}-2)\,3^{\frac{1}{2}-3}\,1^3}{1\cdot 2\cdot 3}$ $+ \frac{\frac{1}{2}\cdot(\frac{1}{2}-1)\cdot(\frac{1}{2}-2)\cdot(\frac{1}{2}-3)\,3^{\frac{1}{2}-4}\,1^4}{1\cdot 2\cdot 3\cdot 4} -$ &c. En réduisant cette serie, on aura la racine approchée de 2; & ainsi des autres.

On sent bien que la formule s'étend aux trinomes, quatrinomes, toute quantité pouvant être regardée comme un binome (Art. CCCXXI.)

CCCXXIX.

REMARQUE 3. On fait sur les suites infinies les mêmes opérations que sur les quantités finies; elles sont ſuſceptibles entre elles & avec des grandeurs finies d'addition, de ſouſtraction, de multiplication & de diviſion. On les éleve à des puiſſances quelconques dont l'expoſant eſt entier, ou fractionaire, poſitif ou négatif. Une des plus importantes opérations qu'on faſſe ſur les ſeries, c'eſt de les ſommer. Cette opération demande beaucoup d'adreſſe & de ſagacité; mais on ne peut l'aſſujettir à aucune regle générale, & d'ailleurs cette matiere n'eſt point de notre ſujet. Si l'on veut en voir quelques exemples, il n'y a qu'à conſulter les Mémoires de l'Académie des Sciences, pluſieurs entre autres de M. Nicole dans leſquels cet illuſtre Analyſte fait uſage de ſeries qu'il parvient à ſommer avec le plus heureux ſuccès. On peut auſſi conſulter l'excellent & curieux Ouvrage de M. Jacques Bernoulli, qui a pour titre : *Tractatus de Seriebus infinitis, earumque ſummâ finitâ*, &c.

Je paſſe à l'application des ſuites au Calcul intégral.

§. II.

Uſage des ſuites pour le Calcul intégral.

CCCXXX.

PROBLEME I. Trouver par le moyen des ſuites l'intégrale des différentielles compriſes ſous la forme ſuivante $gx^m dx . (a + bx^n)^p$, dans laquelle p eſt un nombre quelconque, & dans laquelle a eſt plus grand que bx^n.

1°. Pour les différentielles binomes compriſes dans la formule $gx^m dx \times (a + bx^n)^p$.

SOLUTION. Je réduis en ſuite infinie $(a + bx^n)^p$;

ce que je fais par le moyen de la formule de M. Newton. Comparant avec cette formule, je trouve $p = a$; $q = bx^n$; $m = p$: la suite est donc ici $a^p + pa^{p-1}b^1x^{1n} + \frac{p.(p-1)a^{p-2}b^2x^{2n}}{1.2} + \frac{p.(p-1).(p-2).a^{p-3}b^3x^{3n}}{1.2.3} + \frac{p.(p-1).(p-2).(p-3)a^{p-4}b^4x^{4n}}{1.2.3.4} + \frac{p.(p-1).(p-2).(p-3).(p-4)a^{p-5}b^5x^{5n}}{1.2.4.5}$ + &c.

Je multiplie chacun des termes de cette suite par $gx^m dx$, elle devient $ga^px^m dx + pga^{p-1}bx^{m+n}dx + \frac{p.(p-1).}{1.2}ga^{p-2}b^2x^{m+2n}dx + \frac{p.(p-1).(p-2)}{1.2.3}ga^{p-3}b^3x^{m+3n}dx + \frac{p.(p-1).(p-2).(p-3).}{1.2.3.4}ga^{p-4}b^4x^{m+4n}dx + \frac{p.(p-1).(p-2).(p-3).(p-4)}{1.2.3.4.5}ga^{p-5}b^5x^{m+5n}dx$.

Je prends (Art. II.) l'intégrale de chaque terme en particulier, j'ai $\frac{ga^px^{m+1}}{m+1} + \frac{pga^{p-1}bx^{m+n+1}}{m+n+1} + \frac{p.(p-1).ga^{p-2}b^2x^{m+2n+1}}{1.2.(m+2n+1)} + \frac{p.(p-1).(p-2)ga^{p-3}b^3x^{m+3n+1}}{1.2.3.(m+3n+1)} + \frac{p.(p-1).(p-2).(p-3)ga^{p-4}b^4x^{m+4n+1}}{1.2.3.4(m+4n+1)} + \frac{p.(p-1).(p-2).(p-3).(p-4)ga^{p-5}b^5x^{m+5n+1}}{1.2.3.4.5.(m+5n+1)}$ + &c.

Si on divise chaque terme par ga^px^{m+1}, & qu'on multiplie toute la suite par cette même grandeur, elle devient $ga^px^{m+1} \times \left\{ \frac{b^0x^{0n}}{m+1} + \frac{p.a^{-1}bx^n}{m+1+n} + \frac{p.(p-1)}{1.2.(m+1+2n)}a^{-2}b^2x^{2n} + \frac{p.(p-1).(p-2)}{1.2.3.(m+1+3n)}a^{-3}b^3x^{3n} + \frac{p.(p-1).(p-2).(p-3)}{1.2.3.4.(m+1+4n)}a^{-4}b^4x^{4n} + \right.$

$\left.\frac{p.(p-1).(p-2).(p-3).(p-4)}{1.2.3.4.5.(m+1+5n)} a^{-5} b^5 x^{5n} + \&c.\right\}$
$= \int g x^m dx . (a + bx^n)^p$.

CCCXXXI.

Si bx^n eſt $> a$, alors il faut mettre bx^n le premier terme du binome qui devient pour lors $(bx^n + a)^p$. Je le réduis en ſerie qui eſt $b^p x^{np} + p b^{p-1} x^{np-1n} a^1 + \frac{p.(p-1)}{1.2} b^{p-2} x^{np-2n} a^2 + \frac{p.(p-1).(p-2)}{1.2.3} b^{p-3} x^{np-3n} a^3 + \frac{p.(p-1).(p-2).(p-3)}{1.2.3.4} b^{p-4} x^{np-4n} a^4 + \frac{p.(p-1).(p-2).(p-3).(p-4)}{1.2.3.4.5} b^{p-5} x^{np-5n} a^5 + \&c.$

Je multiplie, comme ci-deſſus, chaque terme de la ſuite par $g x^m dx$, elle devient $g b^p x^{m+np} dx + pg b^{p-1} x^{m+np-n} a^1 dx + \frac{p.(p-1).}{1.2} g b^{p-2} x^{m+np-2n} a^2 dx + \frac{p.(p-1).(p-2).}{1.2.3} g b^{p-3} x^{m+np-3n} a^3 dx + \frac{p.(p-1).(p-2).(p-3)}{1.2.3.4} g b^{p-4} x^{m+np-4n} a^4 dx + \frac{p.(p-1).(p-2).(p-3).(p-4)}{1.2.3.4.5} g b^{p-5} x^{m+np-5n} a^5 dx +$ &c.

Je prends l'intégrale de chaque terme en particulier ; cette opération me donne $\frac{g b^p x^{m+np+1}}{m+np+1} + \frac{pg b^{p-1} x^{m+np-n+1} a^1}{m+np-n+1} + \frac{p.(p-1) g b^{p-2} x^{m+np-2n+1} a^2}{1.2.(m+np-2n+1)} + \frac{p.(p-1).(p-2) g b^{p-3} x^{m+np-3n+1} a^3}{1.2.3.(m+np-3n+1)} + \frac{p.(p-1).(p-2).(p-3) g b^{p-4} x^{m+np-4n+1} a^4}{1.2.3.4.(m+np-4n+1)} +$

$\frac{p.(p-1).(p-2).(p-3).(p-4)\, gb^{p-5} x^{m+np-5n+1} a^5}{1.2.3.4.5.(m+np-5n+1)}$ + &c.

Divisant chaque terme de la suite par $gb^p x^{m+np+1}$ & la multipliant toute entiere par cette même grandeur, on a enfin $gb^p x^{m+np+1} \times \Big\{ \frac{b^{-0} x^{-0n}}{m+np+1} + \frac{pb^{-1} x^{-na1}}{m+np-n+1} + \frac{p.(p-1) b^{-2} x^{-2n} a^2}{1.2.(m+np-2n+1)} + \frac{p.(p-1).(p-2).b^{-3} x^{-3n} a^3}{1.2.3.(m+np-3n+1)} + \frac{p.(p-1).(p-2).(p-3)\, b^{-4} x^{-4n} a^4}{1.2.3.4.(m+np-4n+1)} + \frac{p.(p-1).(p-2).(p-3).(p-4)\, b^{-5} x^{-5n} a^5}{1.2.3.4.5\,(m+np-5n+1)}$ + &c. $\Big\}$ $= \int g x^m dx (bx^n + a)^p$.

CCCXXXII.

2°. Pour les différentielles trinomes, quatrinomes, &c.

COROLLAIRE I. Cette méthode s'étend aussi aux différentielles trinomes, quatrinomes, &c. Soit, par exemple, proposé d'intégrer $gx^m dx.(a + bx^n + cx^{2n})^p$; je regarde $a + bx^n + cx^{2n}$ comme un binome dont le premier terme est a, & le second $bx^n + cx^{2n}$. Réduisant en serie on a $a^p + pa^{p-1}.(bx^n + cx^{2n})^1 + \frac{p.(p-1)}{1.2} a^{p-2}.(bx^n + cx^{2n})^2 + \frac{p.(p-1).(p-2)}{1.2.3} a^{p-3} (bx^n + cx^{2n})^3 + \frac{p.(p-1).(p-2).(p-3)}{1.2.3.4} a^{p-4} (bx^n + cx^{2n})^4 + \frac{p.(p-1).(p-2).(p-3).(p-4)}{1.2.3.4.5} a^{p-5} (bx^n + cx^{2n})^5$ + &c. Je multiplie chaque terme de cette suite par $gx^m dx$, elle devient $ga^p x^m dx + pga^{p-1} x^m dx.(bx^n + cx^{2n})^1 + \frac{p.(p-1)}{1.2}.ga^{p-2} x^m dx.$ $(bx^n +$

$(bx^n + cx^{2n})^2 + \frac{p.(p-1).(p-2).}{1.2.3} ga^{p-3} x^m dx.$

$(bx^n + cx^{2n})^3 + \frac{p.(p-1).(p-2).(p-3).}{1.2.3.4} ga^{p-4} x^m dx.$

$(bx^n + cx^{2n})^4 + \frac{p.(p-1).(p-2).(p-3).(p-4).}{1.2.3.4.5} ga^{p-5} x^m dx.$

$(bx^n + cx^{2n})^5$ + &c. Or comme dans cette ſerie la quantité $bx^n + cx^{2n}$ eſt toujours élevée à une puiſſance dont l'expoſant eſt un nombre entier, il eſt évident (Art. X.) qu'on pourra prendre l'intégrale de chaque terme en particulier. Cette opération nous donnera une ſuite infinie, qui étant ſommée ſera l'intégrale de $gx^m dx.$ $(a + bx^n + cx^{2n})^p$.

CCCXXXIII.

Ce ſera le même procedé ſi on a un quatrinome, en un mot une grandeur compoſée d'un nombre quelconque de termes. Car regardant un des termes de cette grandeur comme le premier membre du binome, & tous ſes autres termes comme le ſecond membre, on la reduira en une ſuite infinie, dont on pourra toujours prendre l'intégrale terme à terme.

CCCXXXIV.

3°. Application de la méthode des ſuites à la rectification & à la quadrature du cercle.

COROLLAIRE 2. Il ſuit de là que la quadrature d'un eſpace quelconque, & la rectification d'une courbe quelconque, peuvent toujours être repréſentées par des ſuites formées ſuivant les regles précédentes. Nous nous contenterons d'appliquer ce principe à la quadrature du cercle & aux logarithmes.

CCCXXXV.

PROBLEME 2. Trouver l'expreſſion de la rectification ou de la quadrature du cercle en ſuites infinies.

SOLUTION. Soit la portion de cercle AFH dont
Fig. 9. le diametre $= 2a$, $AB = x$, BC ou $FK = dx$; on aura $BF = \sqrt{(2ax - xx)}$. Soit l'arc AF dont l'élément eſt FH : on trouvera par la formule de l'Art. XCI. FH, élément de cet arc AF, $= \frac{adx}{\sqrt{(2ax - xx)}}$.

Pour intégrer cette différentielle, je la réduis en ſuite, en multipliant adx par $(2ax - xx)$ élevé à la puiſſance $-\frac{1}{2}$ par le moyen de la formule de M. Newton expliquée (Art. CCCXXV.). Comparant la propoſée $(2ax - xx)^{-\frac{1}{2}}$ avec la formule $(p+q)^m$, on trouve

$$p = 2ax$$
$$q = -xx$$
$$m = -\frac{1}{2}$$

J'ai donc $\frac{adx}{\sqrt{(2ax-xx)}} = \overline{2ax}^{-\frac{1}{2}} . adx + \frac{x^{\frac{1}{2}} . dx}{2.2.\overline{2a}^{\frac{1}{2}}}$
$+ \frac{3x^{\frac{3}{2}} dx}{2.4.\overline{2a}^{\frac{3}{2}}} + \frac{15x^{\frac{5}{2}} dx}{2.8.\overline{2a}^{\frac{5}{2}}} + \frac{105x^{\frac{7}{2}} dx}{2.16.\overline{2a}^{\frac{7}{2}}} +$ &c.

L'intégrale de cette ſuite priſe terme à terme eſt $\overline{2ax}^{\frac{1}{2}}$
$+ \frac{x^{\frac{3}{2}}}{2.3.\overline{2a}^{\frac{1}{2}}} + \frac{3x^{\frac{5}{2}}}{4.5.\overline{2a}^{\frac{3}{2}}} + \frac{15x^{\frac{7}{2}}}{7.8.\overline{2a}^{\frac{1}{2}}} + \frac{105x^{\frac{2}{2}}}{9.16.\overline{2a}^{\frac{7}{2}}} +$
&c. Cette ſuite ſera d'autant plus convergente (Art. CCCXIII.) que x ſera plus petite par rapport à $2a$. Par

exemple, elle le sera suffisamment, si $x = \frac{a}{2}$, c'est-à-dire, si l'arc *AF* est de 60 degrés ; & alors après avoir pris l'intégrale, il faudroit la multiplier par 6 pour avoir la circonférence entiere.

CCCXXXVI.

Voici une autre maniere de trouver par les series la rectification du cercle. Soit la tangente *AB* de l'arc *AD*, que je suppose de 30 degrés ; cherchons la valeur de son élement *Dd*. Soit le rayon $= 1$, $AB = x$, $Bb = dx$: *CB* sera $= \sqrt{(1 + xx)}$. On trouvera (Art. XLIII. Introduction) que $Dd = \frac{dx}{1 + xx}$. Fig. 9. Introduction.

Je réduis cette différentielle en suite par une division infinie. La suite que me donne cette opération est $\frac{x^0 dx}{1} - \frac{x^2 dx}{1} + \frac{x^4 dx}{1} - \frac{x^6 dx}{1} + \frac{x^8 dx}{1} - \frac{x^{10} dx}{1} +$ &c.

Prenant l'intégrale terme à terme, j'ai $x - \frac{1}{3} x^3 + \frac{1}{5} x^5 - \frac{1}{7} x^7 + \frac{1}{9} x^9 - \frac{1}{11} x^{11} +$ &c.

Lorsque l'arc devient de 45 degrés, alors la tangente est égale au rayon : donc $x = 1$; la serie est donc $1 - \frac{1}{3} + \frac{1}{5} - \frac{1}{7} + \frac{1}{9} - \frac{1}{11} +$ &c. ; & en la multipliant par 8 elle exprimera la valeur de la circonférence.

CCCXXXVII.

On trouveroit de même l'expression en suite de la quadrature du cercle, en intégrant par cette méthode $dx\sqrt{(2ax - xx)}$; $dx\sqrt{(aa - xx)}$, &c. nous ne nous arrêterons pas à ce détail. Il nous suffit d'avoir montré la voie qu'il faut suivre. Je passe aux logarithmes.

CCCXXXVIII.

4°. Application de la même méthode aux Logarithmes.

PROBLEME 3. Trouver par le moyen des suites le logarithme d'une quantité quelconque.

SOLUTION. L'équation de la logarithmique est comme nous l'avons vû (Art. XVIII. Introduction) $\frac{dx}{1} = \frac{dy}{y}$, c'est-à-dire, que la différence du logarithme d'une grandeur quelconque y, est $\frac{dy}{y}$: donc le logarithme de cette grandeur $y = \int \frac{dy}{y}$. Une suite égale à $\int \frac{dy}{y}$ sera donc le logarithme cherché de y.

Je vois bien que je ne puis réduire en suite $\frac{dy}{y}$ sous cette forme. Je lui en donne une autre en faisant $y = 1 + z$; je suppose ici que y est un nombre plus grand que l'unité. J'ai $dy = dz$, & $\frac{dy}{y} = \frac{dz}{1+z}$, que je puis réduire en serie par une division infinie. Cette suite est $\frac{dz}{1} - \frac{zdz}{1} + \frac{z^2dz}{1} - \frac{z^3dz}{1} + \frac{z^4dz}{1} - \frac{z^5dz}{1} +$ &c.; dont l'intégrale est $z - \frac{1}{2}z^2 + \frac{1}{3}z^3 - \frac{1}{4}z^4 + \frac{1}{5}z^5 - \frac{1}{6}z^6 +$ &c. C'est la formule pour trouver le logarithme d'un nombre plus grand que l'unité.

Lorsque le nombre représenté par y sera moindre que l'unité, alors on supposera $y = 1 - z$; & on aura $\frac{dy}{y} = \frac{-dz}{1-z}$, dont l'intégrale en suite est $-z - \frac{1}{2}zz - \frac{1}{3}z^3 - \frac{1}{4}z^4 - \frac{1}{5}z^5 - \frac{1}{6}z^6 -$ &c. C'est la formule pour trouver le logarithme d'un nombre moindre que l'unité.

CCCXXXIX.

Lorsqu'on demandera le logarithme d'un nombre plus

grand que l'unité, de 9 par exemple, on pourroit se servir de la premiere formule, en faisant $z = 8$; ce qui donne $1 + z = 1 + 8 = 9$. Mais comme les termes de cette formule vont en augmentant, il vaut mieux se servir de la seconde formule dont les termes iront en décroissant très-rapidement.

Pour cela il faut se rappeller ce que nous avons dit (Art. IV.) que $l\,x = l\,1 - l\,\frac{1}{x} = 0 - l\,\frac{1}{x} = -\,l\,\frac{1}{x}$; on aura $l\,9 = -\,l\,\frac{1}{9}$. Donc en faisant $z = \frac{8}{9}$, on aura $1 - z = 1 - \frac{8}{9} = \frac{9}{9} - \frac{8}{9} = \frac{1}{9}$; & en changeant les signes de la seconde formule, on aura le logarithme cherché de 9.

Il est donc aisé d'avoir par la formule précédente le logarithme de tout nombre, soit plus grand, soit plus petit que 10.

CCCXL.

5°. Aux fractions rationelles.

REMARQUE 1. On voit bien que les fractions rationelles qu'on ne pourra intégrer algébriquement par les regles exposées dans le Chapitre X., s'intégreront par approximation en les réduisant en suites par des divisions infinies, & en prenant terme à terme l'intégrale de ces suites : nous n'entrerons point ici dans ce détail, qui n'a d'autre difficulté que la longueur du calcul.

CCCXLI.

REMARQUE 2. GÉNERALE. De ce que la methode des suites ne donne l'intégrale des différentielles auxquelles on l'applique, que par approximation, il s'ensuit qu'on ne doit s'en servir que lorsque les méthodes d'intégrer exactement nous manquent; encore faut-il avoir grand soin que les suites soient le plus convergentes qu'il sera possible. Par ce moyen l'approximation différera infiniment peu de la vraie valeur cherchée.

FIN DE LA PREMIERE PARTIE.

Fig. 1.

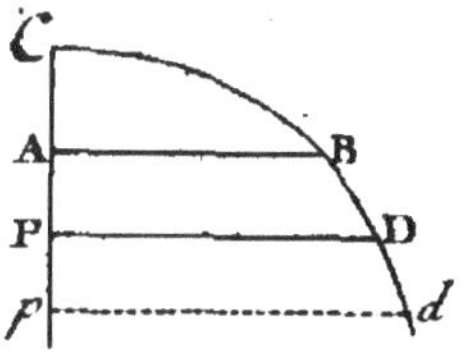

Fig. 2.

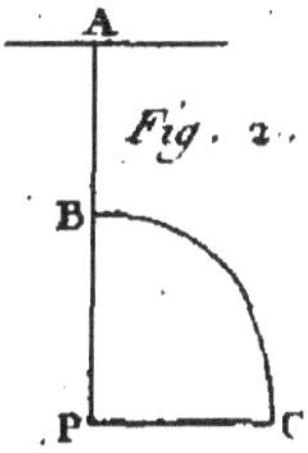

Fig. 3.

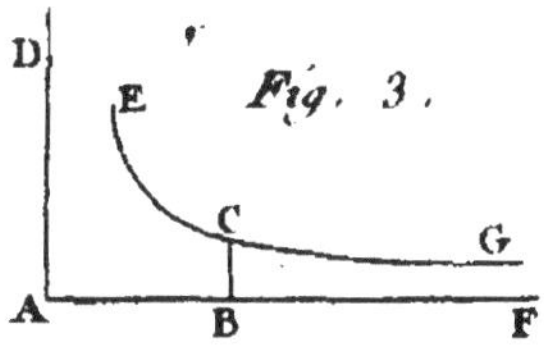

Fig. 4.

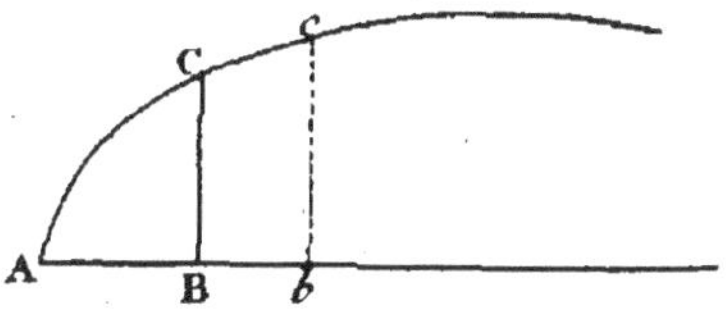

Fig. 5.

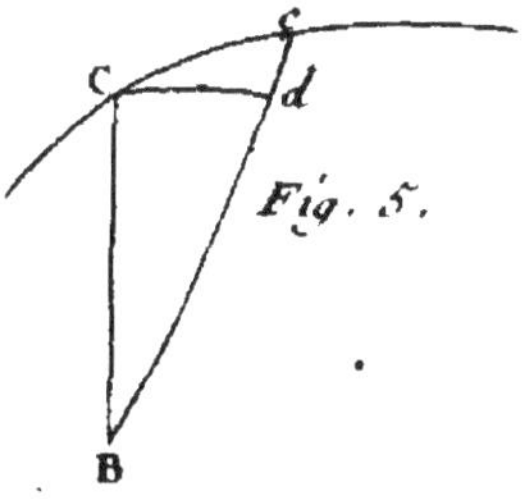

Fig. 6.

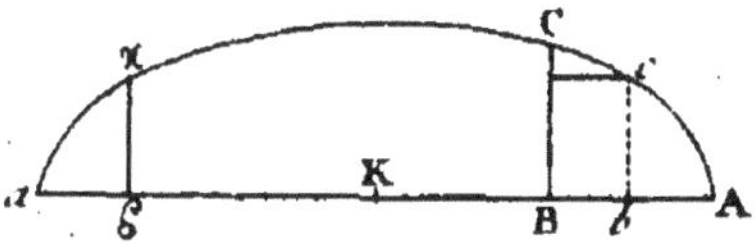

Fig. 7.

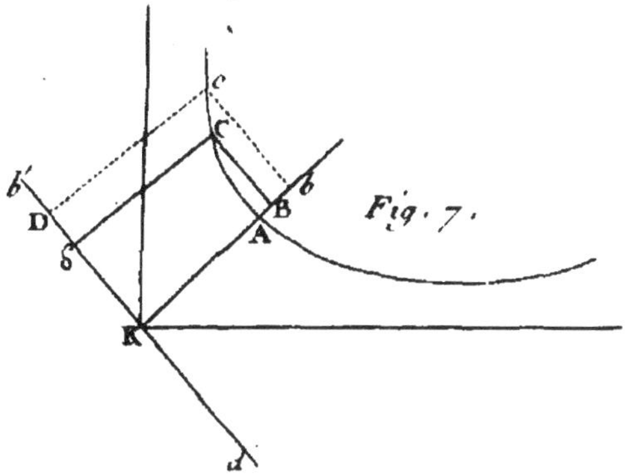

Fig. 8.

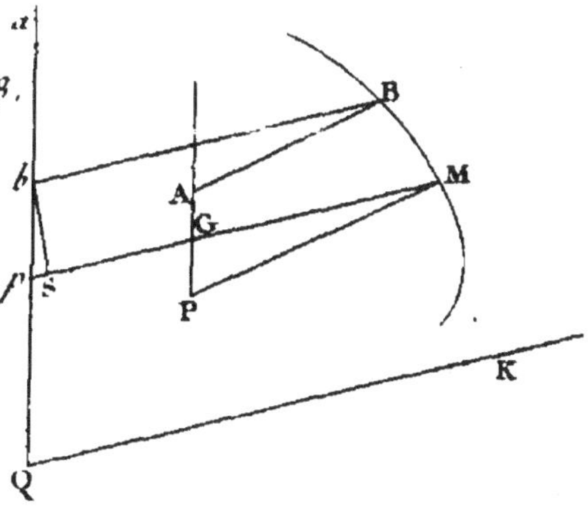

Fig. 9.

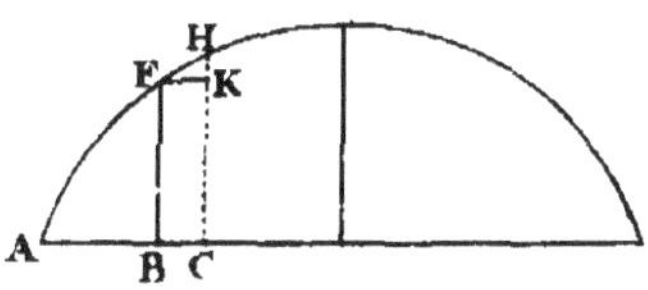

TABLE DES MATIERES

Contenues dans l'Introduction.

CHAPITRE I.

Définition du sujet, Division de l'Ouvrage, & Explication de quelques Signes dont on se servira dans la suite.

CHAPITRE II.

Calcul différentiel des Quantités logarithmiques.

CHAPITRE III.

Calcul différentiel des Quantités exponentielles.

CHAPITRE IV.

Propositions sur les Sinus, Cosinus, Tangentes, & Secantes.

CHAPITRE V.

Sur les Imaginaires.

CHAPITRE VI.

Démonstration de quelques propositions supposées plus haut, & d'autres nécessaires dans ce Traité.

Fin de la Table des Matieres contenues dans l'Introduction.

TABLE

TABLE
DES MATIERES
Contenues dans la Premiere Partie.

CHAPITRE I.

Exposition & application de la regle fondamentale de tout le Calcul intégral.

CHAPITRE II.

Méthode pour faciliter l'intégration d'un grand nombre de différentielles par le moyen de différentes transformations.

CHAPITRE III.

De l'addition des constantes, pour rendre les intégrales complettes.

CHAPITRE IV.

Définitions & notions préparatoires à l'intégration des différentielles binomes, trinomes, &c.

CHAPITRE V.

Premiere partie de la méthode pour intégrer les différentielles binomes comprises dans la formule $gx^m dx.(a+bx^n)^p$, *ou* $gx^{m+np} dx.(b+ax^{-n})^p$, *dans laquelle* p *est un nombre quelconque.*

CHAPITRE VI.

Observations sur les deux formules d'intégration (↓) & (ω) de la premiere partie de la méthode des binomes.

CHAPITRE VII.

Seconde partie de la méthode des différentielles binomes comprises dans la formule

$$g x^m dx \cdot (a + b x^n)^p.$$

CHAPITRE VIII.

Examen des différentielles qui, suivant la seconde partie de la méthode des binomes, dépendent de la quadrature ou de la rectification du cercle.

CHAPITRE IX.

Application de la Méthode des Binomes aux différentielles trinomes représentées par la formule

$$g x^{m} dx . (a + b x^{n} + c x^{2n})^{p}, \textit{ ou}$$

$$g x^{m+2np} dx . (c + b x^{-n} + c x^{-2n})^{p}.$$

CHAPITRE X.

Regles du Calcul intégral des fractions rationelles.

CHAPITRE XI.

Examen des cas où le dénominateur est $bx^{2m} + gx^m + f$, *ou* $x^n \pm a^n$, *dans lesquels on abrege la méthode générale.*

CHAPITRE XII.

Maniere de trouver algébriquement dans certains cas les facteurs de $x^n + a^n$ *& de* $x^{2m} + px^m + q$.

CHAPITRE XIII.

Des différentielles qui peuvent se ramener à des fractions rationelles.

CHAPITRE XIV.

Des différentielles qui se rapportent à la rectification de l'ellipse ou de l'hyperbole.

CHAPITRE XV.

Des différentielles dont l'intégration dépend à la fois de la rectification de l'ellipse & de celle de l'hyperbole.

CHAPITRE

CHAPITRE XVI.

Suite des deux Chapitres précédens sur les différentielles dont l'intégration dépend de la rectification des sections coniques.

CHAPITRE XVII.

Des différentielles dont l'intégration dépend de la quadrature des courbes du troisieme ordre.

CHAPITRE XVIII.

De la quadrature des courbes dont les équations ont trois termes.

CHAPITRE XIX.

De la quadrature des courbes dont les équations ont quatre termes.

CHAPITRE XX.

Des différentielles qui renferment des logarithmes & des exponentielles.

CHAPITRE XXI.

Des différentielles affectées de plusieurs signes d'intégration.

CHAPITRE XXII.

Des différentielles qui s'integrent par le moyen des series ou suites infinies.

§. I. *Théorie des Suites.*

§. II. *Usage des Suites pour le Calcul intégral.*

Fin de la Table des Matieres contenues dans la Premiere Partie.

www.ingramcontent.com/pod-product-compliance
Lightning Source LLC
Chambersburg PA
CBHW060122200326
41518CB00008B/903
9782012629509